温寒环境钢筋混凝土闸墩坝破裂加固研究

芮勇勤　于晓莎　夏海江　梁　力　编著

东北大学出版社

·沈　阳·

图书在版编目（CIP）数据

温寒环境钢筋混凝土闸墩坝破裂加固研究 / 芮勇勤
等编著. -- 沈阳：东北大学出版社，2024. 10.
ISBN 978-7-5517-3598-8

Ⅰ. TV642.3

中国国家版本馆CIP数据核字第2024Z9S812号

内容简介

多本书依托钢筋混凝土重力闸坝裂缝的形态、分布位置以及数量进行检测，采用外观检测方法对混凝土外观缺陷及裂缝进行普查；采用钻芯取样方法确定重力坝混凝土冻融损伤深度、碳化深度、闸墩裂缝贯穿深度及SPC砂浆层破损深度；采用探地雷达探测方法确定钢筋混凝土内部缺陷、钢筋分布等，对闸坝裂缝进行统计与评述，同时将检测数据作为数值模拟正确性检验的依据。建立钢筋混凝土重力坝段的六种运行工况：长期高水位、高水位骤降低水位、高水位缓降低水位、长期低水位、低水位骤升高水位、低水位缓升高水位。通过模拟不同运行工况来确定重力坝段安全系数。建立钢筋混凝土重力坝段冻融循环工况，通过模拟气温升降来确定最不利气温，并与实际裂缝检测结果进行对比，确定重力坝段稳定性。建立钢筋混凝土溢流坝段不同泄洪方式闸门开启情况的模型，并进行受力比对，确定最优泄洪方式及裂缝成因，分析四种运行工况下的补强包壳后的溢流坝段三维模型力学性能：溢流坝段自重+校核水位荷载+牛腿集中力、溢流坝段自重+校核水位荷载+溢流堰面闸门开启、溢流坝段自重+校核水位荷载+溢流堰面闸门开启+泄洪排沙底孔闸门开启、溢流坝段自重+校核水位荷载+温度荷载。通过静水压力、动水压力及温度荷载确定最不利工况与最不利受力位置，与实际裂缝检测结果对比。基于钢筋混凝土重力坝现状及模拟结果，对最易开裂部位提出裂纹处理方法，同时提出保温措施，减缓裂纹的延伸，并为同类工程提供借鉴。

出 版 者：东北大学出版社
　　　　　地址：沈阳市和平区文化路三号巷11号
　　　　　邮编：110819
　　　　　电话：024-83683655（总编室）
　　　　　　　　024-83687331（营销部）
　　　　　网址：http://press.neu.edu.cn
印 刷 者：辽宁一诺广告印务有限公司
发 行 者：东北大学出版社
幅面尺寸：185 mm × 260 mm
印　　张：18.75
字　　数：445千字
出版时间：2024年10月第1版
印刷时间：2024年10月第1次印刷
责任编辑：潘佳宁
责任校对：朗　坤
封面设计：潘正一
责任出版：初　茗

ISBN 978-7-5517-3598-8　　　　　　　　　　　　　定价：98.00元

前言

　　钢筋混凝土重力坝作为大型水库的重要坝型之一，是我国水利工程的重要枢纽，目前我国在役混凝土重力坝多建造于20世纪60—70年代，经多年运行，重力坝已出现裂缝、碳化、钢筋锈蚀、渗漏等诸多病害，其中最严重最普遍的危害是裂缝问题。基于此，以辽宁省葠窝水库为依托背景工程，对现场裂缝进行检测，对钢筋混凝土重力坝进行力学特性分析，运用工程实际与有限元结合的方法进行对比分析。水库钢筋混凝土泄洪闸墩承担着钢闸门支臂推力和水体压力以及自重、温度场等荷载作用，是保证水库工程泄洪安全性的重要结构。

　　研究以水库钢筋混凝土泄洪闸墩为工程背景，通过长期现场调查研究，综合分析了混凝土裂缝危害性、抗裂性、混凝土裂缝修补加固方法与技术、混凝土断裂特性理论及其改进措施、混凝土裂缝分类、诊断方法及典型工程裂缝诊断等与工程实际密切相关的内容，应用断裂力学理论及相关强度理论对泄洪闸墩多种运行工况进行了三维有限元数值分析，开展了钢纤维及碳纤维布抗裂性能试验分析、混凝土阻裂与加固方法与技术研究、阻裂与加固效果数值计算分析以及工程应用分析等。

　　研究结合工程背景开展了钢纤维混凝土抗裂性能系列试验及分析，优选出具有适宜的抗压性能、抗拉性能、抗冻性能和抗渗性能，经济合理的钢纤维混凝土系列配合比及其设计参数，为工程修补加固材料选取提供试验依据，为混凝土加固材料抗裂性计算分析提供基础参数。在背景工程特性试验诊断分析成果的基础上，针对闸墩有限元计算荷载，包括上游静水荷载、上部结构荷载、推力荷载和温度荷载，荷载组合分为4种工况。根据各种工况，分别对闸墩（重点是检修井的井壁处）的受力状态进行计算分析。模型计算的结构拉应力分布区域的结果，与工程实际发生开裂位置基本吻合，为判断裂缝主要成因、裂缝位置、开裂趋势提供理论计算依据。闸墩裂缝的主要成因是闸门开启至最大位置时，检修井井壁所受拉应力超过混凝土的允许抗拉强度；静水荷载、温度荷载对闸墩开裂构成一定威胁，但不是主要因素。闸墩组合模型模拟计算结果，为混凝土结构工程安全分析、判断应力危险区域及制定混凝土结构修补加固方法和技术方案提供理论依据。

　　研究针对实例工程的钢筋混凝土闸墩开裂破坏程度，研究确定两种阻裂与加固方法，第一种方法为碳纤维布阻裂与加固方法，第二种方法为钢纤维混凝土置换方法。两种方法工程应用实例及有限元数值模拟计算分析效果良好，可供类似工程推广应用。

主要开展以下研究内容：

首先，对依托工程钢筋混凝土重力闸坝裂缝的形态、分布位置以及数量进行检测，采用外观检测方法对混凝土外观缺陷及裂缝进行普查；采用钻芯取样方法确定重力坝混凝土冻融损伤深度、碳化深度、闸墩裂缝贯穿深度及 SPC 砂浆层破损深度；采用探地雷达探测方法确定钢筋混凝土内部缺陷、钢筋分布等，对闸坝裂缝进行统计与评述，同时将检测数据作为数值模拟正确性检验的依据。

其次，建立钢筋混凝土重力坝段的 6 种运行工况：长期高水位、高水位骤降低水位、高水位缓降低水位、长期低水位、低水位骤升高水位、低水位缓升高水位。通过模拟不同运行工况来确定重力坝段安全系数。建立钢筋混凝土重力坝段冻融循环工况，通过模拟气温升降来确定最不利气温，并与实际裂缝检测结果进行对比，确定重力坝段稳定性。

再次，建立钢筋混凝土溢流坝段不同泄洪方式闸门开启情况的模型，并进行受力比对，确定最优泄洪方式及裂缝成因，分析 4 种运行工况下的补强包壳后的溢流坝段三维模型力学性能：溢流坝段自重+校核水位荷载+牛腿集中力、溢流坝段自重+校核水位荷载+溢流堰面闸门开启、溢流坝段自重+校核水位荷载+溢流堰面闸门开启+泄洪排沙底孔闸门开启、溢流坝段自重+校核水位荷载+温度荷载。通过静水压力、动水压力及温度荷载确定最不利工况与最不利受力位置，与实际裂缝检测结果对比。

最后，基于钢筋混凝土重力坝现状及模拟结果，对最易开裂部位提出裂纹处理方法，同时提出保温措施，减缓裂纹的延伸，并为同类工程提供借鉴。

编著者

2024 年 4 月

目录

第1章 绪 论

我国20世纪中后期建设的钢筋混凝土闸坝工程发生灾害概率高，涉及范围大，因此开展钢筋混凝土重力闸坝损伤裂缝检测与力学特性模拟研究意义重大，具有较强的工程实践意义。水库在防洪、发电、灌溉、供水、航运和渔业等方面发挥了极其重要的作用，为国民经济发展和保障人民群众的生命财产安全作出了重要贡献。水库大坝一旦发生事故，下泄的洪水会对下游造成灾难性破坏。随着水库下游固定资产和人口数量的日益增长，同样量级洪水造成的损失将成倍增加。

1.1 选题背景及研究意义

在中华璀璨的文明中，水利工程一直扮演着重要角色，时至今日国人依旧慨叹古人的丰功伟绩。随着科学技术的发展，我国现代利国利民的钢筋混凝土闸坝也在如火如荼地建设着，并建设了享誉世界的大型水利工程——三峡大坝，如图1.1所示。

但截至目前，钢筋混凝土重力坝溢流坝段的裂缝加固问题仍很严重，尤其是大型、特大型危坝灾害现象日益严重，给社会带来严重影响。

图1.1 三峡大坝水利工程仿真模型

大坝发生溃坝的原因众多，比如：大坝存在自身建设裂缝与运行碳化裂缝、钢筋锈蚀、大坝检修不及时造成系统老化、闸门无法正常开启、泄洪渠道不通畅，等等，而其中最为严重的原因是泄洪闸门无法正常开启，会导致在灾难来临之际，泄洪出口无法正常运行，储水量激增超过大坝运行警戒线，导致洪水漫顶，进而超过大坝所能承受的最大动水压力而发生破坏。第二大原因就是水库大坝坝体裂缝，由于裂缝的存在产生水力劈裂，加速裂缝发展及混凝土碳化，水的存在也会加速钢筋的锈蚀及腐化，因此发生裂缝需及时检测，查看是否会影响其承受荷载的情况，如图1.2所示。

（a）地震诱发闸坝破坏

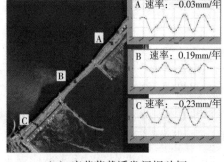

（b）疲劳荷载诱发闸坝破坏

（b）渗漏诱发闸坝破坏

（c）冻融循环诱发闸坝破坏

图1.2　国内外典型水利工程破坏与渗漏冻损

目前，闸坝灾害风险评价、风险管理和病害防治是研究的重点和难点。立足于闸坝损裂检测、数值模拟、评价与加固，从设计理论、地质条件、水位升降、冻融循环、开闸泄洪、裂纹修补、闸坝保温等多个方面，对闸坝提出新的认识。

1.1.1　选题背景

我国河流众多，水资源丰富，由于水力发电清洁、绿色、环保可再生的特性，其在我国使用范围非常广泛。我国由于水电、防洪、灌溉和渔业的需要，需建设大批水力发电工程项目，为我国的国计民生所服务。

混凝土自身抗拉性能薄弱，因而脆性易开裂，裂缝导致闸坝内力重分布，不利于大坝的稳定运行，造成大坝安全等级降低，一旦水库大坝溃坝，不仅仅带来极大经济损失，还会危及下游人民的生命安全。

本书研究针对钢筋混凝土闸坝中闸墩、堰体开裂破坏与病害治理，针对性地分析闸坝病害的影响因素。根据钢筋混凝土闸坝运行工况，分别计算结构应力分布区域特性，揭示工程实际发生开裂位置及其吻合性，为判断裂缝主要成因、开裂趋势提供依据。闸墩、堰体组合模型模拟为钢筋混凝土闸坝结构工程安全分析、判断应力危险区域及制定坝体裂缝修补方法和坝体露空保温技术措施提供理论依据，为研究其稳定性提供参考依据。

裂缝是水工混凝土结构老化和病变的主要反映，对混凝土结构安全的危害很大，严重的裂缝会恶化结构的强度和稳定，破坏其整体性和抗渗性，加速混凝土碳化和溶蚀，危及建筑物的安全运行；轻微的裂缝会影响建筑物的耐久性和美观，有的会发展成为严重的裂缝。在国内外的大坝中，由于裂缝而失事或影响运行、影响效益发挥的实例很多（见图1.3）。

图1.3 水库溃坝危害

因此，水库的安全重在坝体结构的稳定运行。在水库结构发生破坏的原因中，闸门系统无法正常运行导致水库无法泄洪影响最为严重。在特大洪水来临之际，闸门无法正常运行，水库水位超过警戒线造成洪水漫顶，对大坝尤其是土石坝可带来灭顶之灾。泄洪闸门的正常运行，要求闸门不能发生大变形，闸墩必须稳定且不能发生变形，而通常影响闸墩变形的因素往往是闸墩裂缝的产生及其不规则发展。太子河干流水库设计于1973年，太子河干流上的大二型水利枢纽工程，总库容 791×10^6 m³。大坝为钢筋混凝土重力坝，坝顶高程 + 103.5 m，最大坝高度50.3 m，坝顶全长532 m，分为31个坝段。位于主河床的4号～18号坝段为溢流坝段，全长274.2 m，共设14个12 m×12 m溢流表孔、6个3.5 m×8.0 m导流泄洪底孔。溢流表孔由弧形闸门控制泄流，导流泄洪底孔由平板闸门控制泄流。溢流堰采用实用断面堰型，克－奥非真空曲线，堰顶高程＋84.8 m，见图1.4。

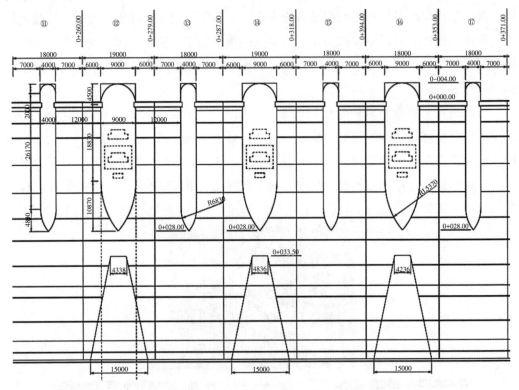

（a）闸墩闸口与溢流堰面平面图

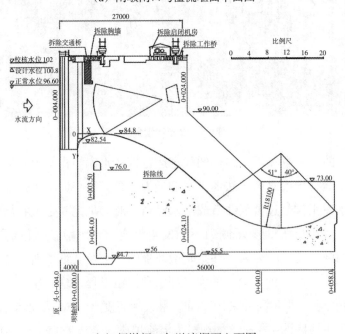

（b）闸墩闸口与溢流堰面立面图

图1.4　闸墩闸口平面与立面图

水库溢流坝段闸墩顺水流方向长度 32.3 m，桩号为 0-4 ~ 0 + 28.3。闸墩共 15 个，其中 2.5 m 宽的边墩 2 个，9 m 宽的宽墩 6 个，4 m 宽的窄墩 7 个，宽墩和窄墩间隔布置（净距 12 m），见图 1.4。宽墩内布置三道导流泄洪底孔工作闸门和检修井，其中最大检修井截面尺寸为 7.0 m × 5.1 m，并在中部处截面改变为 5.5 m × 2.5 m，由于常年降水积水，现检修井内部都积蓄了不等量积水。另外还有两个检修井，一个在水力发电室内，截面为 2.5 m × 1.0 m，在闸墩中部处产生 90°折角折向闸墩前部；在靠近坝顶路面位置，存在截面尺寸为 5.5 m × 2.5 m 的竖直检修井。

图 1.5 所示为弧形闸门推力支承铰支座，位于闸墩上高程 + 93 m、桩号 0 + 18.5 处。水库管理 1975 年检查发现 15 个闸墩中有 11 个闸墩出现裂缝，其形状比较规则，大部分位于牛腿的受力筋以外，即扇形筋末端，仅 10 号坝段的闸墩两侧有相对对称的裂缝分布。

（a）坝顶检修井

（b）闸墩与溢流堰面

图 1.5　闸墩检修井

1981 年检查发现有 9 个坝段的闸墩两侧出现 13 对裂缝，其中 3 对在牛腿部位，但是均未发展至墩顶。1983、1985 年检查发现，虽然裂缝数量有所增加，但是主要裂缝的状态无太大变化。2006 年进行了裂缝检查，发现许多新增的裂缝，同时发现许多原有裂缝又有新发展变化。在导流泄洪底孔工作闸门门槽（桩号 0 + 12.552 左右）和检修闸门门槽（桩号 0 + 7.552 左右）范围内，各闸墩上出现不等长度竖向裂缝，闸墩左右两个侧面均存在，特别以宽墩上的裂缝更为明显，对闸墩结构的安全稳定性产生严重威胁。

（a）闸墩裂缝位置

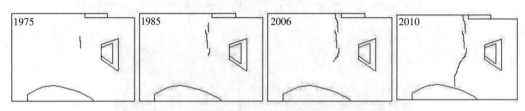

（b）闸墩裂缝演化发展

图1.6 闸墩裂缝位置及演化发展变化过程

2006年以来，一直保持对闸墩裂缝进行跟踪观察和测量，裂缝呈现出逐渐扩展趋势。据水库管理1975—2010年闸墩裂缝监测数据，绘出10号闸墩宽墩的裂缝变化简图，见图1.6。基于上述工程背景和大坝安全稳定性的考虑，建议水库管理组织闸墩裂缝全面普查，并选取典型闸墩裂缝进行跟踪观测。

1.1.2 研究意义

中国自古重视农业，有"民以食为天"的说法，而粮食的种植需要水利工程的运行。在新中国成立初期，我国为了解除水旱灾害，建设了多处水利大坝，到1981年共建设坝600多万座，成就是空前的。但问题也比较突出，施工管理尚不规范，水库大坝建成后没有形成系统的管理运行模式，而最严重的就是裂缝的产生进而破坏大坝的正常运行。大坝属于大型混凝土施工，如果在施工时没有控制水化热反应与碱骨料反应，就会因内外温差过大进而产生拉应力造成施工裂缝，此外还有长期的运行造成大坝冻融循环热胀冷缩产生的裂缝、环境的腐蚀产生裂缝、荷载分布不均造成的裂缝等。

在我国水利工程中，通常在江河湖泊与海岸修建水闸、水坝、堤防、海塘、水池、船闸、电站、泵站等不同功能与类型的建筑物，用来挡水、泄洪、输水、排沙等。这些建筑物采用的混凝土（常态的和碾压式的）在施工、运行全过程中，受泄排水作用荷载和温寒环境气候与材料配制中温度等各种因素的影响，会产生各种规则的和不规则的、宽度和深度大小不同、走向各异的裂缝。在此背景下对闸墩裂缝进行详细的计算研究,并结合作者多年的现场加固经验,提出合理的加固手段。主要研究意义体现在:了解掌握混凝土闸墩裂缝对大坝安全稳定性的影响程度。对于任何水工建筑物都要满足正常使用功能的要求,不同领域都有其相关的规范或规程。通过分析闸墩裂缝可以为大坝安全提供更好的力学依据。通过掌握闸墩裂缝的成因,以及对加固方案的可行性分析,可以采取相应的保护措施,对大坝正常使用起到保护作用。对类似工程以及不同位置裂缝成因起到一定借鉴作用。

1.1.3 课题研究目的

对依托工程坝体裂缝的形态、分布位置以及数量、深度进行检测,对水库大坝重力坝段及溢流坝段进行有限元流固耦合分析,对钢筋混凝土闸坝实体建模以及模拟不同工况泄洪过程进行应力分析,确定闸坝泄洪时的闸门开启方式,进行开裂与失稳防治设计标准分析以及钢筋混凝土重力闸墩坝损裂检测与力学特性模拟研究,对闸坝进行全面分析,确定其安全性,为闸坝的除险加固提供参考。用二维有限元软件对钢筋混凝土重力坝段进行静水压力分析、位移分析、开裂机理研究,再运用三维有限元软件建立钢筋混凝土溢流坝段模型,对其进行不同闸门开启的动力泄洪分析、静水压力分析、动水压力分析、温度荷载等多耦合力学特性数值研究等,为混凝土重力坝稳定性理论研究与技术革新提供参考,基于钢筋混凝土重力坝现状及模拟结果,提出裂缝修补处理方案及保温措施,为同类工程提供借鉴。

1.2 钢筋混凝土闸墩断裂危害性

1.2.1 钢筋混凝土闸墩混凝土裂缝分类

裂缝就是破而分开的狭长裂口,是固体物质共同具有的一种不连续现象,是直接影响混凝土物质使用价值的重要因素。

裂缝的类型很多,按照不同的分类方法,裂缝可分为不同的类型。

(1)按混凝土裂缝的宽度和深度分类

混凝土裂缝可以分为A、B、C和D类裂缝。各类裂缝特性及标准见表1.1。

表1.1 混凝土裂缝分类标准

项目	裂缝类型	特性	分类标准/mm	
			裂缝宽度δ	裂缝深度h
水工混凝土	A类裂缝	龟裂或细微裂缝	$\delta < 0.2$	$h \leqslant 300$
	B类裂缝	表面或浅层裂缝	$0.2 \leqslant \delta < 0.3$	$300 < h \leqslant 1000$，且不超过结构宽度1/4
	C类裂缝	深层裂缝	$0.3 \leqslant \delta < 0.4$	$1000 \leqslant h < 2000$，或大于结构宽度1/4
	D类裂缝	贯穿性裂缝	$\delta \geqslant 0.4$	$h \geqslant 2000$或大于2/3结构宽度

注：①表面裂缝主要指混凝土表面的龟裂；②浅层裂缝指开裂深度较浅的裂缝；③深层裂缝是指由混凝土内部延伸至部分结构面的裂缝，这种裂缝一般影响结构的安全；④贯穿裂缝则指延伸至整个结构面，将结构分离，严重影响和破坏结构整体性和防渗性能的裂缝。

（2）按裂缝的危害程度分类

按裂缝的危害程度分为轻度裂缝、重度裂缝和危害性裂缝。轻度裂缝指对结构强度和稳定影响较小的裂缝；重度裂缝是指使结构强度和稳定性有所降低的裂缝；危害性裂缝则是指使结构的强度、稳定以及耐久性降低到临界值或临界值以下的裂缝。

（3）按裂缝的活动性质分类

按裂缝的活动性质分为死缝、准稳定裂缝和不稳定裂缝等。死缝开度和长度已经稳定，不再发展；准稳定裂缝的开度随季节或某因素呈周期性变化，长度变化缓慢或不变，这种运动属于稳定的运动；不稳定裂缝的开度和长度随外界因素的变化而发展。

（4）按裂缝的方向和形状分类

水平裂缝、垂直裂缝、纵向裂缝、横向裂缝、斜向裂缝及放射裂缝等。

（5）按裂缝的产生时间分类

按裂缝的产生时间分为原生裂缝、施工裂缝和再生裂缝。原生裂缝是指在混凝土浇筑过程中，由于施工措施和材料缺陷等原因引起的裂缝；施工裂缝是指由于施工需要或浇筑水平限制以及结构需要而设置的纵缝、横缝、水平裂缝等；再生裂缝是指以上裂缝或缺陷，在运行期，由于外荷载或外界环境等的变化而发展或新产生的裂缝。

（6）按混凝土裂缝所处部位的工作或环境条件分类

按混凝土裂缝所处部位的工作或环境条件分为三类：室内或露天环境裂缝；迎水面、水位变动区或有侵蚀地下水环境裂缝；过流面、海水或盐雾作用区裂缝。

对于水利工程，混凝土裂缝常常指是温度裂缝、收缩裂缝、碱骨料反应裂缝等。

1.2.2 钢筋混凝土闸墩混凝土断裂危害性

水工混凝土是一种由砂石骨料、水泥、水及其他外加材料混合而成的非均质脆性材料。硬化成型的混凝土中存在着众多的微孔隙、气穴和微裂缝，故初期混凝土建筑和构件通常都是带缝工作的。水工混凝土结构出现危害性裂缝后，必须进行修补加固，以恢复结构的整体性和防止渗漏。水工混凝土裂缝的危害性主要有：

（1）裂缝影响结构的整体性

当结构出现贯穿性裂缝以后，要恢复结构的整体性是很困难的。裂缝发展很宽预示结构临近破坏，并且可能伴随着混凝土剥落。剪切裂缝多产生于靠近支座或大的集中荷载附近，早期的温度裂缝直接影响到钢筋混凝土构件的完整性。当裂缝影响剪应力传递时，就会影响到结构的安全。大多数裂缝并不会危及结构的安全，但它们可能发展，并且引起严重的稳定性方面的后果。

（2）裂缝导致结构使用功能失常

外部环境产生早期温度裂缝往往贯穿整个截面厚度，会引起渗漏。对挡水建筑物来说，裂缝渗漏水会严重影响建筑物的使用功能，即使水量的损失本身并不严重，但裂缝的存在往往会限制蓄水位。

（3）裂缝会影响结构的耐久性

所有现行的标准和规范都把限制裂缝的宽度作为一项耐久性指标。为了结构耐久性的要求和结构的美观，各国设计规范中对裂缝宽度均作了限制。在较宽裂缝处，如果有水和氧气侵入，钢筋首先发生个别点坑蚀，继而逐渐形成"环蚀"；同时向缝两侧扩展，形成锈蚀面。这种钢筋局部断面削弱发展比普通性锈蚀要快，特别是预应力混凝土结构，局部锈蚀具有很高的危害性。因为单根钢丝断面小，高应力及高强钢材的变形性能较差，很可能发生突然断裂。因钢筋全面锈蚀引起混凝土结构的顺筋向开裂对结构危害性更大，是目前影响结构耐久性的主要危险，具有一定厚度且密实保护层，对防止混凝土顺筋向开裂至关重要。钢筋表面生锈时，其体积膨胀，在膨胀压力作用下混凝土保护层会因挤压而剥落，如果没有了保护层，钢筋更容易锈蚀，这对耐久性是很不利的。任何通过混凝土裂缝的渗水，都可能带走一些水泥中的自由石灰和碳酸盐，而且随着这些成分的流失，又会使渗水通道进一步加大。溶蚀和冻融破坏常常同时出现，又互相加重，一般在上游面库水位附近或下游面因内部排水失效而有湿斑处都会出现溶蚀和冻融破坏。虽然发展缓慢，但是如不能及时控制，会发展成严重破坏，以致最后花费高昂代价进行修补。

（4）裂缝影响建筑物的美观

按裂缝的方向和形状分为裂缝过多或过宽，常给人以不安全感和危险感，造成不良的视觉冲击力，影响了人们的感观舒适度，影响建筑物的美观形象，破坏了建筑物、构筑物的美感效果。在不仅追求混凝土内在质量好，而且外观质量也备受关注的今天，混凝土结构裂缝成了影响建筑物的美观的疑难杂症。

1.2.3　钢筋混凝土闸墩混凝土断裂典型实例

在国内外的大坝中，由于裂缝而失事或影响运行、影响效益发挥的实例很多。

（1）国外工程实例

加拿大高175 m的雷威尔斯托克（Revelstoke）实体重力坝，绝大部分坝段的上游面都出现了劈头裂缝，最大的裂缝深度达30 m，裂缝宽度达6 mm，裂缝渗水量174 L/s；美国高219 m的德沃歇克（Dworshak）实体重力坝，上游面出现劈头裂缝深度达50 m，宽度2.5 mm，裂缝渗水量483 L/s；法国勒加日（Le Gage）拱坝，1955年水库初期蓄水后，大坝的上下游面出现大面积裂缝，并且在以后的6年里仍继续发展；法国的托拉（Tolla）拱坝，在1961年水库初期蓄水时，大坝上部靠近拱座的下游面发生大面积裂缝，并在以后8年里裂缝持续发展，遂在该坝的下游侧新增了拱圈和支墩，以加强原拱；奥地利科恩布赖（Koehabrein）拱坝，大坝建成两年后，基础廊道内出现了裂缝，并且伴有严重渗漏，河床坝段的整个基础面的扬压力达全水头，为此在1989—1994年对大坝进行了补强；瑞士泽乌齐尔（Zeuzier）拱坝，大坝建成20年后，当水库接近蓄满时，大坝出现相当明显的向上游位移，且在下游面产生了多条宽约15 mm的裂缝，降低了库水位，事故发生后进行了大规模修补。

（2）国内工程实例

我国的水工混凝土结构的裂缝问题也较普遍，如新丰江单支墩大头坝在1962年3月19日，距坝1.1 km处发生6.1级地震，在+108.5 m高程处产生长达82 m的贯穿性水平裂缝，导致库水渗漏，曾被迫降低水位运行。安徽省梅山连拱坝1962年11月6日，右岸垛基的突然大量渗漏水，达70 L/s，坝体出现几十条裂缝，大坝处于危险状态，被迫放空水库进行加固。柘溪单支墩大头坝1969年6月30日，1号支墩+114.5 m廊道的西侧出现劈头裂缝，缝宽2.5 mm，裂缝面积约占大坝横剖面的45%，缝内严重射水，1977年5月16日，2号支墩产生劈头裂缝，渗水达40 L/s，被迫降低库水位运行。陈村重力拱坝1977—1979年长期低水位运行，大坝下游面 + 105 m高程处的水平向大裂缝明显扩展，拱冠部位裂缝扩展1.39 mm，河床10个坝段的缝深超过5m，大坝严重破损。佛子岭连拱坝1993年11月下旬，河床13个垛墙顶向下游位移量都超过了历史最大值，坝体裂缝扩展，被迫控制水位运行。葛洲坝1号船闸下闸首左闸墙上游面有2条深层裂缝，最大缝深11.06 m，超过顺河向结构宽度的1/2，缝口宽1～1.5 mm，立面上缝长13 m，下部已裂至基础，经计算，拉应力已超过闸墙混凝土的极限抗拉强度。潘家口大坝41号坝段上游面+197 m高程有一条水平向裂缝，缝深约8 m，造成该坝段坝体渗漏严重，坝体排水幕线上扬压力系数达0.68，使+197 m高程以上坝体的稳定受到威胁。珠窝大坝1969年发现溢流面上有67条裂缝，每个溢流坝段上都有一条顺河向贯穿整个坝段的裂缝，至1981年最大缝宽达4 mm，缝深7 m，渗漏量高达8640 m³/d，溢流面受到严重的切割损坏，有可能在泄洪时出现大面积毁坏的事故。青铜峡大坝厂房坝段存在平行于坝轴线3条大竖向裂缝，有将坝体分为四大块的趋势。

20世纪50年代初在长江流域兴建的世界著名的荆江分洪闸工程，在20世纪80年代，底板、翼墙、闸墩闸门槽、胸墙等部位，裂缝遍布，钢筋透露，成了病危工程，不得不在20世纪80年代中期投资数千万元人民币，予以维修加固；汉江杜家台分洪闸1956年建成，经历20多年的运行，1983年3月检查时，底板、翼墙、闸墩闸门槽、胸墙、启闭工作台基础等部位，裂缝遍布，查出651条裂缝，钢筋透露，也成了病危工程，于20世纪80年代投资数千万元人民币维修加固。在运行过程中，水工混凝土结构裂缝的产生和扩展不但会危及整个工程的安全，造成巨大的经济损失，而且会对人民生命财产安全产生隐患，具有重大的社会危害性。

1.3 钢筋混凝土闸墩断裂特性研究现状

水工混凝土结构由于其所处的特殊环境，长期受到流水、静水等的水流作用，与常规混凝土结构相比，具有3个基本特点：

（1）水下混凝土结构长期处在饱和状态

由于水工结构的特殊性，部分混凝土结构要长期在水环境中运行，因此外部的水分会通过混凝土的裂隙进入混凝土内部以保证其处在饱和状态。

（2）水工混凝土结构体积大，各个部位对强度要求不尽相同

水工混凝土结构通常为大体积混凝土结构，在某些特殊部位，强度要求较高，而在大部分部位，例如坝身内部等，则强度要求较低。这与常规混凝土结构区别较大，导致不同部位可能出现不同的破坏方式。

（3）水工混凝土结构服役期限长

由于水工建筑物建设期较长，为了达到更好的经济效益，通常的使用周期要达50年，因此对于结构的耐久性要求较高。基于水工混凝土结构的特点，不难发现，裂缝是水工混凝土建筑物最普遍、最常见的病害之一，不发生裂缝的水工建筑物是极少的。裂缝对水工混凝土建筑物的危害程度不一，严重的裂缝不仅危及建筑物的整体性和稳定性，而且还会产生大量漏水，使水工建筑物安全运行受到严重威胁。另外，裂缝往往会引起其他病害的发生与发展，如渗漏溶蚀、环境水侵蚀、冻融破坏及钢筋锈蚀等。这些病害与裂缝形成恶性循环，会对水工混凝土建筑物的耐久性产生很大危害。因此，长期以来，混凝土抗裂性问题一直是混凝土工程界极为关注的课题。其实，水工混凝土材料抗裂性（抗裂指数）表示混凝土材料本身综合抗裂能力，是根据

室内混凝土有关性能试验结果计算出来的，它与混凝土抗压强度等一样，是代表混凝土性能的一种参数，也是评价混凝土配合比优劣的重要参数；而水工混凝土结构抗裂性（抗裂安全系数）表示混凝土结构抗裂能力与产生混凝土裂缝的破坏力之比。抗裂安全系数不仅与混凝土材料本身抗裂能力有关，同时与混凝土的结构施工时温控措施、湿养护条件、保温防护与结构约束条件有关，而水工混凝土材料抗裂性（抗裂指数）只与混凝土原材料、配合比有关，与现场温控措施、保温、保湿养护条件及约束条件无关。

1.3.1　钢筋混凝土闸墩断裂成因分析

许多学者和工程技术人员结合实际工程对裂缝的成因进行了较多研究与总结，得到了相关研究成果，并总结了多种典型裂缝的成因。

（1）温度裂缝

温度裂缝产生的主要原因有：

①温控不当引起的裂缝。温控措施对混凝土温度裂缝的产生影响非常大。

温控措施一般包括：采用低热水泥、控制浇筑温度、采用水管冷却、合理组织施工、改善结构分缝以及加强早期养护与表面保护等。在混凝土浇筑过程中，采用高水化热的水泥，浇筑温度过高，施工进度、施工间歇时间控制不当；坝体分缝不合理，早期养护和表面保护不及时，均易产生温度裂缝。另外，对于常态混凝土坝，其实际库水温度一般比设计温度低，在运行过程中，坝体受拉应力作用，易产生裂缝；而且对于碾压混凝土坝，其水化热散发较慢，一般要经过5—10年时间，受水化热和外界温降作用，易产生裂缝。

②基岩的约束引起裂缝。混凝土在入仓温度及其水化热温升的作用下，内部温升很大，当混凝土因外界温降引起的收缩变形受到基岩约束时，将会在混凝土内部出现很大拉应力而产生约束裂缝，这种裂缝一般较深，将破坏结构的整体性，受混凝土的收缩程度、温差大小、温度变化速度、地基对结构的约束作用等因素影响。

③新老混凝土之间的约束引起裂缝。因为其他原因影响导致混凝土浇筑不连续，间歇时间过长，则在新老混凝土之间出现薄弱层面，在温差作用下，新混凝土的收缩变形受到老混凝土约束，产生拉应力，由此出现裂缝。

④基岩的高差引起裂缝。在高低相差较大的基岩面上浇筑大体积水工混凝土结构易发生这种裂缝，主要是由于在混凝土浇筑后，内部温度较高，在外界温度降低的过程中，混凝土结构受基岩约束作用，在基岩表面突变处产生应力集中而开裂。

⑤寒潮引起的混凝土裂缝。在混凝土浇筑初期，水泥释放大量的水化热，若突遇寒潮，使混凝土表面温度骤降而产生很大温降收缩，受到内部混凝土的约束，则产生

很大拉应力致使混凝土表面开裂，裂缝为表面浅层裂缝，一般发生在新浇筑混凝土还未产生抗拉强度之前。由于温差而承受较高的内应力或约束应力，裂缝的形成与浇筑块的尺寸及长宽比例有关，对于大体积水工混凝土结构也是很危险的。

（2）收缩裂缝

混凝土收缩由两部分组成，一是湿度收缩即混凝土中多余水分蒸发、体积减小而产生收缩；二是混凝土自收缩即水泥水化作用，使形成的水泥骨架不断紧密，造成体积减小。

收缩裂缝的形成要求满足两个条件，一是存在收缩变形，二是存在约束。主要原因为：

①塑性收缩引起裂缝。混凝土浇筑以后硬化初期尚处于一定塑性状态时，由于混凝土早期养护不好，混凝土浇筑后表面没有及时覆盖，表面游离水分蒸发过快，产生急剧体积收缩，而此时混凝土强度很低，不能抵抗这种变形应力而导致开裂；混凝土水灰比过大、横板垫层过于干燥、使用收缩率较大的水泥、水泥用量过大等也会导致塑性收缩裂缝的形成。

②沉降收缩引起裂缝。混凝土浇筑振捣后，粗骨料下沉，水泥浆上升，挤出部分水分和空气，表面泌水，形成竖向体积缩小沉落，这种沉落直到混凝土硬化时才会停止，骨料沉落过程若受到钢筋、大的粗骨料及先期凝固混凝土局部阻碍或约束，则会产生沉降收缩裂缝。

③干燥收缩引起裂缝。该类裂缝产生原因主要是混凝土表层水分散失，随着湿度降低，表层产生体积收缩导致裂缝产生；主要受水泥及骨料品种、外加剂、水泥用量、水灰比、养护期等的影响，多为表面性的或龟裂状，没有规律性。

④碳化收缩引起裂缝。混凝土水泥浆中的 $Ca(OH)_2$ 与空气中的 CO_2 作用，生成 $CaCO_3$，引起表面体积收缩，受到结构内部未碳化混凝土的约束而导致表面开裂。碳化过程主要是空气中的 CO_2 与混凝土中的 $Ca(OH)_2$、硅酸三钙、硅酸二钙等缓慢化合，生成易溶于水的 $Ca(HCO_3)_2$，从而使混凝土损失了有效成分和强度，反应式如下：

$$H_2CO_3 + Ca(OH)_2 \longrightarrow CaCO_3 + 2H_2O \tag{1.1}$$

$$3H_2CO_3 + 3CaO \cdot 2SiO_2 \cdot 3H_2O \longrightarrow 3CaCO_3 + 2SiO_2 + 6H_2O \tag{1.2}$$

$$2H_2CO_3 + 2CaO \cdot SiO_2 \cdot 4H_2O \longrightarrow 2CaCO_3 + SiO_2 + 6H_2O \tag{1.3}$$

$$H_2CO_3 + CaCO_3 \longrightarrow Ca(HCO_3)_2 \tag{1.4}$$

混凝土碳化速度取决于内在因素和环境因素。水工建筑物碳化速度最快的是水灰比大、水泥用量少、长期处于水位升降区域内并且日照较多的那部分混凝土。

（3）碱骨料反应裂缝

碱骨料反应是指混凝土的组成成分（水泥、外加剂、掺合料或拌和水）中可溶性碱溶于混凝土孔隙液中，和骨料中能与碱反应的活性成分在混凝土硬化后逐渐发生的一种化学反应，反应生成物吸水膨胀，使混凝土产生内应力，导致结构开裂。目前已发现的碱骨料反应有三种，即碱硅酸反应、碱碳酸盐反应和碱硅酸盐反应。

①碱硅酸反应引起裂缝。碱硅酸反应是水泥混凝土微孔隙（包括水泥石微孔、缝隙和骨料界面缝隙）中碱性溶液（主要以 KOH、NaOH 形式存在）与骨料中能与碱反应的活性 SiO_2 矿物发生反应，反应生成的碱硅凝胶吸水膨胀，产生膨胀压力导致混凝土开裂。化学反应式如下：

$$SiO_2 + 2NaOH \longrightarrow Na_2SiO_3 + H_2O \tag{1.5}$$

②碱碳酸盐反应引起裂缝。碱碳酸盐反应是碳酸盐岩石骨料与混凝土中的碱性化合物发生的反应。该化学反应必须在高碱度的环境下进行，并且要满足一定的湿度条件，反应速度与温度有一定关系，同时混凝土配合时的水灰比对反应速度也有一定影响。碳酸盐岩石的主要化学成分为方解石（$CaCO_3$）和白云石 [$CaMg(CO_3)_2$]，与混凝土孔隙中碱液发生反应，生成水镁石，伴随体积膨胀，反应方程式为：

$$CaMg(CO_3)_2 + 2NaOH \longrightarrow Mg(OH)_2 + CaCO_3 + Na_2CO_3 \tag{1.6}$$

在水泥混凝土中，水泥水化过程中不断产生 $Ca(OH)_2$，碳酸碱又与 $Ca(OH)_2$ 反应生成碱（KOH、NaOH 等），使上述化学反应持续进行，直至 $Ca(OH)_2$ 或碱活性白云石被消耗完为止。

$$Na_2CO_3 + Ca(OH)_2 \longrightarrow 2NaOH + CaCO_3 \tag{1.7}$$

③碱硅酸盐反应引起裂缝。碱硅酸盐的反应是指黏性土质岩石、千枚岩、硬砂岩、粉砂岩等骨料与混凝土中碱性化合物发生的反应。反应的特点是反应的膨胀速度非常缓慢，形成反应边的颗粒十分稀少，在混凝土膨胀开裂时，能渗出的凝胶也很少。

综上所述，对几种典型裂缝的成因进行了简单分析，但对于一个重大水工混凝土结构，其裂缝的产生往往是受多种因素影响的综合结果，产生的原因非常复杂，并且不是能够用单纯的某类裂缝就能够完全概括的。

1.3.2　钢筋混凝土闸墩断裂影响因素

影响混凝土材料抗裂能力的因素主要有混凝土极限拉伸、抗拉强度、弹性模量、徐变、自生体积变形、水化热温升、线膨胀系数、干缩等。

（1）极限拉伸

混凝土极限拉伸是指在拉伸荷载作用下，混凝土最大拉伸变形量，它是对混凝土抗裂性影响很大的一个因素。混凝土极限拉伸与水泥用量、骨料品种与含量等有关，极限拉伸值越大，混凝土抗裂能力越高。

（2）混凝土抗拉强度

混凝土抗拉强度是影响混凝土抗裂性的重要因素之一，它主要由水泥砂浆抗拉能力、水泥砂浆与骨料的界面胶结能力，以及骨料本身的抗拉能力组成。混凝土抗拉强度越高，混凝土抗裂能力越强。

（3）混凝土弹性模量

混凝土弹性模量是指混凝土产生应变所需要的应力，它取决于骨料本身的弹性模量及混凝土灰浆率。混凝土弹性模量越高，对混凝土抗裂越不利。

（4）混凝土徐变

在持续荷载作用下，混凝土变形随时间不断增加的现象称为徐变。徐变比瞬时弹性变形大 1～3 倍。混凝土徐变对混凝土温度应力有很大影响，对大体积混凝土来说，混凝土徐变愈大应力松弛也大，愈有利于混凝土抗裂。

（5）混凝土自生体积变形

在恒温恒湿条件下，由胶凝材料的水化作用引起的混凝土体积变形称自生体积变形（简称自变），混凝土自生体积变形有膨胀，也有收缩。当自变为膨胀变形时，可补偿因温降产生的收缩变形，这对混凝土的抗裂性是有利的。当自变为收缩变形对混凝土抗裂不利。因此，自变对混凝土抗裂性有不容忽视的影响。

（6）混凝土水化热温升

混凝土水化热温升高、温度变形大，产生的温度应力也大，混凝土抗裂性就差。影响混凝土水化热温升的主要因素是水泥矿物成分、掺合料（或混合材）的品质与掺量、混凝土用水量与水泥用量等。

（7）混凝土线膨胀系数

混凝土线膨胀系数指单位温度变化导致混凝土长度方向变形。混凝土线膨胀系数 α 主要取决于骨料线膨胀系数，石英岩骨料混凝土 α 值为最大，为砂岩骨料混凝土 α 值为 $(11 \sim 12) \times 10^{-6}/℃$，花岗岩骨料 α 值为 $(8 \sim 9) \times 10^{-6}/℃$，石灰岩骨料混凝土 α 值最小，仅为 $(5 \sim 6) \times 10^{-6}/℃$。混凝土 α 值越小，温度变形（$\alpha \Delta T$）就越小，所产生的温度应力越小，故其抗裂能力越强。

（8）混凝土干缩

混凝土干缩是指置于未饱和空气中混凝土因水分散失而引起的体积缩小变形。影响混凝土干缩的因素主要有水泥品种、混合材种类及掺量、骨料品种及含量、外加剂品种及掺量、混凝土配合比、介质温度与相对湿度、养护条件、混凝土龄期、结构特征及碳化作用等，其中骨料品种对混凝土干缩影响很大，砂岩骨料混凝土干缩最大，石灰岩与石英岩骨料混凝土干缩都较小，花岗岩与玄武岩骨料混凝土干缩居中。

对于大坝混凝土来说，90d干缩达 $(250 \sim 350) \times 10^{-6}$ mm，比大坝混凝土的水化热温升引起的温度变形 $(150 \sim 200) \times 10^{-6}$ mm 大得多。因此，如果不进行很好的养护极易发生混凝土干缩裂缝。

1.3.3 提高钢筋混凝土闸墩结构断裂特性措施

提高水工混凝土结构抗裂性措施有两个方面：一方面优选混凝土原材料与优化混凝土配合比，提高混凝土材料抗裂能力；另一方面采取施工措施形成混凝土能适应的人为环境（约束条件、温度与相对湿度等）。

（1）提高混凝土本身抗裂性措施

提高混凝土本身抗裂性措施主要从两方面考虑：一方面要提高混凝土有利抗裂拉伸变形——极限拉伸 ε_{p}、徐变 C 与自生体积变形 G；另一方面要尽量减小有害收缩变形——温度变形与干缩。为了达到以上目的，必须优选混凝土原材料与优化混凝土配合比。

①选择优质骨料。骨料用量占混凝土原材料的80%左右，是混凝土中含量最多的原材料，因此骨料品种的优劣直接影响混凝土抗裂性，骨料岩石品种对混凝土线膨胀系数 α、干缩、徐变都有很大影响，例如，石灰岩骨料混凝土线膨胀系数 α、徐变最小，干缩也较小，虽然徐变小对抗裂不利，但是 α 小、干缩小对混凝土抗裂性特别有利。另外，石灰岩人工粗骨料粒形好、表面圆滑，可降低混凝土用水量，而花岗岩人工骨料粒形差、表面粗糙，混凝土用水量高。因此在现场许可条件下，应尽量选用石灰岩骨料。

②选用发热量低、有微胀自变水泥。为了降低水化热温升，应该选用发热低的低热型硅酸盐水泥或中热硅酸盐水泥，还应选用MgO含量为3.5%~5.0%的中热水泥，使混凝土具有膨胀型自生体积变形。另外，也可外掺轻烧MgO粉，使混凝土具有微膨胀性，自生体积变形不收缩有微膨胀。

③掺用活性掺合料。为了降低水泥用量、减少水化热温升，可以掺入活性掺合料，如粉煤灰、磷渣粉、凝灰岩粉等。

④掺用外加剂。掺入减水剂以降低混凝土用水量，降低水泥的用量。掺聚羧酸系高效减水剂能提高混凝土极限拉伸值。掺入引气剂不但能提高混凝土抗冻性，而且能提高混凝土韧性，对抗裂有利。

⑤优化混凝土配合比。尽量降低水胶比，提高混凝土抗拉强度与极限拉伸值。

⑥掺用防裂阻裂纤维材料。

（2）施工措施

采取施工措施形成混凝土能适应的人为环境（约束条件、温度与相对湿度），尽量减小温度变形与干缩，主要施工措施如下：

①合理分缝分块，其目的是适应混凝土热胀冷缩及混凝土水泥水化凝结自身收缩变形，以防止混凝土裂缝发生。

②降低混凝土浇筑温度，如预冷骨料与用冷水加冰片拌制混凝土，混凝土运输过程中设遮阳装置，严格控制混凝土运输时间和仓面浇筑层覆盖前暴露时间。

③夏季避免在白天高温时浇筑，尽量在夜间施工。

④合理安排施工程序与施工进度，保证混凝土施工质量。

⑤仓面喷雾降温。

⑥通水冷却，以降低内部水化热温升，减小内外温差。

⑦加强混凝土养护，在混凝土浇筑完一定时间后采用洒水或喷雾养护，大坝和厂房上下游面及长期暴露的混凝土侧面，应重点进行长期流水养护（南方地区）。

⑧混凝土表面保温保护，以防气温骤降导致混凝土内外温差过大。

1.4 钢筋混凝土闸墩数值分析发展

有限元法（finite element method，FEM）的基本思想是用一个较简单问题代替复杂问题后进行求解，即把连续体分成一系列的单元，这些单元是由有限数目的节点相连的，这个过程称为离散化。这种离散化只能求出问题的近似解，而不能求出精确解。在实际工程应用中，只要所得的数据能够满足工程需要就够了。有限元分析方法的基本策略就是在分析的精度和分析的时间上找到一个最佳平衡点。有限元法是当前工程技术领域最为常用、最有效的数值方法，已成为现代工程设计技术不可或缺的重要组成部分。近年来，随着计算机硬件的发展，计算机速度和容量增加，有限元法可以更为广泛地应用于复杂领域，解决各类工程问题。有限元法的一般求解步骤是先将工程问题简化为力学模型，再将力学模型离散为有限个单元，设定单元刚度矩阵和处理边界条件，然后利用数值技术求解联立方程组求出未知节点变量，得出计算结果。

1943年，Courant在求解扭转问题时为了表征翘曲函数而将截面分成若干三角形区域，在各三角形区域设定一个线性的翘曲函数，利用最小势能原理研究了Venant的扭转问题，这实质上就是有限元法的基本思想（对里兹法的推广），这一思想真正用于工程是在电子计算机出现后。1956年，Turner，Clough，Martin和Topp等在他们的经典论文中第一次给出了用三角形单元求得平面应力问题的真正解答。利用弹性理论的方程求出了三角单元的特性，并第一次介绍了今天人们熟知的确定单元特性的直接刚度法。研究工作随同当时出现的数字计算机一起打开了求解复杂平面弹性问题的新局面。

20世纪50年代，因航天工业的需要，美国波音公司的专家首次采用三节点三角形单元，将矩阵位移法用到平面问题上。同时联邦德国斯图加特大学的Argyris教授发表了一组能量原理与矩阵分析的论文，为这一方法的理论基础作出了杰出贡献。1960年，美国的Clough教授在一篇题为《平面应力分析的有限元法》的论文中首先使用"有限元法（finith element method）"一词。20世纪60年代有限元法发展迅速，除力学专家外，许多数学家也参与了这一工作，奠定了有限元法的理论基础，理清了有限元法与变分法之间的关系，发展了各种各样的单元模式，扩大了有限元法的应用范围。20世纪70年代以来，随着计算机和软件技术的发展，有限元法也迅速发展起来，应用范围扩展到几乎所有工程领域，成为分析连续介质问题的数值解法中最为活跃的分支。由有限元变分法扩展到加权参数法和有限元能量平衡法，由弹性力学平面问题扩展到空间问题、板壳问题，由静力平衡问题扩展到稳定性问题、动力问题和振动问题，由线性问题扩展到非线性问题，分析的对象从弹性材料扩展到塑性、黏弹性、黏塑性和复合材料等，由结构分析扩展到优化乃至于设计的自动化、智能化，从固体力学扩展到流体力学、热力学、电磁学等领域，使许多复杂工程分析问题迎刃而解。

1.4.1　数值模拟分析方法的研究

随着有限元方法的成熟，数值模拟计算闸坝开裂成为主要分析方法之一，Blandford等应用边界元法模拟了裂缝等不连续问题，Belytschko应用无网络法研究了断裂和裂缝等问题。1961年Kaplan首先将线弹性断裂力学理论应用于混凝土构件试验研究中分离裂缝模型引入了断裂能的概念，从而得以从能量积累和释放的角度刻画断裂过程，使该法在分析混凝土破坏和裂缝发展问题上得到广泛应用。1976年，Hillerborg首先提出了适用于混凝土裂缝特性的虚拟裂纹模型。为了解决分离裂缝模型需要预设开裂路径和起裂点的缺点，Zhang等分析随着裂缝的发展自动重新划分单元的有限元方法。1999年，Belytschko基于断裂力学在有限元的基础上开创了扩展有限元方法，将裂纹尖端与表面用其近场位移来表述，可很好地模拟裂纹生长。扩展有限元有效克服了网格不断划分的问题，是研究结构不连续受力的有效方法。

1.4.2　数值流形法与无单元方法的研究

1995年，石根华提出了数值流形法（NMM），该方法在流形分析中采用有限覆盖技术，可用整体平衡方程表述连续体与非连续体。近年来，该方法被广泛运用于不连续问题、非线性问题及动力问题，有效地解决了人工边界及边界效应问题，减小求解规模，提高计算精度。Itasca 开发了边坡岩体（SRM）方法，Cundall 解释 SRM 是由一组节理集组成的节理岩体，嵌入在矩阵中的节理元素，允许新的裂缝开始和生长。根据施加的应力和应变水平动态变化，使用黏结粒子方法模型，如图 1.7 所示。

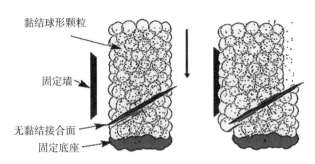

图 1.7 粒子模型和平滑节理组合模型

Potyondy 和 Cundall 描述了岩石基体和光滑节理模型，Mas Ivars 等描述了预先存在的断裂面，黏结颗粒模型基于 Itasca 离散元码 PFC^{3D}。模型将岩石作为球状粒子组合在一起，利用从现场钻探和测绘中获得的节理间距、长度和方向等参数。

Cundall，Potyondy 描述的特征在 SRM 模型中表现。其变化特点将取决于岩石的性质、本构关系以及不连续性，需要做复杂交互的大量工作来完成。Lorig 描述了 SRM 方法揭示岩体的渐进破坏。Cundall 等使用 SRM 方法调查了试样尺度对节理岩体强度的影响。这些研究来自南非 Palabora 的石灰岩岩体，实验结果如图 1.8 所示。另一种已应用于岩石的高级数值分析软件，基于 Rockfield Software 开发的 ELFEN 混合二维/三维模型，即有限元和离散元混合分析。Crook 等通过使用标准摩尔-库仑屈服准则与张力切断组合模型，描述了脆性、韧性剪切以及拉伸轴向断裂的特征，建立了连续和非连续模型。

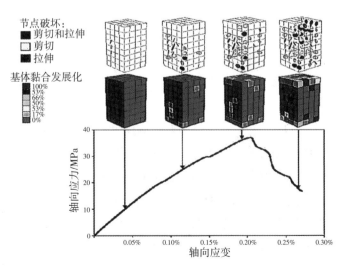

图 1.8 岩体渐性破坏图

1.4.3　钢筋混凝土重力坝裂缝成因的研究

黎鹏平等通过人工海水模拟半电池 + 混凝土破型法，对湛江港水坝钢筋腐蚀速度与比例进行研究，得到以下结论：钢筋钝化膜在高碱的环境下的破坏可自行修复，其与混凝土裂缝表面的氧气含量有关，与配合比无关。

袁锦虎等通过三维仿真模拟施工过程重力坝廊道拱顶裂缝，得出施工温度应力是造成裂缝的主要成因。姜媛媛等通过三维仿真模拟重力坝裂缝规律，并提出防范措施。邵勇等用三维有限元法对 Deorshak 坝裂缝成因进行研究，得出内外温差、材料断裂韧度及缝内水压三因素造成了劈头裂缝。陈恭才等用 ANSYS 对合面狮大坝溢流堰面裂缝成因进行了分析，并为大坝加固提供理论依据。刘幸等用非线性有限元分析法对牛路岭水电站局部裂缝成因进行分析，并作出安全度评价。

庞林等通过多边形比例边界模拟 Koyna 坝裂缝扩展，考虑裂缝内的水体流动与空化，得出缝水压力在裂缝出现时减小裂缝扩张的结论。许青等证明了裂纹扩展准则对坝体裂缝的实用性。刘涛等对钢筋混凝土重力坝施工期裂缝提出原因分析并归类总结。

1.4.4　温度对钢筋混凝土重力坝影响的研究

张社荣等基于实测数据，建立 MySQL 温度数据库，利用粗糙理论来减少条件属性得到最小规则集，建立预测模型，为碾压混凝土坝体施工提供早期预警。朱伯芳等提出一套计算方法，可用于计算不同表面保温条件下气温 + 水位在重力坝内部引起的温度应力，进而计算表面保温效果。

韩芳等用分布式光纤测温 + 有限元结合对碾压混凝土重力坝进行温控分析，得到三组数据（实测 + 理想 + 实时仿真）进行比对，说明修正后的实时仿真数据可更准确反映温度场应力变化，对温控有指导性意义。徐波等用混合模型反演法 + 无应力计测值反演法，对混凝土重力坝线弹性系数进行反演分析，与其他方法做比对，提供了大坝安全性评价的依据，证明该方法的可行。

Tatro 和 Schrader 首次对 Willow-Creek 大坝温度分析进行仿真，效果良好。强晟等用有限元温度场 + 温度应力法得出不同季节大坝裂缝成因分析。曹海等通过对重力坝导流洞封堵体混凝土进行温度分析，确定控制浇筑温度可以成为确定混凝土温度是否超标的有力手段。李剑等用有限元对溢流坝段进行温度场分析，得出冬季高水位为最不利工况。许平等用三维仿真对钢筋混凝土重力坝裂缝进行分析，得出昼夜温差、年气温变化以及寒潮导致大量竖直裂缝。金鑫等用三维仿真对重力坝施工进度安排产生的温度应力进行分析，为施工期控温提供参考。

毛远辉用ANSYS有限元法对碾压混凝土重力坝进行分析，指出北方严寒地区冬季施工会造成结构温度裂缝。孙启冀等用有限元法对寒冷地区高碾压混凝土坝体进行温度应力仿真分析，得出降温会导致混凝土产生拉应力，混凝土表面保温能防止开裂的结论。

张国新对夏季施工重力坝提出控温措施。朱岳明等针对大坝夏季施工，提出温度控制在16℃，外表面做好保温，能基本满足防裂要求。

刘宁等用随机有限元法针对环温、入仓温、混凝土绝热、混凝土与基岩的热学参数等，对施工期+运行期进行温度场计算。赵代深等用热传导理论与黏弹性理论，对钢筋混凝土重力坝施工期+运行期进行仿真，确定温度应力在施工期有较大影响，并提出解决方案。

袁自立等用ANSYS有限元对石漫滩碾压混凝土重力坝进行温度场+温度应力分析，揭示横缝发展原因，为加固提供理论基础。胡永芳等用ANSYS有限元软件对碾压混凝土重力坝进行温度场仿真，得出该坝自然降温慢，受浇筑控温与外界温度影响大的结论。刘延涛等用ANSYS对碾压混凝土重力坝进行温度–结构耦合，为实际工程提供参考。李明等用ANSYS有限元对面墙式碾压混凝土温度徐变进行分析，提出有面墙会加大大坝表面开裂，需采取预防措施。

李守义等用浮动网格法对闸坝温度场进行仿真，确定采用二级混凝土中等厚度（3 m）可满足防渗控温要求。

朱优平等对重力坝加高温度场+徐变应力分析，得出新老混凝土界面产生较大拉应力，通水冷却不明显，提出高温季节加高大坝宜在气温低时进行。朱伯芳和张国新等分别针对重力坝加高施工，结合圣维南原理、水管超冷及强力保温措施，提出新施工思路与施工技术。

田静等用三维有限元仿真对大坝纵缝应力分布进行分析，得出温度为主要影响因素。刘杏红等用三维瞬态有限元对裂缝间距+温度应力的影响进行分析，得出坝体上游面横向表面温度应力随坝宽的增大而增大的结论，并提出可行的最大坝体宽度。

李明超等通过诱导缝+防渗抗裂高流动混凝土的方法，建立有无诱导缝的两种模型，通过主拉应力指标，从时间+空间多角度对诱导缝的布控位置+长度进行优化，以保证应力释放及控制裂缝的效果。周伟等用三维瞬态仿真对大坝诱导缝的开裂与扩展进行研究，验证施工时加设诱导缝会减小坝体内部拉应力，并提出合理建议（长度4.5 m）。

常晓林等考虑是否日照两种工况对混凝土坝体温度应力影响，并证明不考虑该因素会导致温度场低于实际温度场。闫建文等采用三维有限元法，对大坝自然冷却、强制冷却与运行两年后冷却三种工况进行分析，得出强制冷却对强约束区应力影响大，因此要合理选择冷却时间，避免应力过大现象发生。胡平等进行是否掺入氧化镁两种工况的温度徐变应力分析，得出掺入氧化镁能补偿温度应力，但在大坝边界因环境不确定因素大，因此边界处加入氧化镁的效果不明显的结论。

克里木等用温控仿真计算CHE大坝发电引水坝段，提出裂缝成因为：施工温度高、预埋冷却管少及坝面保温不足。张国新等用SapTis仿真软件系统对碾压混凝土重力坝进行温控分析，提出降低内外温差与智能控温能有效减少闸坝裂缝。曹智昶等用热传导理论+三维有限元分析方法，对重力坝提出温控方案，以降低温度应力。卢祥等针对混凝土导热、放热系数，提出了应力场的简化方案，为闸坝控温防裂提供参考。

1.4.5 钢筋混凝土重力坝应力应变/耦合分析的研究

王克峰等用Brühwiler + Saouma水力劈裂试验+扩展有限元法模拟重力坝水力劈裂，指出考虑裂纹内流固耦合比不考虑时的裂纹扩展路径距离短，角度大。沙莎等基于应力–渗流–损伤相耦合，建立三维水力劈裂模拟，模拟结果与安全检测实测结构相吻合，为日后工程提供借鉴。

常晓林等对传统强度折减法的不足之处加以完善，从流固耦合机理出发，借助ABAQUS软件子程序USDFLD的二次开发，完成H流固耦合与强度折减法的结合，并以实际工程为例，计算坝体逐渐破坏的过程以及强度储备系数。王辉用离散元强度储备系数法对坝体深层抗滑稳定进行流固耦合，得出坝体强度降低的应力–位移变化曲线，分析出抗滑稳定性系数与最终滑动破坏形式。

赵江浩等提出耦合Bootstrap法+贝叶斯理论的仿真施工参数更新法，实现小样本工况下参数实时更新。张社荣等用C#.Net和APDL开发了混凝土重力坝三维全尺度施工过程与结构安全耦合的模拟状态可视化系统，可进行施工任何阶段的安全性分析，可以全面快速地提供数据。

李洪勇用ABAQUS有限元+摩尔–库伦屈服方法，以实际工程为例，计算不同强度折减系数的流固耦合坝基应力场，用是否收敛、塑性区与最大点位移等指标判断其稳定性是否满足规范要求。方卫华等用h型自适应网格、粒子群分区反演、COMSOL Multiphysics多物理场耦合及渗透率变化，提出强度折减的改进方法，以解决深厚覆盖层重力坝抗滑稳定问题，并以实际工程检验，进而取得大坝抗滑稳定性系数。

叶永等用COMSOL Multiphysics软件建立二维流固耦合，指出耦合力对重力坝的应力、位移与渗流作用明显，耦合作用使坝基扬压力增大，总应力增加，上游拉应力与下游压应力增加，渗流场等势线偏下，坝踵处应力集中。沈振中用交叉迭代解耦对重力坝是否施加应力–渗流耦合两种工况进行分析，指出考虑耦合后坝体位移减小，水平正应力竖直正应力改变但趋势一致，渗流对坝体不利。刘君提出DDA与FEM耦合算法对混凝土重力坝纵缝应力分析的应用，对纵缝设置了不同形状与尺寸，对坝体的应力应变进行分析，为实际工程提供理论依据。

赵堃等用 Westergarrd 理论 + ADINA-FSI 方法对混凝土重力坝进行流固耦合，确定了坝体在水影响下的应力情况及结构自振情况，为其他工程提供参考。赛恩尼用有限元（坝体）+ 无限元（水）耦合法对混凝土重力坝进行水动力反应分析，分析流体的辐射阻尼与坝体的结构阻尼，指出辐射阻尼与坝体自振相吻合时对坝体稳定是非常不利的。

1.4.6 钢筋混凝土重力坝的稳定性/可靠性诊断的研究

于沐等用 FLAC 软件分析了多工况多坝段的抗滑稳定性系数，证明强度折减法的可靠性，并与 Morgenstern-Price 法做比对，指出强度折减法计算出的抗滑稳定性系数误差小，自动搜索的滑裂面也相对准确。张凤勇等用强度折减法提出一种以接触面状态作为判断依据的重力坝深层稳定性分析，建立两种工况三维模型，以计算收敛、塑性区贯通、关键点位移及剪力比例等多方面对比，验证以接触面状态作为失稳判断的依据。王河等提出有限元超载-折减综合法，评定重力坝 3 层黏土引起的抗滑稳定性。王家骐等用强度折减动力分析法与时程安全系数分析法研究重力坝深层抗滑稳定性，并对时程安全系数分析法的局限加以改进，使其更为科学合理。

崔书生等提出对重力坝抗滑稳定性系数的改进分项系数法，用 Delphi 编程与 AutoCAD 二次开发对其实现程序化，进而得到可视化软件模块。陈浙新等基于大坝变形检测资料，利用 Delphi 编程以大坝变形时效分量构建尖点突变监控模型，借助软件系统实时监控大坝的稳定性。

赵洋等用刚体平衡原理 + 第三强度理论对自密实混凝土重力坝浇筑层间稳定性进行分析，得出坝体的稳定系数与接触面积在一定范围内成正比，拉力与堆石高度正相关，高度为 15% 时为自密实混凝土重力坝设计上限值。

赵引等研究了非线性稳定性理论在重力坝-地基基础中的应用，分析了空间实体结构的稳定性与承载力，给出失稳辨别准则。熊敬等采用刚体分析法 + 非线性有限元法，用 DrukerPrager 型中的内切圆准则为屈服准则，对向家坝进行稳定性分析，得出坝体体型是影响稳定性系数的重要因素。

李东辉等用重力坝深层抗滑稳定分析法与滑楔法相结合，提出折线台阶状基础面重力坝的抗滑稳定性分析，并编制了计算程序，成本低且精度高。黎思幸等提出以齿型基岩面的设计与施工来改善重力坝坝基抗滑稳定性，得出三角齿起伏 40° 且不低于混凝土最大粒径时，抗滑稳定系数大幅提高。王宏硕等用真实弹性抗剪强度对大坝基岩最不利点进行分析，得出在坝踵设置人工缝与托承可有效减小坝踵内的拉应力。

李美蓉等以武都重力坝为背景工程，对坝基软弱地层进行敏感性分析，对不同深度进行混凝土置换，得出不同深度下的稳定性系数，为其他工程提供参考。李巍等研究重力坝软弱地基的抗滑齿墙与稳定性关系，指出抗滑面越平缓越不利，与抗滑面倾角正相关。钱声源等用单层软弱夹层法与双层软弱夹层法分析岩体坝溢流坝段抗滑稳定性，结合 D-K 特征曲线、塑形分布区与相关检测结果对比，确定安全系数，揭示破坏机理。李朝国等以重力坝挡水坝段与溢流坝段为背景，研究缓倾角软弱坝基对重力坝稳定性的影响，并确定破坏机理与超载安全度。

胡江等提出以重力坝-胶结面-基岩为整体的多级综合评价法，并通过工程实例印证此方法的可行性，认为传统的可靠度分析法相对保守，此方法更贴合工程实际。王玉杰等提出多条块组合滑动模式对重力坝加高新老堰面混凝土结合区的安全稳定进行分析，采用考虑不同扬压力的刚体极限平衡法，推导三斜面公式。樊盼等提出三斜面法计算重力坝深层抗滑稳定性，通过建立安全系数法极限平衡方程，采用迭代与双重搜索试算求解最小安全系数与危险滑裂面，指出此方法更适用。

胡海周等用 ABAQUS 有限元，依据屈服区贯通与塑性区应变两项指标，用先降强后超载方法，得出综合法对重力坝的安全系数分析比较稳定。张海林等用 ABAQUS 有限元分析剪胀角对坝基双斜面滑移的安全系数影响，指出坝基滑移模式一定，剪胀角增大，安全系数增大但幅度慢慢减小，安全系数在 20°~35°最小。

赵梦瑶等用 Cvisc 模型与常规弹塑性强度折减法考虑地基蠕变对重力坝深层抗滑稳定性进行分析，得出考虑蠕变则地基稳定系数偏小，若地基较软则不能忽略蠕变对其的影响。陈远强等用数值流形法模拟计算重力坝基面与深层双斜面的抗滑稳定性，与有限元接触分析结果对比安全系数基本一致，验证了数值流形法的可行性。陈博夫等研究了防渗帷幕与排水孔二者作用的坝基深层抗滑稳定性。

徐佳成等以亭子口水利大坝为工程背景，用广义等 K 法和分项系数极限状态设计法对其抗滑稳定性进行分析，得出作用力与水平面的夹角 θ 对抗滑稳定性系数有至关重要的影响，建议取 5°~10°。段亚辉等提出重力坝混凝土层面向上游倾斜、折斜，或局部提高下游坝面附近的抗剪强度，可在不增加工程量的前提下大幅提高其抗滑稳定性，给工程带来明显的经济效益。

1.5 钢筋混凝土闸墩裂缝修补技术发展

基于水工混凝土结构的特殊性与重要性，其裂缝产生后必须及时修复，由此产生了多种修复技术与理论。1961 年，Kaplan 最早将断裂力学用于混凝土研究，首先发表了线弹性断裂力学应用于混凝土的试验成果，其研究引起了学术界的注意和重视，并于 1963 年将金属断裂力学理论用于混凝土断裂力学分析，通过实验证明第一强度理论可作为判断混凝土是否开裂的依据。

1983 年，美国学者 Bazant 提出了与虚拟裂缝概念相类似的裂缝带模型（CBM），这种模型可较好地应用于有限元分析中。并且，于 1996 年针对 Koyna 重力坝闸墩裂缝进行了分析。1993 年，Kalkani 以水库溢洪道两侧混凝土结构作为研究对象，采用有限元方法，通过线性计算分析了重力荷载、静水荷载、设备荷载以及基底隆起压力的影响，通过查看最大主应力的分布，应用第一强度理论分析，认为溢洪道两侧混凝土结构稳定性的最大影响因素是所有的外部荷载的积累效应。1994 年，Mirza 和 Durand 在实验室测试了水泥砂浆、聚合物改性水泥砂浆（含苯乙烯丁二烯橡胶和丙烯酸树脂）、环氧树脂砂浆等几种材料应用于混凝土表面维护的物理力学特性和耐久性，评价了砂浆性能和选择标准，并且对魁北克水电大坝泄洪闸闸墩选择了 21 个厂家的产品进行砂浆嵌缝维修试验。经过跟踪监测，最终选定了 6 个最佳的砂浆产品作为闸墩表面维修的材料，综合比较了各种材料安装步骤和成本。1996 年，Léger 等以溢洪道闸墩作为研究对象，从混凝土水化热角度，通过有限元数值模拟，得出闸墩混凝土的应力分布情况。闸墩混凝土开裂，是因为混凝土水化热引起闸墩混凝土膨胀，产生龟裂，导致强度损失所致。2002 年，Mirza 等通过实验测试了聚合物改性水泥基砂浆（水泥基二氧化硅含量 8% + 硅灰胶凝材料）对混凝土的保护性能，通过对基础混凝土温度 −50℃~50℃的冻融循环试验，评价了这种聚合物改性水泥基砂浆的干缩、抗渗、耐磨、耐腐蚀、黏结强度、抗压强度几个方面的特性。并经过对两个大坝溢洪道闸墩 6 年的跟踪监测，得出结论：对于暴露于寒冷气候下的混凝土结构，采用这种聚合物改性水泥基砂浆加固维护具有可行性和可靠性。2003 年，Abdallah 等针对现浇闸墩浇筑过程中的温度应力进行有限元简化模拟计算研究，从理论上证实在热带地区采取一定的温控措施，可实现闸墩的一次性浇筑，避免闸墩由于温度应力引起的破坏，并且可缩短工期，取得了较好的经济效益。2008 年，Andrew 等就得克萨斯州的沃克西哈奇大坝溢流坝水工混凝土的老化问题进行分析，重点从混凝土碳化角度出发，研究了其对大坝闸墩结构的影响。2010 年，Kupriyanov 分析了冬季寒冷地区水库闸墩在雪荷载及温度影响下，闸墩结构的受力状态，采用有限元模型试验模拟的方法，得出寒冷地区闸墩裂缝形成的主要原因是温度荷载的结论。

进入 21 世纪以来，国内学者在闸墩裂缝数值分析方面也做了大量研究。2002 年河海大学的朱岳明教授等针对石梁河水库新建泄洪闸闸墩出现的贯穿性裂缝，进行了闸墩整体结构混凝土温度场和徐变应力场有限元法多工况仿真计算，对于现浇混凝土闸墩，裂缝主要是由于浇注过程中的温度控制不当引起的。

2002 年，西安理工大学李九红教授采用三维有限元浮动网格方法，进行了水电站表孔闸墩施工期的温度场和应力场仿真分析，分析中考虑了混凝土弹模、徐变及自生体积变形等物理力学参数随龄期变化和分层浇筑对墩体温度应力影响。2004 年，河海大学李同春教授与研究生张志福对丰满水库闸墩溢流坝的裂缝加固做了实地的调查与研究，并通过有限元计算，对闸墩外包预应力钢索加固方案进行分析，详细地叙述了这种加固方法的准备条件和加固施工工法，证实了这种加固方法的有效性。2005年，广西大学燕柳斌教授及研究生江怀雁以合面狮水电站作为研究背景，经过分析比较，采用在闸墩上施加水平锚索的布置方案对已有裂缝的闸墩进行加固处理，并通过计算验证了加固的可行性。

2005年，国家电力公司大坝安全监察中心邢林生教授级高级工程师，对严寒地区的泄水建筑物结冰引起建筑物破坏方面问题进行了实验研究，并结合实际工程情况，从低温下混凝土物理性能角度出发，对大坝闸墩裂缝产生原因进行了分析。2009年，大连理工大学马震岳教授和研究生苏远波以太平哨水电站22号溢流坝段为实际研究对象，通过有限元的方法，建立坝体三维模型，计算闸墩混凝土未开裂及加固后坝体温度场及温度应力场，利用ANSYS软件对闸墩及裂缝进行静力计算及分析，分析温度荷载、冰压力等其他荷载对闸墩混凝土裂缝位置处应力的影响，以及闸墩混凝土开裂的主要原因。针对混凝土开裂前后的受力状态的变化，模拟有无裂缝坝体的承载机理，对加固前后坝体结构进行线性和非线性计算，对闸墩裂缝加固后安全性进行分析。

2010年，水库管理局的岳峰介绍了水库闸墩裂缝3次普查结果，阐明了裂缝的发展情况，并且对闸墩裂缝补强加固方法进行了探讨，提出采用CFRP加固闸墩的建议。2010年，西安理工大学李守义教授和研究生李振龙以某水电站溢洪道堰闸墩坝段中墩为研究对象，以ANSYS软件为平台结合工程实例对预应力闸墩不同荷载组合工况进行计算，并对闸墩进行了抗震分析。在对颈缩后的闸墩进行了动力计算分析研究之后，指出地震情况时闸墩应力分布规律同静力工况一致，仅应力数值增大，并且增幅不大。

综上所述，在闸墩裂缝成因分析上，国内外广大学者广泛地采用有限元法计算闸墩的应力状态来分析闸墩裂缝成因，从外部荷载、温度作用以及混凝土自身物理特性角度出发进行了大量的研究。但是，研究多针对实体闸墩，或简化为实体闸墩进行计算分析，而对存在大型孔洞的闸墩研究相对较少。在存在裂缝的闸墩加固方面，多数采用砂浆嵌缝、体外钢板或锚索的方法。对溢流坝闸墩裂缝一般是先研究坝体的应力状态，分析产生裂缝的成因，再采取对应的加固措施。分析闸墩应力状态的方法一般可归纳为理论计算和模型试验两大类，理论计算又分为材料力学法和弹性理论的解析法或差分法，还有有限元法（数值解法）等。闸墩加固方法大体上分为两类。一类是间接加固法，即改变原结构的受力方式，转变应力传递路径，以此达到提高结构承载力的方法，如外加预应力钢板法、外加钢支撑法、CFRP体外加固法等；另一类是直接加固法，即不改变原结构受力方式，单纯提高结构内部承载力，如化学补强法。两类加固方法各有优点，间接加固法相对而言应用更为普遍。葛洲坝、李家峡、龙羊峡等大中型水闸加固工程中，都不同程度地采用了体外间接加固法。可以发现在处理混凝土裂缝方面主要存在两个方面的研究进展，其一即采用不同的修补材料，其二为采用相应的修补新技术。

　　近年来，得益于材料领域的发展，在混凝土裂缝修补材料方面的研究发展迅速。通常修补材料主要包含两类：一是无机类修补材料，二是有机类修补材料。其中，无机类修补材料主要以砂浆为主。此外，李志坚等研究了环氧胶泥的特性，并以三峡二期导流底孔缺陷修复为例，进行了现场应用，取得了在大面积修补方面的良好效果。有机类修补材料包括常规有机类修补材料和有机改性类修补材料，其中有机改性类材料主要包括环氧乳液、丁苯乳液（SBR）、丙烯酸乳液（PAE）、苯丙乳液（SAE）、醋酸乙烯酯共聚物乳液（PVA）。由于有机类材料需要在不同的环境下工作，众多学者对有机材料的特性及其在修补相关混凝土裂缝方面进行了深入研究并将其积极推广到水工混凝土结构裂缝的修补活动中，极大地推广了有机类材料在水工中的应用。水工混凝土裂缝修补不仅需要新材料的填充，更需要新技术的支撑。近年来，新技术主要集中在钢板及碳纤维补强加固技术和体外预应力加固技术的应用方面。常用的施工修复方法是表面修补法、高压灌浆法、填充法，或者某几种方法的结合。不可否认，当前的水工混凝土裂缝修补在材料和技术两个方面取得了较大的进展，尤其是在我国的水工混凝土结构的应用方面。遗憾的是，并没有一些较为通用的方法去解决混凝土裂缝问题。

1.6 依托工程

　　依托工程位于辽宁省太子河干流上的葠窝水库，主要用于防洪，同时兼顾着工业及农业用水，大坝为钢筋混凝土重力坝，大Ⅱ型水利枢纽工程。葠窝水库体积容量 7.91×10^8 m^3，控制流域面积6175 km^2，设计水位101.8 m，校核水位102.0 m，其外观如图1.9所示。

图1.9 葠窝水库外观图

　　大坝为钢筋混凝土重力坝，由挡水坝段、电站坝段和溢流坝段三部分组成，大坝全长532 m，坝顶高程103.50 m，坐落于地基的最大坝高50.3 m，从左侧坝肩至右侧坝肩全长共31个坝段，1~3号和22~31号为挡水坝段，长217.3 m；4~18号为溢流坝段，长274.2 m；19~21号为电站坝段，长40.5 m，其中溢流坝段由15个闸墩构成，2个边墩，6个宽墩（宽9 m），7个窄墩（宽4 m），宽墩和窄墩间隔布置（间距12 m）。溢流坝段如图1.10所示。

图1.10　溢流坝段平面图

宽墩内部分别布置检修门槽、工作门槽和通气孔，底部有泄洪排沙孔，其中检修门槽的尺寸为5.5 m×2.5 m，垂直到底部的泄洪排沙孔，位置靠近坝顶路面；工作门槽上部分尺寸为7 m×5.1 m，中间断面缩小截面尺寸为5.5 m×2.5 m，底部也连通到泄洪排沙孔中；通气孔尺寸为2.5 m×1.0 m，转向闸墩排水面的上部。闸门推力轴铰链支架位于大坝93 m高程处，如图1.11所示。

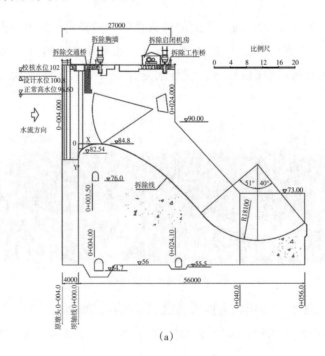

(a)

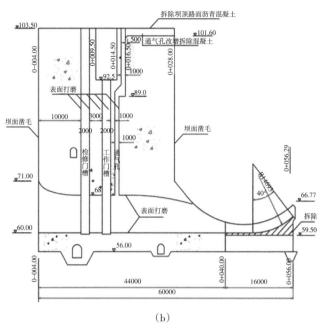

图1.11 宽墩立面图

大坝溢流坝段位于主河床，由14个闸门控制，闸门尺寸12 m×12 m，其中宽墩底部有3.5 m×8 m的泄洪排沙底孔，堰面坝顶高程50.3m，采用平板钢闸门控制。

闸墩的裂缝也是逐年增多与加深的，1975年检测溢流坝段共有11个裂缝；1981年仅9个闸墩就出现13个裂缝；1985年裂缝数量持续增加；2006年裂缝的纹路开始发展，导致泄洪排沙孔底部的门槽与三道检修井门槽内和闸墩上存在垂直裂缝；2010年绘制闸墩的裂缝变化简图，并对闸墩裂纹进行持续检测。

在2013年，蓕窝水库的安全评估报告显示，其防洪能力不符合规范要求与设计要求，主要体现在：①闸坝岸边地质条件风化；②闸坝坡面的两侧坝基，其扬压力高于设计值，不利于坝体整体稳定；③溢流坝段堰面与闸墩裂缝严重，并在闸墩靠近牛腿处出现贯穿裂缝，会加速闸墩腐蚀，影响结构耐久性；④溢流坝段泄洪闸门启闭机械陈旧且锈蚀，无法保证安全泄洪；⑤管理不规范，没有完整的安全检测体系，自动化程度低。

水库坝体，特别是钢筋混凝土泄洪闸墩承担着钢闸门支臂推力和水体压力以及自重、温度场等荷载作用，是保证水库工程泄洪安全性的重要结构。蓕窝水库由于受历史条件限制，设计与施工过程中都存在许多问题，蓕窝水库在20世纪被我国列为重点病坝之一。

本书以20世纪中后期建设的钢筋混凝土闸坝工程为工程背景，通过长期现场调查研究，综合分析了混凝土闸坝裂缝危害性、抗裂性，混凝土裂缝修补方法与技术，混凝土断裂特性理论及其改进措施，混凝土裂缝分类、诊断方法及典型工程裂缝诊断等与工程实际密切相关的内容，应用静水压力、动水压力及温度荷载多重耦合理论，对钢筋混凝土闸坝破裂力学特性进行数值模拟分析，结合典型工程背景，开展了钢筋混凝土闸坝破裂特性和规律的深入分析研究，并进行雷达检测技术和部分钻孔取芯、裂缝渗透试验验证，为钢筋混凝土闸坝开裂修补与上下游裸露面保温措施提供理论基础与技术方法。

1.6.1 区域地质概况

葠窝水库地处长白山脉南延部分，位于四级构造单元中部，区域地质构造复杂。水库区发育断裂构造规模不大，无区域性活动断裂。根据1975年海城地震后辽宁省地震局对葠窝水库区地震烈度重新鉴定结论，结合2015年国家地震局新修改出版的1∶400万《中国地震动参数区划图》（GB 18306—2015）（2016年6月1日执行），建议工程区地震动峰值加速度采用0.1 g，地震动反应谱特征周期取0.4 s，相应地震基本烈度为Ⅶ度。

1.6.2 坝址基本地质条件

坝址位于太子河中游河道较窄河段处，河谷底宽300~350 m，坝顶处宽500 m；两岸的山顶高程 + 250 m左右，河床高程 + 60 m左右，相对高差190 m左右。坝址区出露的基岩地层主要为前震旦系的大孤山组（A_3^s）变质岩类及钓鱼台组（Z_1）石英岩。第四系主要分布于坝下河床部位，层厚2~4 m。坝址区断裂构造发育，构造线以近平行和小角度斜交坝轴线的平推断层、逆断层和剪切节理为主。坝基开挖共揭露出各类不同规模断层35条，断层宽度0.05~1.80 m不等，延伸长度短者10 m左右，长者可达200 m以上，多数与坝轴线平行，贯穿整个坝基。据已有成果资料，结合2012年灌浆成果分析，左岸各坝段基岩透水率不大，一般小于3Lu，个别坝段基岩透水率相对较大，达20Lu以上。右岸基岩透水率一般小于3Lu，个别坝段岩基透水率大于25Lu。河床坝段基岩透水率一般小于5Lu。灌浆后，检查各坝段基岩透水率小于3Lu，达到设计防渗要求。

1.6.3 坝基岩体风化特征

2011年5月至12月底，坝基灌浆施工中对部分钻孔进行了取芯鉴定和编录。从鉴定结果看：左岸岸坡坝段坝基岩体多为强风化岩，左岸河床坝段（沿灌浆廊道）以弱风化岩为主，右岸河床坝段以微风化岩为主，右岸岸坡坝段坝基岩体以弱风化岩为主。河床坝段除灌浆廊道及排水廊道部位以外，其他区域建设基面高程高于灌浆廊道建基面3~3.5 m，从整体情况看，这些区域岩体风化程度会相对增强，弱风化岩分布范围及厚度会增加。

1.6.4　坝基岩体完整性

根据水库建设期坝基开挖揭露情况，坝基内断层及节理裂隙均发育，其中揭露断层 35 条，主要分布在 1~12 和 25~29 号坝段。坝基大部分岩体完整性差~较破碎，部分坝段岩体较完整。根据已有地质资料及 2011—2012 年灌浆、勘察成果，对各坝段坝基岩体结构及其完整性进行评价，见表1.2。

表1.2　各坝段坝基岩体结构及完整性评价表

坝段编号	1号	2号	3号	4号	5号	6号	7号	8号	9号
完整性	较破碎	较破碎	完整性差~较破碎	较完整	完整性差	完整性差	较完整	完整性差	较完整
岩体结构	碎裂	碎裂	镶嵌	次块状	镶嵌	镶嵌	次块状	镶嵌	次块状
坝段编号	10号	11号	12号	13号	14号	15号	16号	17号	18号
完整性	较完整	完整性差	较破碎	较破碎	较完整	较完整	较完整	完整性差	完整性差
岩体结构	次块状	镶嵌	碎裂	碎裂	次块状	次块状	次块状	镶嵌	镶嵌
坝段编号	19号	20号	21号	22号	23号	24号	25号	26号	27号
完整性	完整性差	较破碎	较破碎	完整性差	较破碎	破碎	破碎	破碎	破碎
岩体结构	镶嵌	碎裂	碎裂	镶嵌	碎裂	碎裂	碎裂	碎裂	碎裂
坝段编号	28号	29号	30号	31号					
完整性	破碎	破碎	较完整	完整性差					
岩体结构	碎裂	碎裂	次块状	镶嵌					

1.6.5　坝基岩体质量分析与评价

根据现行《工程岩体分级标准》（GB 50218—1994），对坝基各坝段岩体的质量进行评定。左岸岸坡坝段坝基岩体以Ⅳ级为主，其中 30、31 号坝段坝基岩体属于Ⅲ级；左岸及右岸的河床坝段坝基岩体大多以Ⅲ级岩体为主；河床中部坝段坝基岩体属于Ⅱ级；右岸岸坡坝段坝基岩体为Ⅲ~Ⅳ级。

1.6.6　坝基岩体工程地质分类

根据坝基岩体质量、岩体风化程度等，对各坝段坝基进行了工程地质分类，并做简单评价，详见表1.3。

表1.3 坝基岩体工程地质分类与评价表

岩体类别	坝段编号	岩体风化程度	岩体完整性系数 K_v	岩体特征	岩体工程性质评价
Ⅱ	7、13~16号	微	0.55~0.65	岩体呈次块状结构，结构面中等发育，局部发育断层结构面，多以小角度与坝轴线斜交，倾角较陡	岩体较完整，岩石强度高，抗滑及抗变形能力强。属于良好混凝土坝地基
Ⅲ	3~6、8~12、17~23、30、31号	弱~微	0.40~0.50	岩体呈镶嵌结构，局部为碎裂结构或次块状结构，结构面发育，断层结构面较发育，走向与坝轴线多小角度斜交，破碎带不宽，倾角较陡，不存在缓倾软弱结构面。坝基岩块间嵌合紧密，局部略差	岩体完整性差或较破碎，局部破碎，岩石单体强度高，抗滑、抗变形性能受结构面发育程度、岩块间嵌合力控制。建议对施工期未加固处理的地基进行加固
Ⅳ	1、2、24~29号	强~弱	0.16~0.30	岩体呈碎裂结构，局部为镶嵌结构或次块状结构，结构面很发育，产状紊乱，主要结构面及断层走向与坝轴线多小角度斜交，倾角较陡，不存在缓倾软弱结构面。岩块间嵌合力弱	岩体破碎，局部较破碎，抗滑、抗变形能力弱。建议对各坝段地基进行加固处理

1.6.7 坝基岩体物理力学性质及参数取值

（1）施工期坝基抗剪强度参数取值

1967年3月《葠窝水库工程技术设计报告》试验结果认为弹性阶段偏低，取屈服阶段较合理。后经设计、地质、试验人员共同研究，提出抗剪强度设计建议值：

右岸微风化变粒岩f = 0.65；左岸微风化变粒岩f = 0.60；左岸弱风化变粒岩f = 0.55；断层破碎带f=0.50。

施工前综合分析提出坝体与坝基之间摩擦系数为：

右岸弱风化变粒岩f = 0.68；左岸弱风化变粒岩f = 0.65；断层破碎带f = 0.55~0.60。

（2）坝基抗剪强度参数建议值

结合施工期有关参数分析资料，根据坝基岩体风化程度、岩体结构、岩体质量的综合分析评价，以及施工过程中采取的一些措施等，参考《水利水电工程地质勘察规范》（GB 50487—2008）相关条款规定及经验值，重新提出坝体混凝土与坝基岩体之间抗剪强度参数地质建议值，详见表1.4。

表1.4 坝体混凝土与坝基岩体之间抗剪强度参数建议值表

坝段编号	岩体类别	岩体风化程度	抗剪强度	抗剪断强度	
			f	f'	c'/MPa
7、14~16号	II	微	0.65	1.15	1.10
3~6、8~13、17~22、30、31号	III	弱~微	0.60	1.05	0.80
1、2、23~29号断层破碎带	IV	强~弱	0.50~0.55 0.40~0.45	0.80 0.70	0.40 0.25

1.6.8 主要工程地质问题

（1）坝基灌浆效果分析

坝体建成后通过坝基防渗灌浆处理，坝基渗漏问题不严重。2011—2012年再次对全坝段进行灌浆处理，灌浆标准按3Lu控制，灌浆后检测各坝段坝基透水率均小于3Lu，满足了坝基防渗设计要求。建库后，对两岸绕坝渗漏观测孔进行了几年的水位观测，从地下水位观测结果分析来看，两岸地下水位的变化与库水位的变化并不完全一致，相关性不明显，说明两岸坝下游地下水并不是来源于水库，进一步说明库水沿两岸坝基渗漏轻微。另外，通过十几年对坝基下部及两岸坝肩下游侧的巡查，未发现严重渗漏现象。说明蒦窝水库坝基没有发生较大渗漏，坝基防渗效果相对较好。

（2）坝基处理问题

①个别坝段扬压力偏高。蒦窝水库建成至今已进行过多次防渗灌浆。几次灌浆处理对坝基的防渗起到较好效果，但3和25号坝段坝基扬压力仍然偏高。2011年灌浆施工过程中，经过综合分析已有地质成果及相关资料，确认个别坝段扬压力偏高与两岸坝基地质构造有关，并通过布置有效的排水孔，排除坝基内地下水而使扬压力偏高问题得以解决。但是，通过2014年3月份的两岸地下水位观测成果，两岸地下水位高于库水位，坝脚处地下水位高于相对坝段建基面，经设计计算左岸岸坡个别坝段坝基扬压力仍偏高。

②接触灌浆。据已有资料，接触灌浆仅限于帷幕附近，作用不大。

③固结灌浆。已有资料记载，固结灌浆施工仅在3个横向廊道中进行，原设计在4~13号坝段对弱风化岩进行的固结灌浆，施工中并没有实施。由于左岸23~29号坝段坝基岩体破碎，属IV类岩体。因此，建议对坝体各坝段进行稳定性复核计算，并根据复核结果对存在安全隐患的坝基采取有效措施进行加固处理。

（3）坝肩边坡稳定问题

左岸坝肩以上自然边坡较缓，植被茂盛，边坡稳定性较好；右岸坝肩以上边坡基岩裸露，坡度相对较大，局部堆积块石容易产生滚落。右岸近坝端库水位附近边坡相对略陡，局部岩体破碎，风化强烈，易产生掉块或塌落。

（4）码头及连接路工程地质条件

拟建码头位于水库区右岸农场西南，码头平台距水库岸边约6m，为约8°坡地。场区分布主要岩性为粉质黏土含碎石，地基承载力较大，岸边开阔向水下地形缓坡延伸，岸坡稳定，适合修建库区码头。从右坝至库区右岸码头相距约1km，沿库区右岸边缘弯曲延伸，现道路宽约3~4m，为削坡形成。路基主要为坡积碎石土和强风化石英质砂岩，地基条件较好。近坝头约400m段临水库一侧边坡略陡，临山体一侧出露基岩，拓宽路面需向山体一侧开挖基岩。

1.6.9 天然建材

蓓窝水库建设期所勘察使用的料场，即小漩料场、英守料场均被开采，可以利用范围所剩无几，沿线河滩地及可利用阶地均被当地骨料开发商承包。北沙村至小屯镇下平洲村，共有承包商开发的砂场5~7家。下平洲村西有两处砂场、胡家洼村砂场、钓水楼村砂场、小漩村砂场及北沙村料场规模相对较大。各料场以出售细骨料为主，粗骨料及超径骨料大部分弃于料场周边及河道中。以上各料场分布相对较近，沉积环境相同，料场物质组成及质量基本一致。沿河料场总储量丰富，能够满足蓓窝水库除险加固施工用料量需求。

综上所述，蓓窝水库区地震基本烈度为Ⅶ度，相应地震动峰值加速度为0.1g。坝址区断裂构造较发育，其主要断层走向与坝轴线近平行或小角度斜交，多为高角度断层。施工中对主要断层进行了开挖回填处理。坝基岩体条件较好，无其他不利结构面及缓倾角软弱夹层。经勘察分析，7、14~16号坝段坝基岩体为微风化，Ⅱ类岩体；1、2、23~29号坝段坝基岩体多为强风化，Ⅳ类岩体；其他坝段（3~6、17~22、30、31号）坝基岩体为弱风化，坝基岩体为Ⅲ类。施工阶段采用的坝基岩体抗剪强度参数偏大，后重新修正了各坝段坝体与坝基之间的抗剪（断）强度参数。蓓窝水库坝基的帷幕防渗灌浆效果较好，河床及两岸坝基不存在严重渗漏问题，绕坝渗漏现象不明显。通过两岸地下水位观测，坝肩岸坡地下水位明显高于库水位，并且坝脚处地下水位高于坝基建基面，建议设计对坝基扬压力进行复核计算。左岸坝肩以上自然边坡较缓边坡稳定性较好；右岸坝肩以上边坡基岩裸露，局部堆积块石易产生滚落。右岸近坝端库水位附近边坡相对略陡，局部岩体破碎，易产生掉块或塌落。库区码头位置地质条件相对较好，岸坡稳定，适合修建水库码头。码头连接路沿线路基地质条件较好，近坝头段边坡较陡，扩建公路后需对两侧边坡做好防护。工程区附近无可开采料场，建议水库除险加固所需混凝土骨料进行采购。水库地区标准冻深为1.2m。

1.6.10 大坝纵缝

坝内设有三条纵向廊道，三条横向廊道，四个进出口。危害最大的裂缝是排水廊道的顶拱上的纵向裂缝和横向廊道里一些环向裂缝。横向廊道内裂缝以 23 号坝段顶拱环向裂缝最为严重，此裂缝与上游面裂缝、灌浆廊道裂缝相贯通。23 号坝段横向廊道内在 0 + 18.4 m 和 0 + 28.2 m 处各有纵缝一条。大坝严重纵缝有：5、7、23 号坝段排水廊道均自基础向上开裂，至下游坝面不足 2.5、1.7、2.3 m，8、9、10、12、16 号坝段排水廊道顶拱均有纵缝。除了边坝段 1、2、28、29、30、31 号外，挡水坝段、溢流坝段、电站坝段均有纵缝存在，比较重要纵缝共计 67 条，纵缝详细统计见《水库大坝重要裂缝及稳定安全专题分析研究报告》。自基础向上开裂的纵向裂缝，已接近下游坝面或与闸墩裂缝连通，大坝沿上下游方向分为两个或三个部分，严重破坏了大坝整体性。从裂缝对坝体危害程度看，排水廊道顶拱纵向裂缝对大坝整体性的破坏很大。

1.6.11 闸墩裂缝

除 15 号坝段只有一条贯穿性裂缝，17 号坝段闸墩无贯穿性裂缝外，其余闸墩贯穿性裂缝数量以 3 条和 4 条居多。现场检查闸墩裂缝有规律地出现于牛腿上游、钢闸门下游，且距离牛腿较近，裂缝自下而上延伸，有的连续，有的间断，在闸墩两侧几乎呈对称分布，所有宽墩和 7、9、11、13 号窄墩均有贯穿性裂缝。宽墩左右两侧在桩号 0 + 007 ~ 0 + 008 和 0 + 012.0 ~ 0 + 013.6 处均有自墩顶向下延伸到堰面裂缝，此类裂缝已贯穿闸墩至堰面。窄墩桩号 0 + 007 ~ 0 + 008 处有墩顶延伸到堰面的裂缝。4 ~ 18 号闸墩裂缝重要裂缝共计 102 条。检修门闸墩最薄处厚度 1.85 m，工作门闸墩最薄处厚度 1.781 m，通气孔闸墩最薄处厚度 2.2 m。由于检修门槽、工作门槽、通气孔存在应力集中，并且应力集中部位闸墩较薄，致使宽墩裂缝较为严重，所以底孔闸门井布置引起应力集中是一个因素。裂缝产生后，由于未及时修复和封堵缝口，导致水渗入裂缝，低温季节水结冰，冻融使裂缝发展迅速，混凝土闸墩遭受严重破坏。闸墩贯穿性裂缝严重破坏了闸墩的整体性，引起宽墩渗水。特别是带底孔宽墩裂缝分布于距坝轴线 7 m 和 13 m 的裂缝，受气温变化影响明显，该处混凝土较薄，只有 1 m 多，不足 2 m，渗水严重，加速了钢筋锈蚀，工作闸门两侧裂缝切断了闸墩，其下游侧正是弧门铰座牛腿，是闸门主要支撑部分，其危害性是不可忽视的。

1.6.12 大坝安全鉴定

水库始建于 1960 年，因当年遭遇特大洪水而被迫停工，1970 年 10 月续建，1974 年竣工。水库控制流域面积6175 km²，总库容7.91亿m³，汛限水位＋77.8 m，100年一遇洪水设计，设计洪水位＋101.8 m；1000年一遇洪水校核，校核洪水位＋102.0 m，大坝为Ⅱ级建筑物。大坝为混凝土重力坝，由挡水坝段、溢流坝段、电站坝段三部分组成，大坝全长532 m，共31个坝段。溢流坝段位于主河床，堰顶高程＋84.80 m，设置14个溢流孔，由14扇12 m×12 m弧形钢闸门控制。闸墩间隔布置6个泄流底孔，孔口尺寸为3.5 m×8.0 m，采用平板钢闸门控制。电站装机5台，总装机容量4.444×10⁴ kW。2013年1月水库《大坝安全鉴定报告书》（辽宁省水利厅）安全鉴定结论：①该水库大坝防洪能力不满足规范要求；②坝体、闸墩开裂渗水严重；③两岸坝坡坝基扬压力高于设计值，对坝体稳定不利；④岸坡坝段地质状况差；⑤溢流坝和电站进水口金属结构老化锈蚀严重，启闭设施陈旧不能正常与安全使用；⑥安全监测设施不完善，手段落后，水库管理自动化程度低，防汛道路标准低，管理设施陈旧落后，库容库貌较差。水库大坝存在严重安全隐患，根据《水库大坝安全鉴定办法》，该水库大坝应为"三类坝"，建议尽快进行除险加固。根据该工程除险加固依据、工程等级和标准以及存在的主要裂缝问题，制定裂缝阻裂加固方案。

1.7 检测内容、方法与仪器设备

1.7.1 检测内容

根据工程情况管理运行中存在的具体问题，综合确定检测内容：①挡水坝段：混凝土外观普查，断面尺寸复核，抗压强度、抗渗性、抗冻性、碳化深度、冻融损伤深度、坝体内部缺陷。②溢流坝段：混凝土外观普查，抗压强度、抗渗性、抗冻性、碳化深度、钢筋保护层厚度、钢筋分布、钢筋腐蚀、混凝土冻融损伤深度、堰面及闸墩内部缺陷。③裂缝抽查；坝体内部混凝土质量。④观测设施有效性。表面裂缝数量采用现场目测方法，编号按"闸墩编号–裂缝流水号"，裂缝流水号先闸墩左侧面，然后右侧面，上游至下游依次连续编号。裂缝分布采用现场网格法量测方法，裂缝起点为裂缝最高点或裂缝最上游点，裂缝终点为裂缝最低点或裂缝最下游点。

裂缝代表性宽度采用裂缝测宽仪进行现场探测，从仪器的探头显示器上读取数据。裂缝代表性深度结合现场条件分别采用超声法或灌水法或钻芯法进行现场探测。裂缝宽度连续监测采用在代表点安装NVJ型振弦式测缝计（位移计）进行连续监测。裂缝内部宽度、深度及走向和裂缝跨越钢筋锈蚀情况采用钻芯法进行监测。闸墩内部裂缝及其他缺陷用探地雷达法，在代表性区域，沿布设的水平和竖直测线进行探测扫描，通过图像解译进行分析判断。

1.7.2 检测方法

主要检测方法见表1.5。

表1.5 检测方法

序号	检测内容	检测方法
1	外观质量普查	钢尺量取以图形和照片进行描述。对于裂缝宽度可以采用裂缝宽度测试仪进行测量，贯穿性裂缝灌压力水检测
2	断面尺寸复核	水准仪、角度尺、米尺等进行测量
3	混凝土抗压强度	回弹法和钻芯法
4	混凝土抗渗及抗冻	抗冻和抗渗采用钻芯法取试样进行室内实验，参照水利行业规范中相关规定进行
5	混凝土冻融损伤深度	参照国家标准中相关规定进行
6	混凝土碳化深度	酚酞试剂测定法
7	钢筋保护层厚度及钢筋分布	探地雷达法
8	钢筋锈蚀程度检测	半电池电位法
9	钻芯检测裂缝深度	钻芯法
10	蚀余厚度	超声测厚仪检测
11	坝体内部缺陷	探地雷达法
12	观测设施有效性	查看记录
13	坝肩稳定性	照片定性描述

1.7.3 主要仪器设备

主要检测仪器设备见表1.6。

表1.6 检测设备

序号	仪器名称	型号	精度	单位	数量	受控状态
1	混凝土钻芯机	CF-8	—	台	2	受控
2	电锤	ZIC-S043-22	—	台	2	受控
3	万能材料试验机	JWAW-100	0.1 kN	台	1	受控
4	岩石切磨机	DQ-1	—	台	1	受控
5	回弹仪	ZC3-A	—	个	2	受控
6	钢尺	50 m	1 mm	把	2	受控
7	钢尺	5 m	1 mm	把	2	受控
8	钢板尺	0.5 m	1 mm	把	1	受控

表1.6（续）

序号	仪器名称	型号	精度	单位	数量	受控状态
9	振弦式测缝计（位移计）	NVJ	0.01 mm	套	1	受控
10	非金属超声仪	CTS-300	±0.1 mm	台	1	受控
11	裂缝测深仪	BJCS-1	±0.1 mm	台	1	受控
12	裂缝测宽仪	DJCK-2	0.01 mm	台	1	受控
13	钢筋定位仪	DJGW-2A	1 mm	台	1	受控
14	电子水准仪	ZDL700	—	台	1	受控
15	靠尺	JGQ-2	—	把	1	受控
16	探地雷达	RIS	—	台	1	受控
17	钢筋锈蚀分析仪	CANIN	—	台	1	受控
18	超声测厚仪	CTS-30	±0.1 mm	台	1	受控
19	混凝土快速冻融机	YT0380		台	1	受控
20	动弹模量检测仪	DT-12W		台	1	受控
21	混凝土抗渗仪	HS40WA		台	1	受控

（1）裂缝测深仪

BJCS-1型智能裂缝测深仪适宜于对混凝土裂缝的深度及走向进行检测，是在混凝土裂缝深度检测领域应用广泛的一种实用工程测量仪器。

（2）振弦式测缝计（位移计）

振弦式测缝计的量测采用频率模数 F 来度量，其定义为：

$$F = \frac{f^2}{1000} \tag{1.8}$$

式中：f——钢丝的自振频率，Hz。

①当外界温度恒定，测缝计仅受到轴向变形时，其中变形量 J' 与输出的频率模数 ΔF，具有如下线性关系：

$$J' = k \times \Delta F \tag{1.9}$$

$$\Delta F' \, \Delta F = F - F_0 \tag{1.10}$$

式中：k——测缝计最小读数，由厂家所附卡片给出，mm/kHz²；

$\Delta F'$——实时测量测缝计输出值，kHz²；

F_0——测缝计基准值，kHz²。

②当测缝计不受外力作用时仪器前后两安装座的标距不变，若温度增加 ΔT，测缝计有一个输出量 $\Delta J'$，这个输出量仅仅是由温度变化而造成的，因此在计算时应扣除。通过实验可知：$\Delta F'$ 与 ΔT 具有下列线性关系：

$$k \times \Delta F' = -b \times \Delta T \tag{1.11}$$

$$\Delta T = T - T_0 \tag{1.12}$$

式中：b——测缝计的温度修正系数，由厂家所附卡片给出，mm/℃；

　　　　ΔT——温度实时测量值相对于基准值的变化量，℃；

　　　　T——温度的实时测量值，℃；

　　　　T_0——温度的基准值，℃。

③埋设在混凝土建筑物内或其他结构物上的测缝计，受到的是变形和温度的双重作用，因此测缝计一般计算公式为

$$J = k \times (F - F_0) + (b - \alpha) \times (T - T_0) \tag{1.13}$$

式中：J——被测结构物的变形量，mm；

　　　　α——被测结构物的线膨胀系数，mm/℃。

仪器的线膨胀系数大致在 11.0×10^{-6} mm/C°左右，非常接近混凝土线膨胀系数 α，因此温度修正几乎可以忽略。由于温度修正系数 $b - \alpha \approx 0$，测缝计一般计算公式为：

$$J = k \times \Delta F \tag{1.14}$$

仪器由振弦式敏感部件、拉杆及激振拾振电磁线圈等组成，根据应用需求有埋入式和表面安装式两种基本结构形式。埋入式测缝计外部由保护管、滑动套管和凸缘盘构成，见图1.12。表面安装式测缝计的两端采用带固定螺栓的万向节，以便与两端的定位装置连接，见图1.13。

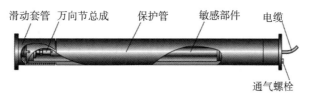

图1.12 埋入式测缝计结构

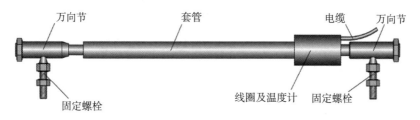

图1.13 表面安装式测缝计结构

（3）探地雷达

为保证对各种目标物都能得到清晰的探测效果，选择多种组合式天线阵和一体化

天线阵。天线阵技术采用了多种频率配合工作模式，以更快的速度和更高分辨率一次同时完成深部和浅部的探测，大大提高了工作效率和探测准确度，能大大节约探测时间，提供更准确、更全面、更可靠的探测数据。天线阵频率包括 25 MHz 非屏蔽天线，40 MHz 半屏蔽天线，80、200、600、900、1600 MHz 天线等。探测深度 0.3～10 m，甚至几十米。探测识别扫描高效，扫描速度达到 4750 次/s。适宜于建筑物结构检测，钢筋分布与定位检测，钢筋保护层厚度检测，建筑探伤（空洞、裂缝、蜂窝等）检测，建筑物内隐蔽物查找。

1.7.4　检测依据

检测主要依据相关规程、规范和标准：DL/T 5251—2010《水工混凝土建筑缺陷检测和评估技术规程》、DL/T 5150—2001《水工混凝土试验规程》、SL 352—2006《水工混凝土试验规程》、JGJ/T 152—2008《混凝土中钢筋检测技术规程》、SL 52—1993《水利水电工程施工测量规范》、DL/T 5010—2005《水利水电工程物探规程》、DL/T 5144—2001《水工混凝土施工规范》、GB/T 50344—2004《建筑结构检测技术标准》、SL 319—2005《混凝土重力坝设计规范》、SL/T 191—2008《水工混凝土结构设计规范》、SL 176—2007《水利水电工程施工质量检验与评定规程》、SL 253—2000《溢洪道设计规范》。

1.8　主要研究工作

研究以水库溢流坝闸墩实际工程作为背景，分析优选混凝土裂缝属性诊断仪器，并且进行代表性裂缝长期连续跟踪监测，为结构数值仿真计算分析提供基础数据。

主要研究内容如下：

①根据依托工程背景，查阅国内外相关文献资料。根据已查阅文献整理其中数值模拟分析方法、数值流行法、无限元法，系统了解钢筋混凝土重力坝裂缝成因基本理论，为研究与分析提供理论支持。对依托工程闸坝裂缝病害进行检测与诊断。对依托工程闸坝的裂缝的形态、分布位置以及数量进行检测，采用外观检测方法对混凝土外观缺陷及裂缝进行普查；采用钻芯取样方法确定重力坝混凝土冻融损伤深度、碳化深度、闸墩裂缝贯穿深度及 SPC 砂浆层破损深度；采用探地雷达探测方法确定钢筋混凝土内部缺陷、钢筋分布等；对闸坝裂缝进行评述，同时将检测数据作为数值模拟正确性检验的依据。

②在认识钢筋混凝土闸墩混凝土断裂危害性基础上，结合钢筋混凝土闸墩断裂特性研究现状，开展钢筋混凝土闸墩断裂成因分析、钢筋混凝土闸墩断裂影响因素研究，建

立提高钢筋混凝土闸墩结构断裂特性措施理念。结合混凝土裂缝含义、钢筋混凝土闸墩混凝土裂缝分类、钢筋混凝土闸墩混凝土断裂危害性、钢筋混凝土闸墩混凝土断裂典型实例，明确钢筋混凝土闸墩断裂特性；进行钢筋混凝土闸墩的断裂成因分析、钢筋混凝土闸墩断裂影响因素分析，采取提高钢筋混凝土闸墩结构断裂特性措施，认识钢筋混凝土闸墩数值分析发展，钢筋混凝土闸墩裂缝修补技术发展。

③钢筋混凝土闸墩断裂特性分析方法。在钢筋混凝土闸墩混凝土断裂危害性分析、混凝土断裂特性研究、完善混凝土断裂力学的理论基础的基础上，建立混凝土结构断裂特性的模型；依据纤维阻裂理论开展混凝土断裂特性的改进方法研究。

④钢筋混凝土闸墩裂缝无损检测诊断。依据检测方法与主要仪器设备和检测目的及内容，建立检测依据、评估标准及判定原则和方法。依托检测诊断工程，开展泄洪闸闸墩混凝土工程裂缝数量、泄洪闸闸墩混凝土工程裂缝分布普查，绘制分布图。对泄洪闸闸墩的混凝土工程代表性裂缝宽度、泄洪闸闸墩混凝土工程代表性裂缝深度进行连续监测。对泄洪闸闸墩混凝土代表性裂缝骑缝钻芯，探测裂缝内部宽度、深度及走向。对泄洪闸闸墩混凝土工程代表性部位内部裂缝等缺陷采用探地雷达法探测混凝土密度、抗压强度、弹性模量、泊松比等性能指标，进行无损检测综合评价。

⑤钢筋混凝土闸墩阻裂加固材料性能试验。开展钢纤维混凝土抗裂性能试验分析和碳纤维布抗裂性能试验分析。研究探寻一种针对水工闸墩混凝土裂缝修补的较为通用的处理办法或相关流程，以期待发展一种能解决类似问题的相关工艺。

⑥钢筋混凝土闸墩断裂力学特性数值分析。论述当前工程技术领域最常用、最有效的数值计算方法即有限元法，对水库9 m宽墩的内部存在多孔洞闸墩进行数值模拟，从混凝土线性静力分析的角度入手，建立钢筋混凝土闸墩断裂有限元基本理论和闸墩有限元模型，进行闸墩组合模型数值模拟，分析判断裂缝主要成因、裂缝位置、开裂发展趋势。

⑦钢筋混凝土重力坝地层稳定性分析。根据蒉窝水库地质资料，建立重力坝段二维计算模型，根据水文资料及计算工况给出模型边界条件；在设计工况下进行流固耦合与冻融循环计算，得到有效主应力、总偏应变、地下水水头、地下水渗流及总位移，深入分析不同工况下的稳定性系数，进行稳定性分析。

⑧钢筋混凝土闸坝不同泄洪闸门工况对比分析。根据蒉窝水库结构资料，建立闸坝三维计算模型，根据水文资料及设计确定模型边界条件，进一步进行静水压力、泄洪过程中不同闸门开启方式的应力位移分析，提出最优泄洪方式，判断裂缝成因。进行钢筋混凝土溢流坝段最不利工况的裂纹成因分析。根据蒉窝水库结构资料，建立补强包壳溢流坝段三维计算模型，对蒉窝水库在设计工况下进行流固耦合与温度应力场数值模拟计算，通过数值模拟计算，得到静水压力、动水压力的三轴应力–位移场以及温度应力场，确定不利工况与不利位置，判断裂缝成因及开裂位置。

⑨钢筋混凝土闸墩裂缝阻裂加固数值模拟。根据背景工程检测诊断、闸墩断裂阻裂材料性能试验、闸墩断裂力学特性数值分析成果，建立钢筋混凝土裂缝阻裂加固处理原则，研究提出针对不同破坏程度的钢筋混凝土闸墩断裂裂缝阻裂加固方法。并模拟应用于背景工程闸墩断裂裂缝阻裂加固，进行阻裂加固数值模拟计算，分析判断钢筋混凝土闸墩阻裂加固实体工程应用的适宜性和合理性。提出钢筋混凝土重力坝裂缝处理措施。根据补强包壳溢流坝段模型，模拟仿真确定的最不利工况与最不利位置，对依托工程模拟结构受力最不利位置与大坝实际工况进行对比分析，进一步逐一提出裂纹修补处理措施及应对温度应力的闸坝保温措施，为日后类似工程提供参考意见。

1.9　研究技术路线

研究在实际工程问题分析的基础上，建立研究技术路线，见图1.14，分析优选裂缝属性诊断设备仪器，选择工程代表性裂缝进行连续跟踪监测。针对闸墩各工况下的受力状态进行分析，采用第一强度准则，判断闸墩开裂原因及裂缝分布；针对工程实际问题及计算分析，研究提出工程修补加固技术方案，并采用有限元软件对工程修补加固技术方案效果进行分析评价。

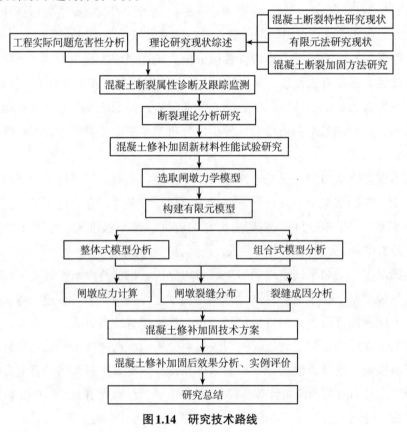

图1.14　研究技术路线

第2章 钢筋混凝土闸墩断裂阻裂机理分析

钢筋混凝土工程行业的迅猛发展，带动混凝土结构不断趋于大型化和复杂化，如高层混凝土建筑结构、水工混凝土大坝、核电站混凝土以及地下混凝土墙等相继出现。运用常规的混凝土力学理论已不能满足这类混凝土结构的安全承载分析的需要，人们开始转变思维，将早期成功应用于金属材料的断裂力学移植于非金属材料领域，这对改进工程结构的设计和施工方法有十分重要的理论和现实意义。目前混凝土断裂力学已经在国内外土木建筑类工程中得到相当广泛的应用，并且取得了很多有价值的研究成果。为此，围绕钢筋混凝土闸墩断裂特性分析方法，在混凝土断裂特性研究、混凝土断裂力学的理论基础深入分析的基础上，合理选择和修正混凝土结构断裂特性的模型，展开纤维阻裂理论——纤维阻裂影响因素、纤维阻裂作用、纤维阻裂机理——研究，通过材料特性和加固措施的研究，改进混凝土的断裂特性。建立钢筋混凝土闸墩断裂特性分析方法。

2.1 混凝土断裂特性研究

断裂力学的基本概念最早是由英国物理学家Griffith于20世纪20年代初对玻璃的抗拉强度试验研究中提出来的。发展到20世纪四五十年代，断裂力学在金属构件脆性断裂和疲劳破坏中广泛应用，线弹性断裂力学理论得到了不断充实和完善，促使了断裂力学在其他非金属材料中应用。混凝土是一种非均质的多相体系，宏观上它是水泥浆、一定尺寸和形状的细骨料、一定粒度粗骨料以及各种形式的空隙的混合物，在制作、施工以及使用等一系列过程中不可避免地会出现一些微小的裂缝或其他缺陷，这些裂缝或缺陷会在某种应力状态下逐渐扩展成构件的断裂破坏。

1976年，瑞典隆德工学院的Hillerborg教授提出了虚拟裂纹模型（fictitious crack model，FCM），该模型是以混凝土杆件单轴受拉时的断裂实验为基础，它基本上避开了金属断裂力学的影响，为混凝土断裂力学的发展开拓了新的道路，人们开始把研究重点转向非线性断裂力学，针对混凝土裂缝扩展和断裂问题，相继提出新假设、新理论和新的试验方法，并取得了丰硕的理论成果。

美国西北大学的Bazant教授及合作者提出的钝裂缝带模型（Blunt crack band model, BCBM），成功地应用于混凝土结构和钢筋混凝土结构破坏的过程中、有限元法数值分析中。在混凝土断裂研究中涉及损伤力学的应用，继而发展成为概率断裂力学。对于裂缝失稳断裂前的稳定扩展阶段，研究者们进行了大量的研究，基本思想是以临界应力强度因子为参量的各种混凝土断裂模型，如Jenq和Shah提出的双参数断裂模型（two-parameters fracture model，TPFM）、Bazant提出的尺寸效应模型（size effect model，SEM）、Swartz和Karihaloo提出的等效裂缝模型（effective cracks model，ECM）。徐世烺教授和Reinhardt提出了新的断裂模型——双K断裂模型（double-K model）和新的K_R阻力曲线（cohesive-force-based K_R curve）。两种模型是把裂缝黏聚力和等效裂缝相结合并以应力强度因子为参量进行研究的。吴志敏教授及其合作者基于虚拟裂缝模型和平截面假定提出了解析模型（analytical model），用此模型能够得出三点弯曲梁的某些重要参数。观测裂纹的方法多种多样，有光弹性贴片法、激光散斑法、电测法、切片观察法、超声波探测法、声发射法、二射线法和电阻应变片等法。

在此期间，国际上也相继举办了关于混凝土断裂力学的会议。1973年第三届国际断裂力学大会（ICF3）上设专题讨论了混凝土断裂力学问题；1979年在国际结构和材料研究所联合会（RILEM）上举行了首次的混凝土断裂力学讨论会，以后几乎每年都召开一次，并发表了相当可观的试验和理论研究成果；1988年，在国际岩石力学学会（ISRM）上，试验方法委员会公布了岩石Ⅰ型断裂韧度测试的建议方法；1989年美国土木工程学会ACI446委员会预测：近十几年形成的这些理论将面临最终的突破，并导致以引进断裂力学方法进行结构设计为标志的第三次重大革命。1992年第一届国际混凝土结构断裂力学会（FraMCoS-1）在美国成功召开。

从20世纪70年代开始，国内的学者和工程师对混凝土断裂力学展开了大量的研究。在1973年的水利大检查中发现，水库存在着巨大的隐患，大坝溢洪道的中墩出现严重垂直裂缝，闸墩可能会被劈成两截，我国工程界也相继发现了脆断等低应力破坏。由于用传统力学方法难以解决这些问题，1980年科学院、工程院院士潘家铮教授首次建议水工结构设计中采用断裂力学方法；水科院研究所的于骁中高级工程师首次对混凝土进行了断裂韧度试验，并用断裂力学方法分析了裂缝的稳定性。此后，国内的学者们在这一领域进行了大量的理论和试验研究，相继取得了一批重要成果。并将研究成果应用于混凝土大坝等重要工程项目的裂缝防治和开裂加固中。随着我国经济建设蓬勃发展，大型基础建设项目日益增多，长江三峡和南水北调重大工程、西部大开发重要工程、振兴东北老工业基地等相继启动。这些项目的顺利开展都涉及对工程中对结构体裂缝问题的防治工作。可见，混凝土断裂力学的广泛试验和发展对于工程实际来说具有极其重要的意义。20世纪90年代末，我国学者徐世烺教授通过对大量试验数据的分析总结，从试验技术和基本理论方面系统全面地介绍了双K断裂理论。断裂理论提出两个断裂控制参数——起裂韧度和失稳韧度，能够很好地捕捉到整个断裂过程两个主要控制点，所发展的闭合解析解不仅形式简单而且物理意义明确，使用的技术方法简单易行。2001年国家经济贸易委员会下达〔2001〕44号文制定水电水利行业推荐标准《水工混凝土断裂试验规程》，这是我国第一部拥有自主知识产权的混凝土断裂韧度试验规程，2006年6月1日，规程正式实施。规程以双K断裂理论作为理论依据，规程中详细介绍了混凝土断裂力学的试验方法和双K断裂参数的求值公式，为今后研究混凝土断裂力学提供了统一的试验标准，特别对混凝土建筑物的抗裂、防裂设计和对水工混凝土建筑物裂纹扩展稳定性、安全性评价提供了充足的试验依据。

2.2 混凝土断裂力学的理论基础

到目前为止，国际上许多学者已先后提出混凝土断裂的模型。主要有：

（1）虚拟裂缝模型

在混凝土裂缝失稳扩展前，裂缝的前端已经出现了大量的微裂区，通过以往大量理论和实践的总结得出，该微裂区呈条带状分布，混凝土裂缝的扩展总是以该微裂区为"先导"。因此，它的出现将削弱混凝土裂缝尖端部分材料抵抗外力能力。随着微裂区的不断发展，其抵抗开裂的能力不断减小，当微裂区扩展宽度达到材料的极限宽度 ω_0 时，所传递的应力降为零，同时出现宏观的裂缝。依据混凝土裂缝扩展过程的上述特点，虚拟裂缝模型认为可以将微裂区简化成一条"虚裂纹"，虚裂纹的张开宽度 ω 代表了微裂区变形量的大小。

（2）双参数模型

该模型是以临界应力强度因子 K^s_{IC} 和临界裂缝尖端张开位移 $CTOD_C$ 为主要参数的，综合考虑真实裂缝与微裂区之间的关系，并将其化作一有效裂缝，即 $a_c = a + \Delta a$。用线弹性断裂力学的理论求解，并与数值计算方法相结合，即有效裂缝尖端张开位移达到临界值时裂缝开裂。可通过荷载 P 与裂缝口张开位移 $CMOD$ 的关系来解释。当荷载 P 尚未达到 $0.5P_{max}$ 时，荷载–裂缝口张开位移（P-$CMOD$）关系曲线是线性的。此段上，裂缝尖端张开位移可以忽略，应力强度因子 K_I 小于 $0.5K^s_{IC}$。当荷载 P 超过 $0.5P_{max}$ 以后，出现了非常明显的非线性位移和缓慢的裂缝扩展。当达到临界点时，应力强度 $K_I = K^s_{IC}$。K^s_{IC} 值可通过 G 型或 N 型试件所测峰值荷载以及有效裂缝长度 a 来确定。而临界裂缝尖端张开位移 $CTOD_C$ 只能由 G 型实验的峰值点确定。根据定义可知，在拉荷载作用下，三点弯曲、四点弯曲、单边开缝试件和双边开缝试件的试验均属于 G 型试验。但裂缝表面中心处点荷载作用条件下的中心裂缝板试验属于 N 型试验。该模型计算有效裂缝长度时仅考虑位移中的弹性部分，没有考虑不可恢复变形对裂缝长度的贡献，线弹性断裂力学在这种模型中的应用受到限制。

（3）钝裂缝带模型

美国西北大学 Bazant 教授提出的钝裂缝带模型（BCBM）将断裂过程看成微裂缝均匀且平行分布在一个深度为 h_c 的区段内，具有缝端宽度的裂缝带内，该模型采用数值分析的有限元法来求解，与其他模型相比，具有一定的优越性，需要参数有抗拉强度 f_t 和原始高度 h_0。在研究混凝土裂缝扩展时，用一条包含密集而平行裂缝窄带来模拟实际裂缝和裂缝区。这条裂缝带有一定的宽度，加上缝端也有一定的宽度，即缝端不是尖的，所以这种模型叫作钝裂缝带模型。如果把裂缝带看成正交各向异性介质，就能方便地确定裂缝带区域和结构的应力和变形。钝裂缝带模型实际上是把传统断裂力学中的裂缝稳定性分析问题变为研究连续介质变形的问题。可以自动形成新的裂缝，而不必改变原始的网络图，而且能表示任何方向的裂缝。

（4）双 K 断裂准则

1999 年，我国学者徐世烺教授在吸取了以往众多混凝土断裂模型的优点，并综合考虑各自的局限性的基础上，提出了简单适用的裂缝扩展准则——双 K 断裂准则，该准则是以线弹性断裂力学为基础的，考虑断裂过程区上黏聚力的影响而建立起的混凝土非线性断裂模型。它具有较为完备的理论基础，并可以借助于简单的试验方法确定其断裂参数，有望在实际工程中被推广和应用。双 K 断裂准则中引入两个断裂参数：起裂韧度 K^Q_{IC} 和失稳韧度 K^S_{IC}。试验证明，在一定尺寸条件下这两个参数不具有尺寸效应，能很好地作为断裂参数应用于混凝土结构裂缝扩展的分析中，并已得到了广泛关注研究。双 K 断裂准则：当裂缝应力强度因子 K 达到材料起裂韧度 K^Q_{IC} 时，裂缝开始稳定扩展；当应力强度因子 K 大于材料起裂韧度 K^Q_{IC} 且小于材料失稳韧度 K^S_{IC} 时，裂缝处于稳定的扩展阶段；当应力强度因子 K 达到或大于材料失稳韧度 K^S_{IC} 时，裂缝处于临界状态并进入不稳定扩展，即结构发生失稳断裂。其数学表达式如下：

①当 $K < K^Q_{IC}$ 时，裂缝不起裂；

②当 $K = K^Q_{IC}$ 时，裂缝开始稳定扩展；

③当 $K^Q_{IC} < K < K^S_{IC}$ 时，裂缝处于稳定扩展阶段；

④当 $K = K^S_{IC}$ 时，裂缝开始失稳扩展；

⑤当 $K > K^S_{IC}$ 时，裂缝处于失稳扩展阶段。

对于实际工程应用，$K = K^Q_{IC}$ 可作为主要结构裂缝扩展判断准则；$K^Q_{IC} < K < K^S_{IC}$ 可作为主要结构失稳扩展前的安全警报；$K = K^S_{IC}$ 可作为一般结构裂缝扩展的判断准则。裂缝刚开始扩展时，结构处于弹性阶段，相应的状态为初始裂缝长度 a_0 和起裂荷载 P_{ini}，通过这两个参数可以确定 K^Q_{IC} 值，表示结构材料要形成虚拟裂缝所抵抗外力的能力。而在临界失稳状态下，虚拟裂缝已经有一定的扩展量，用临界弹性等效裂缝长度 a_0 和极

值荷载 $P_{\max}$，可确定失稳断裂韧度 $K^{\mathrm{S}}_{\mathrm{IC}}$。它表示在此临界状态下构件对外力的抵抗能力。在实际计算中，将上述值代入应力强度因子公式，计算获得起裂韧度 $K^{\mathrm{Q}}_{\mathrm{IC}}$ 和失稳韧度 $K^{\mathrm{S}}_{\mathrm{IC}}$。双 K 断裂准则考虑裂缝前端断裂过程区的黏聚力影响，认为起裂韧度和失稳韧度不是孤立存在的，它们与黏聚力引起的断裂韧度有如下的关系：

$$K^{\mathrm{Q}}_{\mathrm{IC}} = K^{\mathrm{S}}_{\mathrm{IC}} - K^{\mathrm{C}}_{\mathrm{IC}} \tag{2.1}$$

尽管黏聚力引起的断裂韧度可以从黏聚力在断裂过程区的分布通过相关手册获得计算公式，但是公式具有计算复杂性和积分的不可积性。双 K 断裂准则提出一个比较实用的简化计算公式，通过这一简化公式可以较方便地计算 $K^{\mathrm{C}}_{\mathrm{IC}}$，具有较高的精度，同时避免了因为复杂的数值积分带来的误差。

（5）混凝土 K_{R} 阻力曲线

混凝土 K_{R} 阻力曲线在尺寸效应方面有良好特性，有望进入工程实践的阶段。许多研究者如 Wecharatana 和 Shah，Hilsdorf 和 Brameshuber，Mai，Bazant，Karihaloo，Elices 和 Planas 都曾采用此种方法计算混凝土的 K_{R} 阻力曲线，用来描述混凝土结构中的裂缝扩展机理。混凝土的 K_{R} 阻力曲线表达式如下：

$$K = K_{\mathrm{R}}(\Delta a) \tag{2.2}$$

式中：K——结构在某一外荷载状态下的应力强度因子。

对于任何形状的结构体，总可以借助解析解、有限元以及其他数值方法求出相应缝端应力强度因子 K 值。K_{R} 值可以通过试验获得。因此，混凝土试件裂缝扩展状态可通过比较应力强度因子 K 值和 K_{R} 阻力曲线得出：当 K 值位于 K_{R} 阻力曲线的下侧时，裂缝处于稳定的扩展状态，反之则裂缝失稳扩展。通常，在计算混凝土 K_{R} 阻力曲线时，都采用裂缝扩展长度及其相应的荷载计算出各时刻所对应的应力强度因子，得出阻力曲线。这种方法计算简便，但不能阐明其与混凝土断裂过程区上虚拟裂缝黏聚力之间的关系。

针对混凝土断裂的特点，徐世烺教授和 Reinhardt 提出基于虚拟裂缝扩展黏聚力的新 K_{R} 阻力曲线解析计算方法，将其作为混凝土裂缝扩展的准则，来分析混凝土结构断裂的全过程裂缝扩展机理。新 K_{R} 阻力曲线计算方法认为，阻力曲线由两部分构成：一是混凝土起裂前材料本身固有的抗裂能力，其值只与材料本身的性质有关，不受裂缝扩展情况的影响，称为起裂韧度 $K^{\mathrm{Q}}_{\mathrm{IC}}$；二是随着试件裂缝的扩展，由裂缝扩展的黏聚力提供的裂缝扩展阻力，与混凝土抗拉强度 f_{t}、虚拟裂缝扩展黏聚力 $f(\sigma)$ 和有效长度 a 有关，这部分的裂缝扩展阻力称为 $K^{\mathrm{c}}(\Delta a)$。用公式表示为：

$$K_{\mathrm{R}}(\Delta a) = K^{\mathrm{Q}}_{\mathrm{IC}} + K^{\mathrm{c}}(\Delta a) \tag{2.3}$$

式中：$K^c(\Delta a)$——不仅与混凝土材料的抗拉强度f_t和虚拟裂缝区扩展长度Δa有关，另外，不同的黏聚力分布模型对该值也有一定影响，数学表达式如下：

$$K^c(\Delta a) = F[f_t, \ f(\sigma), \ \Delta a] \tag{2.4}$$

此方法具有比较完备的理论基础，涉及的断裂参数可以应用简单的断裂试验确定，同其他阻力曲线相比更具有实用性。

2.3 混凝土结构断裂特性的模型

混凝土结构断裂特性可用混凝土结构抗裂安全系数来表征。混凝土结构抗裂安全系数K_0是混凝土抗裂能力σ与产生裂缝的破坏力P之比。当$\sigma > P$时不发生裂缝；当$\sigma < P$时可能发生裂缝。

（1）方坤河等提出的抗裂安全系数模型

该抗裂安全系数模型是指在《水力发电》2004年第4期上发表的《碾压混凝土抗裂性能的研究》一文中提出的碾压混凝土抗裂性指标$\eta(K_0)$，其计算模型如下：

$$K_0 = \frac{\varepsilon_p R_1 \times 10^4}{E_1(\alpha R \Delta T \pm \beta \varepsilon_s \pm G)} \tag{2.5}$$

式中：ε_p——混凝土极限拉伸，$\times 10^{-6}$；

$\quad\quad R_1$——混凝土轴拉强度，MPa；

$\quad\quad E_1$——混凝土拉伸弹模，MPa；

$\quad\quad \alpha$——线膨胀系数，$\times 10^{-6}$/℃；

$\quad\quad R$——约束系数；

$\quad\quad \Delta T$——温差，℃；

$\quad\quad \beta$——养护条件系数，取$0 \sim 1$；

$\quad\quad \varepsilon_s$——混凝土干缩率，$\times 10^{-6}$；

$\quad\quad G$——混凝土自生体积变形，$\times 10^{-6}$，膨胀取正值、收缩取负值。

公式（2.5）的原意可能是计算碾压混凝土材料抗裂指数，但该公式含有约束系数R与养护条件系数β，涉及混凝土结构现场情况。而混凝土材料抗裂指数是不涉及约束系数与养护条件系数的。因此应将公式（2.5）归为混凝土结构抗裂安全系数公式。公式（2.5）没有考虑徐变引起的应力松弛系数K_p。另外，公式（2.5）分子为极限拉伸ε_p与抗拉强度R_1的乘积，不知是何物理意义，而分母为弹性与温度变形、干缩、自生体积变形等三种变形之和的乘积，为产生混凝土裂缝的破坏力。分子不是抗裂能力$\varepsilon_p E_1$，因此公式（2.5）物理意义不明确。

（2）杨华全与李文伟提出的抗裂安全系数模型

该抗裂安全系数模型是指在《水工混凝土研究与应用》一书中提出的混凝土抗裂性评价指标之一，其抗裂安全系数模型为：

$$K_0 = \frac{E_1 \varepsilon_p}{\sigma_1 + \sigma_2} \tag{2.6}$$

$$\sigma_1 = K_p R \frac{E_1 \alpha (T_p - T_f)}{1 - \mu} \tag{2.7}$$

$$\sigma_2 = K_p K_r A \frac{E_1 \alpha T_r}{1 - \mu} \tag{2.8}$$

式中：σ_1——浇筑温度 T_p 与稳定温度 T_f 之差（均匀温差）引起的温度应力，MPa；

σ_2——水化热温升 T_r（不均匀温差）引起的温度应力，MPa；

R——基础约束系数；

K_p——考虑混凝土徐变的应力松弛系数；

K_r——考虑早期升温阶段的应力折减系数，0.75～0.85；

A——计算水化热温升的应力影响系数，0.35～0.47；

μ——混凝土泊松比，1/6。

公式（2.8）破坏力仅考虑温度变化产生的温度应力，而没有考虑混凝土自生体积变形与干缩产生的拉应力。当然，当施工期混凝土保持湿养护，干缩应力可以不考虑。

（3）丁宝瑛提出的抗裂安全系数模型

该抗裂安全系数模型是指在《大体积混凝土》一书中提出的抗裂安全系数模型，其模型为

$$K_0 = \frac{E_1 \varepsilon_p}{\sigma_1 + \sigma_2 + \sigma_3} \tag{2.9}$$

$$\sigma_1 = \frac{K_p E_1 \alpha A_1 (T_p - T_f)}{1 - \mu} + \frac{K_p E_1 \alpha A_2 K_r T_r}{1 - \mu} \tag{2.10}$$

$$\sigma_3 = \frac{K_p E_1 A_1 G \eta}{1 - \mu} \tag{2.11}$$

式中：σ_2——干缩应力，施工期保持湿养护，可以不考虑，MPa；

A_1——浇筑块的均匀温差约束系数；

A_2——浇筑块不均匀温差约束系数；

G——混凝土自生体积变形（膨胀取负值，收缩取正值）。

公式（2.11）破坏力考虑了温度应力、干缩应力与自生体积变形产生的应力，同时考虑了徐变引起应力松弛和结构约束系数，是考虑因素最全面抗裂安全系数模型。

2.4　纤维阻裂理论

利用纤维提高混凝土抗裂性的研究可以追溯到古代。最早的纤维增强复合材料如草筋黏土砖和纸筋灰等。20世纪50年代以来，世界上许多工业发达国家关于纤维混凝土的研究取得明显成就，包括钢纤维混凝土、玻璃纤维混凝土、聚丙烯纤维混凝土和碳纤维混凝土等。邓东升研究了合成纤维对水工混凝土抗裂性能的影响，认为掺入合成纤维对减少水工混凝土的收缩开裂具有显著影响。14~60 d 范围内纤维混凝土的收缩率比基准混凝土低34.2%～60.2%，7 d 龄期时的抗裂指标比基准混凝土提高了26%，28 d 龄期时则提高了82%。高小建等，通过混凝土中加入减缩剂和聚丙烯纤维，研究混凝土的早期开裂，结果表明：加入减缩剂能显著地减轻混凝土早期开裂程度，掺聚丙烯纤维使混凝土早期开裂宽度减小，却增加了裂缝数量和开裂面积。

表2.1中列出国家建筑材料测试中心对掺有体积率为0.1%抗裂纤维混凝土与素混凝土1～14 d 的干缩率对比，表明低掺率的聚丙烯纤维有助于适度减少混凝土的干缩。

表2.1　混凝土的干缩

凝期/d	素混凝土	掺抗裂纤维混凝土
1	0.0104	0.0073
3	0.0194	0.0179
7	0.0257	0.0224
14	0.0319	0.0267

Dave 和 Ellis 的试验结果表明：降低纤维直径并提高成型压力有利于聚丙烯纤维增强水泥初裂强度提高和增进裂后的性能；当纤维直径一定时，增加纤维长度并相应提高纤维长径比，无助于提高纤维水泥的初裂强度，但可显著改善纤维水泥的裂后性能；在低掺率的条件下，纤维水泥的裂后性能有明显改善。郭海洋、刘建树做了改性聚丙烯纤维对混凝土开裂的影响试验，结果表明同样条件下纤维长度对抗裂性的影响有一个峰值，纤维长度15～25 mm 时是比较理想的。

此外，有研究表明，单一纤维的增强作用是有限的，而不同尺度和不同纤维混杂，可以使其在水泥基材中不同结构和不同性能层次上逐级阻裂和强化，充分发挥各纤维的尺度和性能效应，并在不同尺度和性能层次上相互激发，相互补充、取长补短，达到进一步提高阻裂和抗渗能力的目的。混杂纤维增强复合材料的基本原理是使两种或多种纤维增强材料合理组合加入某一基材中，产生一种既能发挥不同纤维优点，又能体现它们的协同效应（synergistic effect）的新型复合材料，可以明显提高或改善原先单一纤维增强复合材料的若干性能，并可降低其成本。混凝土是一种脆性材料，它的延伸率非常低，远远小于纤维增强材料，所以在拉力的作用下，混凝土一旦达到其极限延伸率时就发生开裂，从而发生破坏。在混凝土中掺加纤维，主要是利用纤维的高延性，吸收混凝土开裂时所释放的能量，并阻止混凝土中裂缝的产生和发展。

2.4.1　纤维阻裂影响因素

纤维分布可以分为三种：①均匀分布；②集中在混凝土关键性受力部位；③均匀分布在混凝土某些部位进行纤维加密。纤维的取向可分为：一维定向，二维定向，二维乱向，三维乱向。在纤维增强混凝土中，纤维取向对荷载作用下纤维的利用率有很大影响，纤维的取向愈接近外力的方向则纤维的利用效率愈高。通常可以用纤维取向效率系数来表示。Krenehel 对纤维增强水泥基复合材料中各种纤维取向 η_0 作了数理分析，并且给出公式。纤维的种类不同，其力学性能的参数如抗拉强度、弹性模量与极限延伸率不同，混凝土破坏模式也不相同，即混凝土破坏时，纤维是拉断或者由基材中拔出，又或是二者同时发生。同时，由于纤维的弹性模量有很大的不同，这也决定纤维在混凝土中所承担的应力的份额的多少，纤维的弹性模量与混凝土的弹性模量的比值 E_f/E_m 越大，受力时纤维的变形越小，通过纤维与混凝土界面的剪切应力而传递给纤维的力份额也越高。

为了使纤维被充分利用，其长度必须超过一定的临界值，否则在纤维增强水泥基复合材料受拉或受弯达到极限状态时，短纤维只限于由水泥基材中拔出而不能拉断。纤维临界长度与纤维直径之比称为纤维临界长径比，长径比不同则会影响纤维的破坏形式。当长径比小于临界长径比时，纤维由水泥基材中拔出；当长径比等于临界长径比时，只有基材的微裂缝发生在纤维中央时纤维才能拉断，否则纤维短的一方从基材中拔出；当长径比大于临界长径比时，纤维被拉断。纤维的临界长度计算公式为：

$$l_{fk} = \frac{d_f \sigma_f}{2\tau} \tag{2.12}$$

式中：d_f——纤维直径，mm；

　　　τ——纤维与水泥基材平均黏结强度，MPa；

　　　σ_f——纤维抗拉强度，MPa。

2.4.2　纤维阻裂作用

纤维以三维乱向均匀分散于混凝土中，纤维由于其高抗拉强度、高韧性的特点，抑制和制止了混凝土中裂缝的发生与发展，增大了混凝土韧性，提高了混凝土的抗拉强度和抗裂性能，使混凝土由原来的单缝脆性破坏转变为多缝韧性破坏。对比素混凝土与纤维混凝土受拉时的破坏过程为：当素混凝土的拉应力达到混凝土的抗拉强度时出现大裂缝而断开，应力因而消失；而纤维混凝土因受力而产生拉应力，当纤维混凝土中的拉应力达到混凝土抗拉强度时出现大裂缝，但是，因纤维阻裂作用使裂缝难以扩大，横跨裂缝的纤维又将拉应力传递至纤维混凝土未开裂的部位，因而出现新的细裂缝，最终在纤维混凝土中存在多处细裂缝，但纤维混凝土并未发生断开。由此可见，当纤维混凝土因限制收缩而产生拉应力时，大量纤维存在使应力被分散，不致发生应力集中现象。在混凝土中掺入纤维，由于表层材料中存在纤维，一方面失水面积有所减少，水分迁移较为困难，从而使毛细管失水收缩形成的毛细管张力有所减少；另一方面高弹性模量的聚丙烯纤维相对于塑性浆体成为了高弹性模量材料，依靠纤维材料与胶凝材料之间的界面吸附黏结力、机械铆合力等，增加了材料抵抗开裂的塑性抗拉强度，从而使失水收缩产生的应力小于材料塑性抗拉强度，材料表面的开裂状况得以减轻，甚至消失。另外，由于纤维以单位体积内较大的数量均匀分布于混凝土内部，故裂缝在发展的过程中必然遭遇纤维阻挡，消耗了能量，难以进一步发展，从而降低了混凝土的脆性，提高了混凝土的抗裂性能。纤维在混凝土中的阻裂机理过程为：①纤维达到其抗拉强度极限值而拉断，使混凝土抗拉强度得以显著提高；②纤维由基体中拔出有利于提高复合材料的韧性；③纤维跨越裂缝，承受拉力随基材开裂，复合材料仍有一定的承载能力和较高延性；④纤维与基材之间发生脱黏；⑤纤维制止了大裂缝的延伸，在混凝土中产生若干条细裂缝，即所谓的多点开裂。

2.4.3　纤维阻裂机理

复合材料在基体出现第一条裂缝后，如果纤维的拉出抵抗力大于出现第一条裂缝时的荷载，则它能承受更大的荷载。在裂开的截面上，基体不能抵抗任何拉伸，而纤维承担着这个复合材料上的全部荷载。随着复合材料上荷载的增大，纤维将通过黏结应力把附加的应力传递给基体。如果这些黏结应力不超过黏结强度，基体就会出现更多裂缝。这种裂缝增多的过程将继续下去，直至或是纤维断掉或是黏结强度失效而导致纤维被拔出。

（1）纤维间距理论

美国 Romualdi，Batson 和 Mandel 根据线弹性断裂力学来说明纤维对混凝土裂缝发生和发展的约束作用。纤维间距理论认为混凝土内部存在固有缺陷，如要提高强度，必须尽可能减小缺陷程度，提高韧性，降低混凝土体内裂缝端部的应力集中系数。纤维阻裂理论首先假设纤维混凝土块体当中有许多细钢丝沿着拉应力作用方向按棋盘状均匀分布，细钢丝平均中心间距为某一定值 S。由于拉应力作用，水泥基体中凸透镜形状的裂缝端部产生应力集中系数 K_0，当裂缝扩展到基体界面时，界面上会产生对裂缝起约束作用的剪应力并使裂缝趋于闭合。此时，在裂缝顶端即会有与 K_0 相反的另一应力集中系数 K_F。关于纤维间距理论或者纤维阻裂理论的通俗解说是，当纤维均匀分布在混凝土块之中时可以起到阻挡块体中微裂缝发展的作用。假定混凝土块体内部存在发生微裂缝的倾向，当任何一条微裂缝发生，并且，可能向任何方向发展时，这条裂缝在最远不超过纤维混凝土块体内纤维平均中心距离 S 路程之内就会遇到横亘在它前面的一条纤维。于是总的应力集中系数就下降为 $K_0 - K_F$。由于这些纤维的存在，使微裂缝发展受阻，只能在混凝土块体内部形成类似于无害孔洞的封闭空腔或者非常细小的孔。就纤维增强混凝土而言，纤维平均间距始终是对线性材料性能起决定作用的一个极为重要的因素。纤维平均间距决定着混凝土在搅拌时的流变性，而且在某种程度上也影响着成型后混凝土各种性能。纤维平均间距是一个纯粹的几何概念，因而只需考虑任意截面上纤维通过的数量，即可以按照数理统计的方法来确定纤维的平均间距。对三维乱向圆柱形纤维增强材料，Romualdi 推导出的纤维平均间距公式为

$$S = 13.8 d_f / (V_f)^{1/2} \tag{2.13}$$

式中：S——某一截面平均间距，m；

　　　d_f——纤维直径，mm；

　　　V_f——单位体积内纤维体积，m³。

纤维增强混凝土的抗拉强度为

$$\sigma_{ct} = \sigma_{mt} + K/(s-1)^{1/2} \tag{2.14}$$

式中：σ_{ct}——纤维增强混凝土的抗拉强度，MPa；

　　　σ_{mt}——基体混凝土的抗拉强度，MPa；

　　　K——试验常数。

（2）合成间距理论

将纤维增强混凝土看作纤维增强的复合材料，假定混凝土基体和纤维处于完全黏结的条件下，并且在混凝土基体和纤维连续构成的复合体上，柱状纤维是一维单向配制于基体中的。复合体的强度是由纤维与基体的体积比和应力所共同决定的，复合材

料抗拉强度公式：

$$\sigma_{ct} = \sigma_{ft} V_f + \sigma_{mt} V_m \qquad (2.15)$$

式中：V_f——纤维体积，m^3；

V_m——基体体积，m^3。

由于

$$V_f + V_m = V_c = 1 \qquad (2.16)$$

因此

$$\sigma_{ct} = \sigma_{ft} V_f + \sigma_{mt}(1 - V_f) \qquad (2.17)$$

由混凝土基体与纤维充分黏结条件：$\varepsilon_c = \varepsilon_f = \varepsilon_m$ 或 $\sigma_{ct}/E_c = \sigma_{ft}/E_f$，设 $\sigma_{ft}/\sigma_{mt} = E_f/E_m = m$
则有：

$$\sigma_{ct} = \sigma_{mt}[1 + V_f(m - 1)] \qquad (2.18)$$

（3）三维乱向短纤维增强机理

以上两种传统纤维增强机理的力学模型均是单向连续纤维模型，属于理想化情况。实际上，短切乱向纤维在基体中是三维分布的，由于纤维的"短切"和乱向关系，不如单向连续纤维那样能充分发挥增强作用。在用三维乱向短纤维增强机理分析时，考虑了纤维与混凝土二者相互作用的复杂情况，采用几个相关系数（方向有效因子、界面黏结因子、长度有效因子）使结论更符合实际情况。

实践证明，纤维间距理论与合成间距理论对合成纤维混凝土的塑性阻裂机理解释比较适用。在混凝土未硬化前，纤维起到了微裂的效应。单位体积混凝土中纤维与混凝土边界相互作用以及纤维尺寸、纤维分散性、纤维分布方向等因素均与纤维增强混凝土的微观结构有关。

2.5 钢筋混凝土断裂阻裂与加固措施

2.5.1 钢筋混凝土材料断裂阻裂特性

（1）提高混凝土极限拉伸及抗拉强度

混凝土属于脆性材料，工程中主要利用其抗压性能的优势，尽量回避其抗拉能力差的弱点。但是实际工程中，在各种荷载组合作用下，混凝土结构大部分承担压应力，小部分要承担一定的拉应力作用。为使混凝土结构不开裂或开裂程度尽量小，就要设法提高混凝土的极限拉伸及抗拉强度。混凝土实际承担拉应力在其极限拉伸及抗拉强度能力之内，则混凝土结构在设计工况下不开裂。

在有关规范中已经规定了混凝土抗裂性设计指标，其中有混凝土极限拉伸要求，有的还有混凝土抗拉强度要求。例如，某大型水利枢纽工程混凝土抗裂性指标为 28 d 极限拉伸值不小于 0.85×10^{-4}、28 d 抗拉强度不小于 1.45 MPa 等。提高混凝土极限拉伸及抗拉强度，总体上有两种方法。第一种方法，因为混凝土抗拉强度与混凝土抗压强度有一定的关联性，一般抗压强度越高，抗拉强度也对应越高。因此，在一定范围内，可以通过提高混凝土抗压强度等级的方法来提高混凝土抗拉强度，增强混凝土抗裂能力。但是这种方法因为混凝土抗压强度等级提高了，将使混凝土抗拉强度得不到充分发挥和有效利用，并且工程造价也相应增加，带来投资加大压力。第二种方法，在混凝土原材料中增加能够提高混凝土抗拉强度的材料，如纤维类材料，常用的有钢纤维材料。

（2）降低混凝土热强比

混凝土热强比是指某一龄期每 m^3 混凝土的水化热发热量与混凝土抗拉强度之比，比值越小混凝土抗裂性越高。许多工程实践经验及试验结果表明，在保证混凝土设计性能指标的基础上，采用低热品种水泥，可以降低混凝土水化热；结合混凝土工程施工工艺，在混凝土配合比设计中掺入适量的粉煤灰等掺合料，可以有效降低混凝土的水化热；等等。从而达到降低混凝土热强比，提高混凝土抗裂性能的效果。

2.5.2　钢筋混凝土断裂阻裂加固措施

材料措施主要针对新建工程而言，对于完建工程，经历多年运行和各种工况、条件的考验，混凝土结构发生了一些开裂，影响到工程运行安全，但还未能达到严重危及安全的程度时，还想保留部分或全部工程继续运行，发挥效益。这时，可以采取一些阻裂与加固方法，重新恢复工程的主要功能，达到安全性的要求。

（1）钢筋混凝土闸墩开裂程度较轻情况

如钢筋混凝土泄洪闸墩发生了一些开裂，但还有继续利用并发挥效益的价值，可以采取闸墩体外粘贴碳纤维布的阻裂与加固方法，即在裂缝表面封闭、内部灌浆、闸墩体外粘贴碳纤维布。加固后闸墩应力重新分布，闸墩抗裂特性得到改进，裂缝不再继续扩展，可以继续安全运行。

（2）钢筋混凝土闸墩开裂程度较重情况

如钢筋混凝土泄洪闸墩发生了较多开裂，混凝土不具备继续利用并发挥效益价值，可以采取钢纤维混凝土置换的阻裂与加固方法，即将钢筋混凝土闸墩开裂较多一定范围凿除，在保留混凝土的接合面设锚杆并涂刷界面剂，然后按原闸墩尺寸在凿除范围浇筑钢纤维混凝土。钢纤维混凝土配合比需经试验室试验优选确定。加固后闸墩在设计工况下，所承受的拉应力在钢纤维混凝土抗拉强度能力之内，不再发生裂缝，并且可以继续安全运行。

2.6 本章小结

围绕钢筋混凝土闸墩断裂特性分析方法，阐述了混凝土断裂力学的发展、理论基础、纤维阻裂理论，对比分析了混凝土断裂特性模型。在混凝土断裂特性研究、混凝土断裂力学的理论基础深入分析的基础上，建立钢筋混凝土闸墩断裂特性分析方法。

合理选择和修正混凝土结构断裂特性的模型，推荐应用模型即丁宝瑛提出的混凝土抗裂安全系数模型，破坏力考虑了温度应力、干缩应力与自生体积变形产生应力。同时，考虑了徐变引起的应力松弛和结构约束系数，是考虑因素最全面的抗裂安全系数模型。展开纤维阻裂理论——纤维阻裂影响因素、纤维阻裂作用、纤维阻裂机理——研究，通过材料断裂阻裂特性和加固措施的研究，建立改进混凝土的断裂特性方法。裂缝处于临界状态并进入不稳定扩展，即结构发生失稳断裂。

其数学表达式如下：

①当 $K < K^0_{IC}$ 时，裂缝不起裂；

②当 $K = K^0_{IC}$ 时，裂缝开始稳定扩展；

③当 $K^0_{IC} < K < K^s_{IC}$ 时，裂缝处于稳定扩展阶段；

④当 $K = K^s_{IC}$ 时，裂缝开始失稳扩展；

⑤当 $K > K^s_{IC}$ 时，裂缝处于失稳扩展阶段。

此方法具有比较完备的理论基础，涉及的断裂参数可以利用断裂试验确定。

纤维间距理论与合成间距理论对合成纤维混凝土的塑性阻裂机理的解释比较适用。在混凝土未硬化前，纤维起到了微裂的效应。结合闸墩混凝土工程断裂实际问题，提出改进混凝土断裂特性的措施，即材料特性和加固措施，可以指导工程实践与应用。

第3章 钢筋混凝土闸墩裂缝无损检测诊断

围绕钢筋混凝土闸墩裂缝无损检测诊断，按照工程要求及相关技术规范，开展以下诊断工作：进行泄洪闸闸墩混凝土工程裂缝数量，泄洪闸闸墩混凝土工程裂缝分布普查，绘制分布图。泄洪闸闸墩混凝土工程代表性裂缝宽度。泄洪闸闸墩混凝土工程代表性裂缝深度。泄洪闸闸墩混凝土工程代表性裂缝宽度连续监测。泄洪闸闸墩混凝土工程代表性的裂缝骑缝钻芯，探测裂缝内部宽度、深度及走向。泄洪闸闸墩混凝土工程代表性部位内部裂缝等缺陷探地雷达法探测，混凝土密度、抗压强度、弹性模量、泊松比性能指标检测。泄洪闸闸墩混凝土工程代表性裂缝并跨越钢筋处钻芯，探测钢筋锈蚀情况并取样进行力学性能检测。

⚡ 3.1 检测诊断工程背景

辽宁省葠窝水库坝址位于辽阳市太子河干流上，水库控制面积为6175 km²，占太子河流域面积为44.5%。水库是以防洪、灌溉为主，并改善下游农田排涝条件、供给工业用水、结合灌溉与工业用水发电的重要水利工程。大坝采用Ⅱ级工程标准，原始设计洪水标准为百年一遇；校核洪水标准为千年一遇。最高库水位 +102 m，最大库容为7.91亿m³。水库设计死水位 +70.0 m，防洪限制水位 +77.8 m，正常高水位 +96.6 m。水库建成后，在防洪方面：可使水库二十年一遇洪峰流量由9050 m³/s削减为3720 m³/s；百年一遇洪峰流量由15300 m³/s削减为9820 m³/s。可使太子河下游农田防洪由现状五年一遇提高到二十年一遇标准，保护农田164万亩；辽阳市城市防洪可由现状二十年一遇提高到百年一遇标准。可以灌溉水田70万亩，每年供给工业用水1.12亿m³。年平均发电量8000万千瓦·时。水库枢纽平面布置图见图3.1。水库大坝为混凝土重力坝，坝顶高程103.5 m，最大坝高50.3 m，坝顶总长532 m，包括31个坝段。右岸3个挡水坝段（1~3号坝段），桩号为0+063~0+110，总长为47 m；河床溢流坝段（4~18号坝段），桩号为0+110~0+384.2，长274.2 m；电站坝段（19~21号坝段），桩号0+384.2~0+0+424.7，长40.5 m；左岸挡水坝段（22~31号坝段），桩号为0+424.7~0+595，长

170.3 m。两岸挡水坝段坝顶高程103.5 m，顶宽6 m，坝顶总长217.3 m。左岸挡水坝上游面67 m高程以下有1:0.1折坡，下游面坡度为1:0.7；右岸挡水坝段上游面垂直，下游面坡度为1:0.7。上游面及下游面混凝土设计强度为R28200F100W8，基础混凝土设计为R90200F25W6。

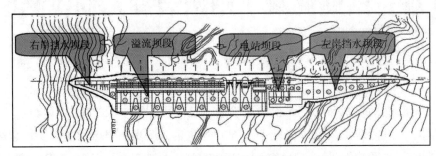

图3.1　水库枢纽平面布置图

电站坝段，坝顶高程+103.5 m，顶宽17 m，坝顶总长40.5 m。上游面67 m高程以上垂直，以下为1:0.1折坡。下游面19～20号两坝段坡度为1:0.8；21号坝段坡度为1:0.7。上游面及下游面混凝土设计强度为R28200F100W8。电站厂房设在电站坝段下游（坝后式电站）。主厂房水上部分宽22.45 m，水下部分宽16.12 m，长45.5 m。主厂房分4层，即发电机层、水轮机层、蜗壳层和水泵室（集水井）。发电机层地面高程为66.65 m，布置有2台17000 kW（1、2号机组）和1台3200 kW（3号机组）的立式水轮发电机组。与1、2、3号机组相对应，埋设3条引水管道。进水口中心高程分别为+70.685、+74.415 m（前者数字为1、2号机组的，后者数字为3号机组的，以下同理）。出口中心高程为+58.26、+58.85 m。直径为4.6、2 m，进水口前设有平板式拦污栅，垂直置于立柱和边墙上。引水管道设检修门槽和工作门槽各1道。1、2号机组各设4.00 m×4.63 m事故工作闸门1扇，3号机进口设1.65 m×2.14 m检修闸门及1.65 m×2.14 m事故工作闸门各1扇。为避免因工作闸门下落时，管道形成真空，在闸门后分别设有直径1.35、0.8 m的通气孔，自坝顶直通管道。

溢流坝段布置在河床中间，采用实用堰，坝顶高程+84.8 m，堰顶设置14孔弧形闸门，闸门尺寸为12 m×12 m。为控制下泄洪水单宽流量，在闸门上部高程+96.8～+102.5 m设高为5.7 m胸墙。在堰顶设15个闸墩，其中6个宽墩，7个窄墩，2个边墩。6个底孔设在宽墩内，底高程60 m，孔口尺寸为3.5 m×8.0 m。坝顶交通桥与工作桥架设在闸墩上，顶宽23 m。坝段伸缩缝设于闸孔中，距窄墩7 m宽墩5 m处。

坝体内部为进行基础灌浆、排水与坝体观测，设置三条廊道：于3～25号坝段54.7～71.0 m高程上，廊道中心距坝轴线5.1 m处，设置1条纵向灌浆廊道；4～25号坝段55.5～69.0 m高程上，廊道中心距坝轴线16.95～24.85 m处设置1条纵向排水廊道；2～27号坝段76～86 m高程上，廊道中心距坝轴线4.6～11.1 m处设置1条纵向观测廊道；3、5、17、23、25 号坝段 54.7 ~ 58.85 m 高程上，设置 5 条横向观测廊道。溢流坝顶设 14 台固定式启闭机用于弧形门启闭，6 个底孔工作门中的 4 个及 1 个底孔检修门采用 250 t 移动式门式启闭机，2 个底孔工作门用 2 台固定式启闭机。电站坝段设 3 台固定式启闭机。启闭机均有房屋。坝顶上下游边缘均设混凝土档杆与灯柱。水库采用高、低坎挑流进行消能。堰面水流基本经高坎下泄，底孔水流基本经低坎下泄。挑坎长度 16.5 m，与滚水坝间设永久伸缩缝。高坎坎顶高程 + 66.0 m，最低点高程 + 61.77 m，挑射角 40°，以半径为 18.1 m 反弧与滚水坝曲线相交。低坎坎顶高程 + 64.5 m 呈扩散形式，即由底孔出口宽 4 m 开始扩散到鼻坎顶部宽 15 m，挑射角 38°，反弧半径为 21.1 m，最低点高程 + 60.0 m，与底孔平段相交。上坝公路设在坝的左岸，与 29、30 号坝段相接，公路纵坡平均为 1/12。为闸门防冰采用空压机吹风破冰措施，在大坝右端 1 号坝段顶部设空压机室，室内设 3 台 6 m³ 空压机，建筑面积 73 m²。水库迎水面外观及坝段分布见图 3.2。

图 3.2　水库迎水面外观及坝段分布

泄洪闸共 14 孔，闸墩 15 个，分别为 4 ~ 18 号闸墩，其中 2 个边墩，即 4 和 18 号闸墩，13 个中墩，即 5 ~ 17 号闸墩。中墩又分宽墩和窄墩，其中宽墩 6 个，设在 6、8、10、12、14、16 号闸墩上，窄墩 7 个，设在 5、7、9、11、13、15、17 号闸墩上。泄洪闸闸墩迎水面外观见图 3.3。

图 3.3　闸墩迎水面外观

主要对溢流坝段（4 ~ 18 号坝段，桩号为 0 + 110 ~ 0 + 384.2，长 274.2 m）闸墩进行无损检测与成果分析。

3.2 闸墩外观缺陷及裂缝普查

迎水面闸墩及工作桥钢筋混凝土结构。表层混凝土蜂窝、麻面，局部脱落。闸墩上部2 m范围内多条裂缝有流白现象，闸墩水位变化区范围内剥蚀深度10～50 mm，达到B类冻融剥蚀程度。个别闸墩（如左2墩）粗骨料外露，局部钢筋外露锈蚀，达到C类冻融剥蚀程度。胸墙表层砂浆有锈迹，局部脱落。迎水面外观左2闸墩露筋处外观见图3.4。

图3.4 溢流坝段迎水面左2闸墩露筋处外观

背水面4号坝段距右边墩4.4～7.4 m范围内为吊装子留孔回填区，斜面段混凝土疏松，有60%的面积剥蚀深度大于50 mm，达到C类冻融剥蚀程度，从混凝土中钻取的芯样发现，由表及里220 mm范围内混凝土完整，220 mm深度以下混凝土严重疏松。距右边墩4.4 m范围内，高程83 m水平施工缝集中渗漏，达到B类渗漏。渗漏位置见图3.5，4号坝段外观见图3.6。

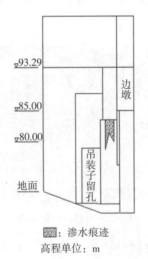

图3.5 4号坝段背水面渗漏位置示意图

图3.6 溢流坝段4号坝背水面外观

4号坝墩混凝土剥蚀及渗漏处外观见图3.7。右边墙左侧混凝土多处流白,靠近挑流鼻坎结构缝处有1.2 m×1.5 m范围的表层混凝土脱落,冻融损伤深度156～171 mm,钢筋网外露、锈蚀,达到C类冻融剥蚀。边墩外观见图3.8,右边墙钢筋网外露处外观见图3.9。

图3.7 4号坝段混凝土剥蚀及渗漏处外观

图3.8 右边墩外观

图3.9 右边墙钢筋网外露处外观

溢流坝段共13个闸墩，分别为5~17号闸墩。其中宽墩6个，设在6、8、10、12、14、16号坝段上，窄墩7个，设在5、7、9、11、13、15、17号坝段。闸墩的主要缺陷为裂缝与渗水，局部蜂窝，墩底部混凝土发生冲蚀。裂缝统计见表3.1。宽墩：现场检查发现6个宽墩左、右两侧在桩号0+012.0~0+013.6处均有自上而下延伸到堰面的裂缝，裂缝的位置大多分布在牛腿与面板之间，裂缝穿透墩顶与工作门检修室侧壁向下延伸，墩外侧裂缝渗水严重，可以判定宽墩此类裂缝已贯穿闸墩至堰面。

由表3.1中数据可知：裂缝主要集中于牛腿上游，闸门面板下游，且距离牛腿较近，裂缝在闸墩立面自下而上延伸，在闸墩两侧立面上几乎对称出现。各闸墩（除4、17和18号闸墩）均有由墩顶延伸至溢流面的连贯性裂缝1~2条。选择代表性闸墩裂缝，安装智能裂缝测宽仪监测系统，进行裂缝宽度定点实时连续监测，得到裂缝宽度系列数据（见表3.2）。由表3.2中数据可知：代表性监测点裂缝的宽度随时间不断变化，裂缝宽度最小值为0.65 mm，最大值为2.26 mm，裂缝宽度变幅范围为0.29~0.63 mm。因此，闸墩裂缝属于幅度较小的活动裂缝。裂缝宽度连续监测数据用以分析判断裂缝类型及发展趋势，为选择加固技术及施工工艺提供依据。裂缝分布示意图见图3.10至图3.13。

通过现场抽检发现，宽墩与7号坝段窄墩均有贯穿至溢流面的裂缝。12号闸墩左侧外观见图3.14，15号闸墩右侧外观见图3.15，12号闸墩顶部外观见图3.16，12号闸墩工作门检修室内裂缝外观见图3.17。窄墩：现场选取7号闸墩桩号0+007~0+008处由墩顶延伸到堰面的裂缝，进行压水试验，检测裂缝是否贯通。在闸墩右侧桩号为0+007.5，高程为+89.50 m附近以60°角与裂缝斜交钻孔，成孔后用5 m水头水泵抽水灌红色浆液，灌浆5 min后在左侧桩号0+007高程+90.00 m附近及以下均有红色浆液流出，且裂缝自上而下均有浆液渗流，因此该裂缝贯穿至堰面。试验结果见图3.18和图3.19。

表3.1 闸墩与堰面裂缝分布

4号闸墩面-堰面-5号闸墩面裂缝分布
①堰体2条垂直贯通裂缝；
②堰体与闸墩1条垂直贯通裂缝；
③隧洞观测廊道拱顶1条横向裂缝；
④隧洞排水廊道拱顶中心线处1条纵向裂缝；
⑤隧洞横向廊道拱顶中心线处1条纵向裂缝。

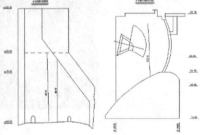

表3.1（续）

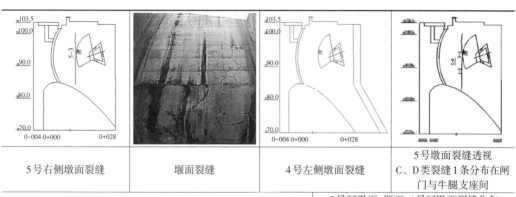

5号右侧墩面裂缝	堰面裂缝	4号左侧墩面裂缝	5号墩面裂缝透视 C、D类裂缝1条分布在闸 门与牛腿支座间

5号闸墩面-堰面-6号闸墩面裂缝分布

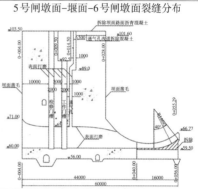

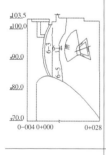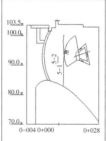

6号右侧墩面裂缝	堰面裂缝	5号左侧墩面裂缝	6号墩面裂缝透视 C、D类裂缝2条分布在闸门与牛腿支座间

6号闸墩面-堰面-7号闸墩面裂缝分布
① 堰体1条垂直贯通裂缝；
② 隧洞观测廊道拱顶1条横向裂缝；
③ 隧洞排水廊道拱顶中心线处1条纵向裂缝。

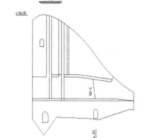

表3.1（续）

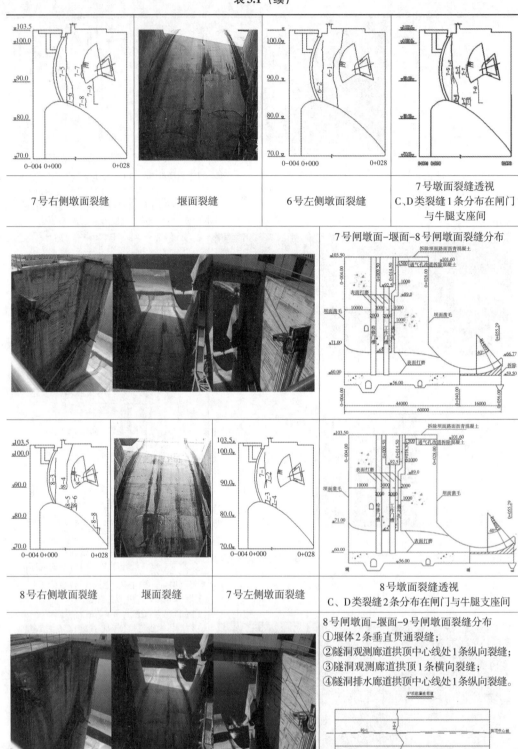

表3.1（续）

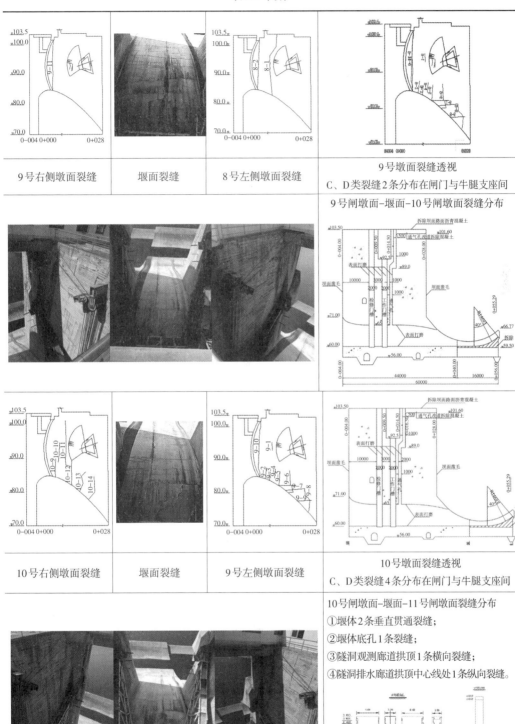

9号右侧墩面裂缝	堰面裂缝	8号左侧墩面裂缝	9号墩面裂缝透视 C、D类裂缝2条分布在闸门与牛腿支座间
			9号闸墩面–堰面–10号闸墩面裂缝分布
10号右侧墩面裂缝	堰面裂缝	9号左侧墩面裂缝	10号墩面裂缝透视 C、D类裂缝4条分布在闸门与牛腿支座间
			10号闸墩面–堰面–11号闸墩面裂缝分布 ①堰体2条垂直贯通裂缝； ②堰体底孔1条裂缝； ③隧洞观测廊道拱顶1条横向裂缝； ④隧洞排水廊道拱顶中心线处1条纵向裂缝。

表3.1（续）

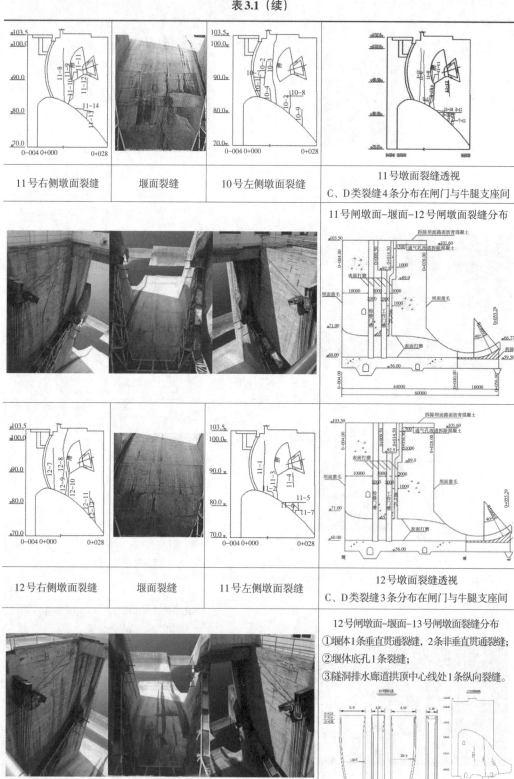

| 11号右侧墩面裂缝 | 堰面裂缝 | 10号左侧墩面裂缝 | 11号墩面裂缝透视
C、D类裂缝4条分布在闸门与牛腿支座间 |

11号闸墩面-堰面-12号闸墩面裂缝分布

| 12号右侧墩面裂缝 | 堰面裂缝 | 11号左侧墩面裂缝 | 12号墩面裂缝透视
C、D类裂缝3条分布在闸门与牛腿支座间 |

12号闸墩面-堰面-13号闸墩面裂缝分布
①堰体1条垂直贯通裂缝，2条非垂直贯通裂缝；
②堰体底孔1条裂缝；
③隧洞排水廊道拱顶中心线处1条纵向裂缝。

表 3.1（续）

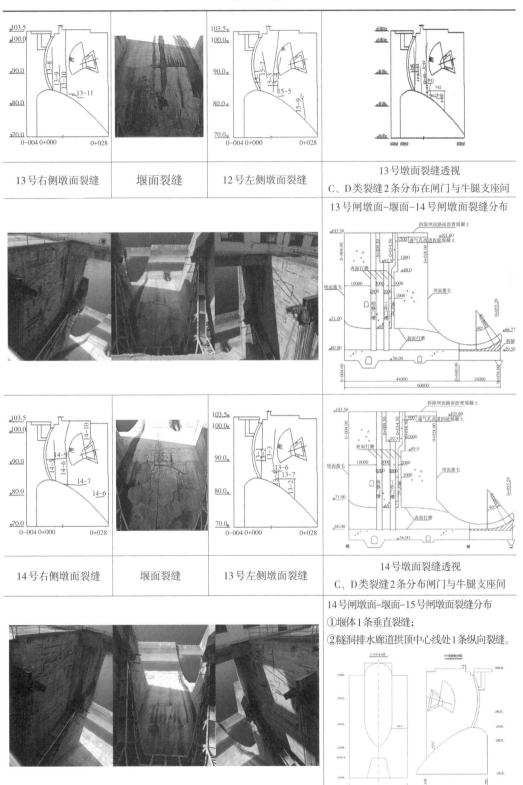

13 号右侧墩面裂缝	堰面裂缝	12 号左侧墩面裂缝	13 号墩面裂缝透视 C、D 类裂缝 2 条分布在闸门与牛腿支座间
			13 号闸墩面–堰面–14 号闸墩面裂缝分布
14 号右侧墩面裂缝	堰面裂缝	13 号左侧墩面裂缝	14 号墩面裂缝透视 C、D 类裂缝 2 条分布闸门与牛腿支座间
			14 号闸墩面–堰面–15 号闸墩面裂缝分布 ①堰体 1 条垂直裂缝； ②隧洞排水廊道拱顶中心线处 1 条纵向裂缝。

表3.1（续）

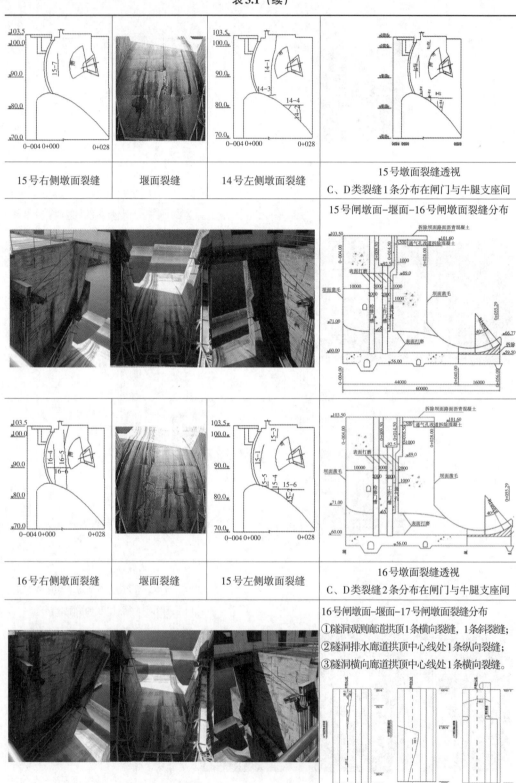

15号右侧墩面裂缝	堰面裂缝	14号左侧墩面裂缝	15号墩面裂缝透视 C、D类裂缝1条分布在闸门与牛腿支座间

15号闸墩面–堰面–16号闸墩面裂缝分布

16号右侧墩面裂缝	堰面裂缝	15号左侧墩面裂缝	16号墩面裂缝透视 C、D类裂缝2条分布在闸门与牛腿支座间

16号闸墩面–堰面–17号闸墩面裂缝分布
①隧洞观测廊道拱顶1条横向裂缝，1条斜裂缝；
②隧洞排水廊道拱顶中心线处1条纵向裂缝；
③隧洞横向廊道拱顶中心线处1条横向裂缝。

表3.1（续）

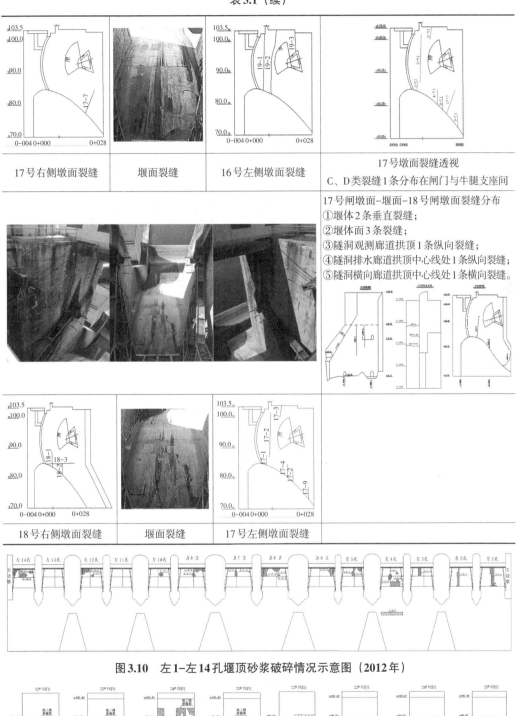

17号右侧墩面裂缝	堰面裂缝	16号左侧墩面裂缝	17号墩面裂缝透视 C、D类裂缝1条分布在闸门与牛腿支座间

17号闸墩面-堰面-18号闸墩面裂缝分布
①堰体2条垂直裂缝；
②堰体面3条裂缝；
③隧洞观测廊道拱顶1条纵向裂缝；
④隧洞排水廊道拱顶中心线处1条纵向裂缝；
⑤隧洞横向廊道拱顶中心线处1条横向裂缝。

18号右侧墩面裂缝	堰面裂缝	17号左侧墩面裂缝

图3.10 左1-左14孔堰顶砂浆破碎情况示意图（2012年）

图3.11 左侧挡水坝背水面渗漏严重坝段渗漏位置分布示意图

图3.12 右侧2号溢流孔堰面新浇筑混凝土裂缝芯样

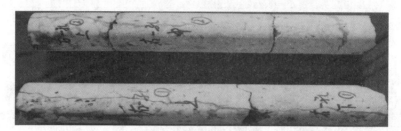

图3.13 右侧1号溢流孔堰面新浇筑混凝土裂缝芯样

表3.2 SPC砂浆层破损情况

序号	堰面编号	缺陷编号	破损面积/m²		备注
			单值	总计	
1	左1孔	z-1-1	18.3	18.3	修补
2	左2孔	z-2-1	16.3	16.3	修补
3	左3孔	z-3-1	15.8	15.8	
4	左4孔	z-4-1	0.8	19.8	
		z-4-2	3.4		
		z-4-3	15.6		修补
5	左5孔	z-5-1	6.1	16.5	
		z-5-2	10.4		
6	左6孔	z-6-1	10.2	12.4	
		z-6-2	2.2		
7	左7孔	z-7-1	3.1	5.2	
		z-7-2	2.1		
8	左8孔	z-8-1	13.2	19.8	
		z-8-2	4.5		
		z-8-3	2.1		
9	左9孔	z-9-1	12.5	12.5	
10	左10孔	z-10-1	2.3	2.3	

表 3.2（续）

序号	堰面编号	缺陷编号	破损面积/m²		备注
			单值	总计	
11	左 12 孔	z-12-1	1.5	16.8	
		z-12-2	15.3		
12	左 14 孔	z-14-1	2.3	12.5	
		z-14-2	4.5		
		z-14-3	5.7		

图 3.14　12 号闸墩左侧外观

图 3.15　15 号闸墩右侧外观

图 3.16　12 号闸墩顶部外观

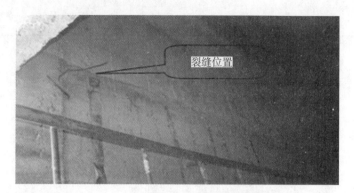

图3.17　12号闸墩工作门检修室裂缝外观

图3.18　7号闸墩左侧外观

图3.19　7号闸墩右侧外观

图3.20　7号闸墩粗骨料集中处外观

7号闸墩右侧桩号0＋007.5和桩号0＋008，高程＋87.00 m和＋87.50 m两处分别有
1.0 m×0.4 m和2.0 m×0.4 m范围混凝土振捣不实，粗骨料集中外露，水平施工缝内渗水
严重，据此判断该区域混凝土缺陷贯穿整个墙体。7号闸墩外观见图3.20。

3.3　闸墩混凝土抗压强度

选取7、12、14号闸墩，分别在闸墩裂缝区域以外，选取混凝土完好代表性部位钻
取混凝土芯样，制备试验芯样，试验混凝土容重、抗压强度、抗拉强度、弹性模量及
泊松比，分析混凝土力学性能指标，为钢筋混凝土闸墩安全性评价数值计算提供基础
参数。试验芯样结果见表3.3至表3.5与图3.21和图3.22。

表3.3　裂缝统计结果

序号	编号	起点		终点		裂缝代表性宽度/mm	裂缝代表性深度/cm
		桩号	高程/m	桩号	高程/m		
1	5-1	0+012.0	99.5	0+012.0	84.2	1.5	贯穿
2	5-2	0+009.4	93.0	0+009.8	91.0		
3	5-3	0+012.5	84.0	0+012.6	100.0	1.6	贯穿
4	6-1	0+013.5	102.5	0+011.5	83.9	1.4	贯穿
5	6-2	0+006.8	88.5	0+006.8	84.2	1.5	贯穿
6	6-3	0+006.8	88.9	0+006.8	84.5	1.4	贯穿
7	6-4	0+007.2	92.8	0+008.7	93.1	1.5	贯穿
8	6-5	0+013.0	102.5	0+012.6	82.8		
9	7-1	0+006.8	89.0	0+007.4	100.2	1.1	21
10	7-2	0+009.8	90.4	0+009.6	94.6		
11	7-3	0+009.8	83.9	0+009.2	88.0		
12	7-4	0+012.4	82.8	0+012.5	86.0		
13	7-5	0+008.0	89.5	0+007.6	100.0	1.2	19
14	7-6	0+011.3	83.4	0+007.8	93.1		
15	7-7	0+012.7	90.2	0+012.7	96.1		
16	7-8	0+014.4	82.8	0+014.4	89.4		
17	7-9	0+016.8	84.6	0+016.6	90.6		
18	8-1	0+015.7	102.5	0+014.4	83.4	1.4	贯穿
19	8-2	0+006.3	84.9	0+007.0	101.5	1.5	贯穿
20	8-3	0+006.5	84.7	0+006.5	98.9	1.7	贯穿

表3.3（续）

序号	编号	起点		终点		裂缝代表性宽度/mm	裂缝代表性深度/cm
		桩号	高程/m	桩号	高程/m		
21	8-4	0+011.0	90.0	0+011.4	95.6	1.5	贯穿
22	8-5	0+013.0	82.6	0+012.9	86.8		
23	8-6	0+015.0	82.4	0+015.2	85.5		
24	8-7	0+014.8	90.3	0+014.0	96.3		
25	8-8	0+022.5	76.4	0+023.0	83.0		
26	9-1	0+012.6	92.4	0+012.0	95.2		
27	9-2	0+009.5	84.0	0+009.8	87.4		
28	9-3	0+012.1	83.0	0+012.0	85.6		
29	9-4	0+013.0	83.6	0+013.0	86.5		
30	9-5	0+014.5	82.9	0+014.5	85.6		
31	9-6	0+017.2	81.2	0+017.5	85.6		
32	9-7	0+017.0	80.4	0+023.0	80.4		
33	9-8	0+023.0	80.4	0+023.7	75.2		
34	9-9	0+020.0	78.4	0+025.0	78.4	1.6	贯穿
35	9-10	0+006.8	84.6	0+007.0	101.5	1.5	贯穿
36	9-11	0+006.5	84.6	0+006.9	101.5		
37	10-1	0+006.4	84.8	0+006.4	91.2		
38	10-2	0+008	88.0	0+008.6	95.8		
39	10-3	0+013.0	82.6	0+011.4	102.5	1.4	17
40	10-4	0+010.8	84.0	0+010.3	86.2		
41	10-5	0+019.6	79.4	0+019	84.0		
42	10-6	0+022.1	76.5	0+022.4	81.0		
43	10-7	0+004	90.6	0+008.4	90.5		
44	10-8	0+022	84.0	0+010	84.0		
45	10-9	0+007	84.7	0+007	90.6		
46	10-10	0+008.6	88.8	0+008.6	94.5		
47	10-11	0+014	87.7	0+012	101.5	1.6	23
48	10-12	0+014	82.2	0+014	90.0		
49	10-13	0+018	79.8	0+019.6	86.0		
50	10-14	0+023	76.0	0+023	84.0		
51	11-1	0+009.5	84.0	0+009.4	99.8	1.5	22
52	11-2	0+12.7	82.6	0+012.2	84.4		
53	11-3	0+014.8	81.6	0+014.0	88.8		

表3.3（续）

序号	编号	起点		终点		裂缝代表性宽度/mm	裂缝代表性深度/cm
		桩号	高程/m	桩号	高程/m		
54	11-4	0+019.6	85.2	0+019.4	91.0		
55	11-5	0+028.0	81.2	0+014.0	81.0		
56	11-6	0+020.5	81.2	0+019.6	78.8		
57	11-7	0+021.5	79.6	0+020.0	78.4		
58	11-8	0+010.0	83.8	0+010.0	99.5	1.6	24
59	11-9	0+013.8	90.5	0+013.8	94.5		
60	11-10	0+014.6	81.8	0+014.6	88.5		
61	11-11	0+015.8	90.5	0+015.8	95.6		
62	11-12	0+019.5	87.0	0+019.5	89.5		
63	11-13	0+019.6	88.0	0+020.0	81.2		
64	11-14	0+015.0	81.6	0+023.0	81.2		
65	12-1	0+006.6	84.7	0+006.6	90.0		
66	12-2	0+008.8	89.0	0+007.8	96.4		
67	12-3	0+011.4	84.0	0+012.6	102.5	1.2	17
68	12-4	0+013.4	84.2	0+013.4	94.4		
69	12-5	0+014.0	83.3	0+017.2	83.6		
70	12-6	0+023.2	77.8	0+022.0	84.0		
71	12-7	0+007.5	84.5	0+006.4	96.4		
72	12-8	0+011.4	88.6	0+013.4	102.5	1.3	18
73	12-9	0+013.5	82.2	0+013.0	90.5		
74	12-10	0+014.2	82.0	0+014.0	94.0		
75	12-11	0+021.0	77.6	0+021.7	84.7		
76	12-12	0+023.5	75.6	0+021.8	81.4		
77	13-1	0+006.2	84.8	0+006.8	101.5	1.4	19
78	13-2	0+008.6	90.5	0+008.6	93.4		
79	13-3	0+010.0	87.6	0+012.0	99.4	1.1	15
80	13-4	0+014.0	83.0	0+013.0	88.0		
81	13-5	0+011.4	87.7	0+014.6	88.0		
82	13-6	0+013.3	85.0	0+019.8	85.0		
83	13-7	0+006.8	84.7	0+006.4	98.9		
84	13-8	0+009.5	84.0	0+009.5	93.5	1.5	19
85	13-9	0+012.0	83.0	0+012.0	102.5		

表3.3（续）

序号	编号	起点		终点		裂缝代表性宽度/mm	裂缝代表性深度/cm
		桩号	高程/m	桩号	高程/m		
86	13-10	0+012.6	84.0	0+017.6	82.4	1.2	16
87	14-1	0+012.8	82.3	0+013.7	102.5	1.3	15
88	14-2	0+022.5	76.8	0+022.4	81.0		
89	14-3	0+011.0	83.6	0+014.4	83.6		
90	14-4	0+024.0	81.0	0+019.4	81.0		
91	14-5	0+006.5	84.7	0+006.4	97.0		
92	14-6	0+012.8	82.7	0+013.8	103.5	1.3	14
93	14-7	0+015.0	83.0	0+019.3	83.0		
94	14-8	0+022.7	79.7	0+25.5	79.8		
95	15-1	0+008.0	91.0	0+008.2	96.0	0.8	12
96	15-2	0+013.2	99.2	0+013.5	102.1		
97	15-3	0+010.2	83.7	0+10.0	86.0		
98	15-4	0+014.2	82.0	0+014.2	83.9		
99	15-5	0+018.8	79.2	0+019.6	82.0		
100	15-6	0+011.6	83.2	0+024.0	83.2		
101	15-7	0+008.2	91.0	0+008.8	96.0	0.5	9
102	16-1	0+008.8	102.5	0+008.6	84.2	0.9	11
103	16-2	0+011.8	102.5	0+010.8	83.6	1.2	14
104	16-3	0+021.2	102.5	0+021.8	96.4		
105	16-4	0+006.4	96.6	0+006.4	84.2	1.0	11
106	16-5	0+013.7	102.5	0+011.4	83.6	1.1	12
107	16-6	0+004.0	90.8	0+013.2	90.8		
108	17-1	0+007.5	84.2	0+007.5	87.5		
109	17-2	0+009.7	86.5	0+009.8	101.8	1.2	15
110	17-3	0+014.0	103.5	0+013.4	100.2		
111	17-4	0+018.2	80.1	0+017.8	85.2		
112	17-5	0+019.6	78.6	0+019.6	83.7		
113	17-6	0+026.5	73.2	0+026.2	78.4		
114	17-7	0+020.0	78.4	0+023.0	83.5		
115	18-1	0+011.0	89.0	0+011.0	83.6	0.5	9
116	18-2	0+016.0	85.2	0+016.2	81.1		
117	18-3	0+006.2	85.2	0+021.0	85.2		
118	4-1	0+012.5	84.0	0+012.6	100.0	1.2	

表 3.4　闸墩裂缝宽度定点实时连续监测结果（7、8 号宽墩）　　　单位：mm

日期	7-5 右侧面		7-1 左侧面		8-3 右侧面		8-2 左侧面	
	绝对值	相对值	绝对值	相对值	绝对值	相对值	绝对值	相对值
基值	1.90	0	2.00	0	0.80	0	0.80	0
2015.11.7	1.90	0	2.00	0	0.80	0	0.80	0
2015.11.16	2.05	0.15	2.15	0.15	0.97	0.17	0.94	0.14
2015.12.17	2.14	0.24	2.21	0.21	0.99	0.19	1.00	0.20
2016.1.15	2.13	0.23	2.26	0.26	0.98	0.18	1.13	0.33
2016.2.15	2.18	0.28	2.24	0.24	1.03	0.23	1.15	0.35
2016.3.17	1.87	−0.03	1.95	−0.05	0.77	−0.03	0.78	−0.02
2016.4.14	1.70	−0.20	1.82	−0.18	0.91	0.11	0.79	−0.01
2016.5.15	1.55	−0.35	1.73	−0.27	0.79	−0.01	0.68	−0.12
2016.6.15	1.69	−0.21	1.85	−0.15	0.82	0.02	0.72	−0.08
2016.7.16	1.59	−0.31	1.83	−0.17	0.82	0.02	0.72	−0.08
2016.8.14	1.57	−0.33	1.81	−0.19	0.76	−0.04	0.68	−0.12
2016.9.15	1.63	−0.27	1.83	−0.17	0.74	−0.06	0.71	−0.09
2016.10.17	1.70	−0.2	1.95	−0.05	0.79	−0.01	0.71	−0.09
2016.11.13	1.88	−0.02	1.91	−0.09	0.84	0.04	0.86	0.06
2016.12.17	2.14	0.24	2.21	0.21	0.99	0.19	1.00	0.20
2017.1.15	2.13	0.23	2.26	0.26	1.00	0.20	1.15	0.35
2017.2.17	2.15	0.25	2.14	0.14	0.97	0.17	1.14	0.34
2017.3.16	1.96	0.06	2.09	0.09	0.89	0.09	1.03	0.23
2017.4.18	1.96	0.06	2.09	0.09	0.89	0.09	0.81	0.01
2017.5.18	1.62	−0.28	1.85	−0.15	0.83	0.03	0.81	0.01
2017.6.17	1.64	−0.26	1.79	−0.21	0.77	−0.03	0.65	−0.15
2017.7.17	1.58	−0.32	1.82	−0.18	0.78	−0.02	0.74	−0.06
2017.8.17	1.65	−0.25	1.84	−0.16	0.82	0.02	0.68	−0.12
2017.9.16	1.71	−0.19	1.73	−0.27	0.86	0.06	0.74	−0.06
2017.10.15	1.88	−0.02	1.85	−0.15	0.87	0.07	0.86	0.06
2017.11.17	2.05	0.15	2.15	0.15	0.97	0.17	0.94	0.14
2017.12.16	2.14	0.24	2.21	0.21	0.99	0.19	1.00	0.20
2016 年均值	1.82		1.95		0.86		0.85	
2017 年均值	1.82		1.93		0.86		0.87	
总平均值	1.82		1.95		0.86		0.85	
总变幅	0.63		0.53		0.29		0.50	

表 3.4（续）

日期	7-5右侧面		7-1左侧面		8-3右侧面		8-2左侧面	
	绝对值	相对值	绝对值	相对值	绝对值	相对值	绝对值	相对值
最大值	2.18		2.26		1.03		1.15	
最小值	1.55		1.73		0.74		0.65	

注："＋"表示裂缝开裂；"－"表示裂缝收缩。

表 3.5　混凝土性能试验结果

材料	容重/(kN/m³)	抗压强度/MPa	抗拉强度/MPa	弹性模量/MPa	泊松比
7号闸墩混凝土	25.0	31.4	2.98	2.57×10^4	0.22
12号闸墩混凝土	25.0	30.8	2.76	2.63×10^4	0.23
14号闸墩混凝土	25.0	32.6	3.12	2.61×10^4	0.22
平均值	25.0	31.6	2.95	2.60×10^4	0.22

图 3.21　右7-1号裂缝处芯样外观

图 3.22　右8-1号裂缝处芯样外观

3.4　闸墩混凝土耐久性

（1）混凝土抗渗性

4号坝段背水面非吊装子留孔区及闸墩混凝土设计抗渗等级为W8。结合现场条件，在4、10和12号坝段各钻取1组抗渗试件进行室内抗渗试验。所抽检构件内部完好，混凝土达到了设计抗渗等级要求。取芯位置见表3.6。

表 3.6　混凝土抗渗芯样钻取位置

部位	桩号	高程/m	芯样外观
4号坝段	0+123.3	71.5	芯样完整，切除表层15 mm后，进行试验
10号闸墩左侧	0+007.5	85.3	芯样完整，切除表层15 mm后，进行试验
12号闸墩顶右侧	0+014.0	102.6	芯样完整，切除表层15 mm后，进行试验

（2）混凝土抗冻性

4号坝段背水面及闸墩混凝土设计抗冻等级为F100。结合现场条件在4号坝段背水面非吊装子留孔区、10、11号坝段各钻取1组抗冻试件，在12号坝段钻取2组抗冻试件，进行室内抗冻试验，芯样钻取位置见表3.7，检测结果见表3.8。

由表3.8中数据可知：所抽检构件内部完好，混凝土抗冻等级均达到设计抗冻等级要求。

表3.7 混凝土抗冻芯样钻取位置

坝段	桩号	高程/m	试件编号	芯样外观
4号坝段	0+123.1	71.8	SW-F-5	芯样完整，切除表层15 mm后，进行试验
10号闸墩左侧	0+007.3	85.4	SW-F-6	芯样完整，切除表层15 mm后，进行试验
11号闸墩右侧	0+007.5	85.6	SW-F-7	芯样完整，切除表层15 mm后，进行试验
12号闸墩顶右侧	0+014.0	102.6	SW-F-8	芯样完整，切除表层15 mm后，进行试验
12号闸墩顶左侧	0+014.5	102.6	SW-F-9	芯样完整，切除表层15 mm后，进行试验

表3.8 混凝土抗冻性检测结果

试件编号	冻融次数	质量损失率/%		相对动弹性模量/%		设计等级
		单值	平均值	单值	平均值	
SW-F-5-1	75	1.2	1.3	65	67	
SW-F-5-2		1.2		68		
SW-F-5-3		1.4		69		
SW-F-6-1	100	0.8	1.0	66	65	
SW-F-6-2		1.1		64		
SW-F-6-3		1.1		66		
SW-F-7-1	75	1.0	1.0	69	69	F100
SW-F-7-2		0.9		68		
SW-F-7-3		1.0		69		
SW-F-8-1	75	1.0	1.1	66	64	
SW-F-8-2		1.2		60		
SW-F-8-3		1.1		66		
SW-F-9-1	75	1.1	1.2	69	66	
SW-F-9-2		1.1		65		
SW-F-9-3		1.3		65		

（3）混凝土冻融损伤深度

4号坝段背水面吊装子留孔区和12号坝段墩顶钻取1组芯样，4号坝段芯样C类冻融剥蚀，在深度220 mm以下混凝土破碎，内部混凝土疏松。12号闸墩顶部芯样完整，冻融损伤深度为100 mm。

（4）混凝土碳化深度及钢筋保护层厚度

混凝土碳化深度共检测4组，4号坝段背水面抽检1组，6、7和8号闸墩侧面各抽检1组；钢筋保护层厚度检测3组。检测表明：闸墩混凝土碳化深度小于钢筋保护层的厚度。详见表3.9。

表3.9　混凝土碳化深度及钢筋保护层厚度检测结果

部位	碳化深度 L/mm		钢筋保护层厚度 H/mm		$L_{max} - H_{min}$/mm	$L_{ave} - H_{ave}$/mm
	最大值	平均值	最小值	平均值		
4号坝段背水面	20.0	12.5	—	—	—	—
6号闸墩	15.5	10.5	62	65	−46.5	−54.5
7号闸墩	20.0	11.5	68	72	−48.0	−60.5
8号闸墩	22.5	13.0	67	71	−44.5	−58.0

3.5　闸墩内部缺陷及钢筋分布

采用探地雷达分别对10、12和16号坝段闸墩右侧面进行检测。检测结果见表3.10。钢筋分布检测结果见表3.11。

表3.10　溢流坝段闸墩混凝土内部探地雷达法检测结果

测线位置及桩号	高程/m	测线长度/m	缺陷里程/m	缺陷定性分析
10号坝段 0+012	86.0 ~ 91.4	5.4	1.6 ~ 4.6	深度0.8 ~ 1.9 m墩体内部含水较高
12号坝段 0+011	97.1 ~ 102.2	5.1	0 ~ 5.1	深度0.5 ~ 0.9 m墩体内部含水较高
16号坝段 0+012	94.8 ~ 102.3	7.5	5.7 ~ 7.5	混凝土局部不密实

表3.11　闸墩钢筋分布检测结果

构件名称	桩号	高程/m	钢筋间距检测值/mm		
			最大值	最小值	平均值
10号坝段	0+012	86.0 ~ 91.4	211	179	193
12号坝段	0+011	97.1 ~ 102.2	221	198	211
16号坝段	0+012	94.8 ~ 102.3	213	188	196

由表3.10中数据可知：10、12号坝段测线检测位置存在内部含水，16号坝段测线检测位置存在不密实缺陷。

测线分布：10号坝段闸墩右侧面，方向为竖直向下，测线长度5.4 m；12号坝段闸墩右侧面，高程为 + 97.1 ~ + 102.2 m，测线长度 5.1 m；16 号坝段闸墩右侧面，高程为 + 94.8 ~ + 102.3 m，测线长度 7.5 m。其中 12 号坝段闸墩右侧面雷达检测信号见图 3.23。

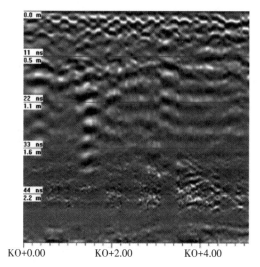

图 3.23　12 号坝段闸墩右侧探地雷达检测信号图

◿◿ 3.6　闸墩钢筋腐蚀

混凝土中钢筋腐蚀检测采用半电池电位法和局部钻芯法。

（1）半电池电位法

检测部位位于 10 号坝段闸墩左侧面，闸门下右侧 4 m 范围内，高程为 + 84.5 ~ + 86.6 m，测点间距为 300 mm × 300 mm。检测成果见表 3.12。

表 3.12　闸墩钢筋锈蚀半电池电位法检测结果

构件部位	测点电位值/mV									
	1	2	3	4	5	6	7	8	9	10
10 号坝段闸墩左侧面	−89	−65	−115	−69	−51	−45	−87	−34	−79	−68
	−52	−42	−20	−57	−15	−35	−47	−83	−117	−64
	−37	−21	−95	−185	−104	−93	−88	−36	−144	−135
	−111	−166	−101	−176	−155	−153	−150	−84	−167	−66
	−147	−136	−145	−151	−207	−185	−173	−164	−205	−184
	−312	−133	−203	−201	−223	−257	−270	−226	−256	−305
	−296	−235	−197	−234	−257	−239	−259	−221	−231	−256
	−450	−303	−238	−263	−288	−331	−294	−283	−262	−253

由表3.12中数据可知：半电池电位值正向大于−200 mV测点为50点，占总测点数的62.5%，此区域发生钢筋锈蚀概率小于10%。半电池电位值在−200～−350 mV测点为29点，占总测点数的36.2%，此区域发生钢筋锈蚀性状不确定。半电池电位值负向大于−350 mV的测点为1点，占总测点数的1.3%，此区域发生钢筋锈蚀概率大于90%。将所有测点电位值按其负向由小到大排序，电位值相同测点可任意排序，并连续编号，根据"《水工混凝土试验规程》DL/T 5150—2001中公式（6.8.5）"计算各测点累计频率，以累计频率（%）为横坐标，半电池电位值（mV）为纵坐标绘制累计频率图，见图3.24。

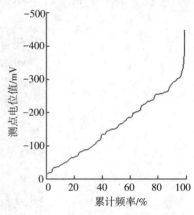

图3.24 半电池电位累计频率图

（2）局部钻芯法

7号坝段窄墩和8号坝段宽墩上，分别找1条有裂缝且缝内渗水严重处骑缝钻芯。取芯位置见表3.13和图3.25，钢筋外观见图3.26。

表3.13 闸墩裂缝处钻芯位置

部位	桩号	高程/m	裂缝宽度/mm	锈蚀长度/mm	有效直径/mm	设计值
7号坝段闸墩右侧	0+009	85.5	2	31	11.0	Φ12
8号坝段闸墩左侧	0+006.8	84.9	1	34	11.4	

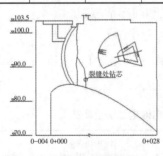
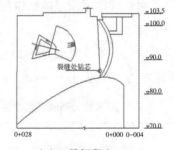

（a）7号坝段右　　　　　　（b）8号坝段左

图3.25 闸墩裂缝处钻芯位置示意图

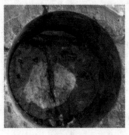

（a）7号坝段　　　　　　（b）8号坝段

图3.26 典型坝段裂缝处钢筋外观

由表3.13中数据分析可知：检测部位2根钢筋均有局部锈蚀，其中7号墩裂缝内部钢筋锈蚀区域长为31 mm，其有效直径为11.0 mm，8号墩裂缝内部钢筋锈蚀区域长为34 mm，其有效直径为11.4 mm。

3.7 闸墩钢筋力学性能试验

由于11、12号闸墩混凝土老化与渗水现象较严重，因而选择11、12号闸墩作为闸墩裂缝区混凝土钢筋抗拉强度以及弹性模量性能指标的检测取样对象。对11号闸墩（宽墩）和12号闸墩（窄墩）分别采取了裂缝区钢筋试样。针对11号闸墩（宽墩）裂缝区，分别在两条较大的裂缝11号−1区域、裂缝11号−3区域采取钢筋试样（采样位置距离溢流面约0.5 m），在11号−1裂缝区域采取了横向钢筋、竖向钢筋试样，在裂缝11号−3裂缝采取了竖向钢筋试样。针对12号闸墩（窄墩）裂缝区，在较大裂缝12号−3区域采取竖向钢筋试样。从现场采样中，可见钢筋表面轻微锈蚀现象。

根据《金属材料室温拉伸试验方法》（GB/T 228—2010）的规定，采用液压拉伸试验机，进行闸墩裂缝区混凝土钢筋抗拉强度试验。试验过程与现象：

①为了检测钢筋拉伸的应力−应变关系曲线，在试样两侧各贴一个应变片，采用DH3818静态数据采集仪采集应变数据，拉力每增加5 kN，采集一次数据。

②稳妥控制试验拉力，对试样缓慢施加轴向拉力，使试样逐渐拉长。

③在拉伸开始阶段，试样基本为均匀的弹性变形。

④当拉力达到一定值后（钢筋内应力超过屈服应力），试样上的薄弱位置出现颈缩现象，随后迅速发展至被拉断，并发出断裂声。

⑤在拉伸的前期变形过程中，试样处于弹性变形阶段，可以通过应变片很好采集应变数据，但是当试样进入塑性变形阶段，应变片均发生数据溢出，无法检测可靠的应变数据，因此根据试验数据，仅获得了试样弹性变形阶段的应力−应变关系曲线。

钢筋的应力−应变关系曲线见图3.27，抗拉强度与弹性模量试验结果见表3.14。

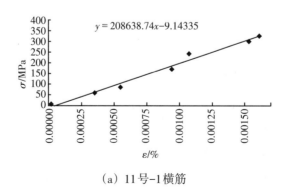

$$y = 208638.74x - 9.14335$$

（a）11号−1横筋

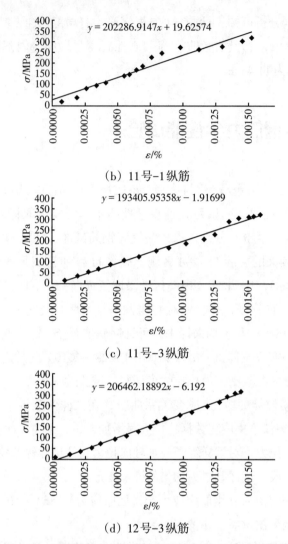

（b）11号-1纵筋

（c）11号-3纵筋

（d）12号-3纵筋

图3.27　钢筋混凝土闸墩裂缝区钢筋应力-应变关系曲线

表3.14　钢筋混凝土闸墩裂缝区钢筋抗拉强度与弹性模量试验结果

试样编号	钢筋型号	钢筋直径 /mm	容重 /(kN/m³)	最大拉力 /kN	抗拉强度 /MPa	弹性模量 /MPa	泊松比 μ
11号-1横筋	Φ12	11.23	78.5	52	422	2.09×10^5	0.26
11号-1纵筋	Φ20	18.11	78.5	105	404	2.04×10^5	0.26
11号-3纵筋	Φ20	18.4	78.5	113.5	427	2.07×10^5	0.26
12号-3纵筋	Φ20	18.49	78.5	125	437	2.07×10^5	0.26
平均值	/	/	78.5	/	423	2.07×10^5	0.26

注：HRB335的Φ12、Φ20钢筋屈服强度和抗拉强度分别不低于335 MPa和455 MPa。

按照《金属材料室温拉伸试验方法》（GB/T 228—2010）等国家标准，系统检测了钢筋抗拉强度、弹性模量等性能指标。通过闸墩裂缝区混凝土钢筋抗拉强度试验发现，当钢筋应力超过屈服应力后，试样上薄弱位置出现颈缩现象，随后迅速发展至拉断破坏。将试验结果与产品同规格牌号钢筋力学指标相比，力学指标性能明显衰减，衰减幅度达到 6%~7%。钢筋性能指标检测结果有利于客观深入认识闸墩工程的病害状况，为进一步分析闸墩的稳定性、病害机理、工作状态提供可靠的实测依据和计算参数。

3.8　钢筋混凝土闸墩裂缝问题诊断

钢筋混凝土闸墩裂缝问题比较严重。累计探测到闸墩裂缝 118 条，主要分布在闸墩的弧形钢闸门导轨与牛腿受力筋以外即扇形面末端之间，恰为闸墩中间。裂缝在闸墩立面上自下而上延伸，且产状近似直立（裂缝面的倾角接近于 90°），在闸墩两侧立面上几乎对称出现。除 4、17、18 号闸墩外，其他各闸墩均有由闸墩顶开裂至与堰体衔接处的上下贯穿裂缝 1~2 条，裂缝最大宽度为 0.4~2.0 mm，所有的裂缝均呈锯齿缝合线状。因此，闸墩裂缝的成因主要是闸墩两侧牛腿所受过大的作用力（对闸门的支撑力，也即牛腿上游附近混凝土所受的引张力）引起，属于一种张性裂隙。裂缝均呈锯齿缝合线状而无任何错动的迹象，说明这些裂缝成因并非坝基或闸墩的基础向下游滑移所致。通过裂缝所挂冰瘤情况，判断不少裂缝应穿透坝体而与库水或坝体表面暂时性流水（如降水）连通，致使裂缝中存在水的渗入与渗出，在负温条件下发生结冰及冻胀，因此冬季冰冻作用将加剧裂缝发展。

通过对闸墩裂缝表面沉积物或挂石钟，判断混凝土的溶蚀作用也将加剧裂缝的发展。混凝土溶蚀作用与裂缝挂石钟的主要化学机理：浇筑混凝土的水泥在水化过程中产生一种微溶性的氢氧化钙（是混凝土颗粒胶结物与空隙充填物的一部分），但是由于工程运行过程中氢氧化钙将与水、二氧化碳发生化学反应生成可溶性重碳酸钙，重碳酸钙溶解于混凝土的裂隙水中而随水渗流，渗流到混凝土外面后因温度升高而导致重碳酸钙分解成非溶性的碳酸钙、水、二氧化碳，碳酸钙沉淀于混凝土表面而形成所见的裂缝沉积物或挂石钟现象。闸墩裂缝造成渗流，渗流导致冻胀与溶蚀，冻胀与溶蚀反过来产生新裂缝且加剧裂缝发展，裂缝日益产生与发展又使得闸墩混凝土强度与牛腿的支撑能力越来越低，过大牛腿支撑力又导致产生新裂缝且使已有的裂缝进一步扩展。闸墩裂缝将直接破坏闸墩的整体性，从而显著削弱闸墩的抗倾覆与抗滑能力，恶化闸墩和坝体的应力分布；裂缝漏水严重，进一步促进裂缝发展，对闸墩和坝体的整体性与耐久性均有不良影响。裂缝开裂区域的钢筋表面已经发生锈蚀，将削弱钢筋力学性能和耐久性能以及钢筋与混凝土之间的包裹能力，降低闸墩承载能力。

综上所述，钢筋混凝土闸墩裂缝发生、发展，将不断削弱闸墩的承载能力，危及工程安全运行。应进行闸墩裂缝全面系统跟踪监测，随时分析评价判断工程安全性，制定降低工程运行标准实施方案或进行工程加固处理实施方案。

闸墩裂缝主要集中于牛腿上游、闸门面板下游，并且距离牛腿较近，裂缝在闸墩立面自下而上延伸，在闸墩两侧立面上几乎对称出现。各闸墩（除4、17和18号闸墩）均有由墩顶延伸至溢流面的连贯性裂缝1~2条。选择代表性闸墩裂缝，安装智能裂缝测宽仪监测系统，进行裂缝宽度定点实时连续监测。代表性监测点裂缝的宽度随时间不断变化，裂缝宽度最小值为0.65 mm，最大值为2.26 mm，裂缝宽度的变幅范围为0.29~0.63 mm。因此，闸墩裂缝属于变化幅度较小活动裂缝。裂缝宽度连续监测数据用以分析判断裂缝类型及其发展趋势，为选择加固技术及施工工艺提供基础。

选取7、12、14号闸墩，分别在闸墩裂缝区域以外，选取混凝土完好代表性部位钻取混凝土芯样，制备试验芯样，试验混凝土容重、抗压强度、抗拉强度、弹性模量及泊松比，分析混凝土力学性能指标状况，为钢筋混凝土闸墩安全性评价计算分析及结构数值计算提供基础参数。闸墩混凝土平均容重为25.0 kN/m³，抗压强度为31.6 MPa，抗拉强度为2.95 MPa，弹性模量为$2.60×10^4$ MPa，泊松比为0.22。选择代表性闸墩即11号闸墩（宽墩）和12号闸墩（窄墩），分别在代表性裂缝处取裂缝区钢筋试样，进行钢筋物理力学性能指标试验。钢筋试样平均容重为78.5 kN/m³，抗拉强度为423 MPa，弹性模量为$2.07×10^5$ MPa，泊松比为0.26。

第4章 钢筋混凝土闸墩阻裂加固材料性能试验

本章开展了闸墩阻裂加固材料性能试验，钢纤维混凝土抗裂性能试验（钢纤维混凝土试验方、钢纤维混凝土配合比试验、钢纤维混凝土试验结果分析）和碳纤维布抗裂性能试验（碳纤维布及配套黏结材料试验、碳纤维布试验结果分析）。

4.1 钢纤维混凝土抗裂性能试验

早在1910年美国的Porter就发表了有关以钢纤维增强混凝土的研究报告。1911年美国的Graham把钢纤维掺入普通钢筋混凝土中，得到了可以提高混凝土强度和稳定性的结果。英、法、德等国在20世纪40年代开始钢纤维混凝土实用性的研究和开发应用；日本在第二次世界大战期间由于军事工程的需要也曾进行过这方面的试验和研究，但均未能达到实用化的程度。直到1963年Romualdi和Batson发表了一系列关于钢纤维约束混凝土裂缝开裂机理的文章，得出钢纤维混凝土开裂强度是由对拉伸应力起有效作用的钢纤维平均间距所决定的结论，才使这种新型复合材料进入实用化开发研究阶段。我国在这方面起步较晚，始于20世纪70年代，但是发展迅速，在钢纤维混凝土基本性能与增强机理研究方面取得了重要的进展。在隧洞衬砌和矿山井巷施工中，采用喷射钢纤维混凝土代替钢筋混凝土衬砌或钢筋网喷射混凝土衬砌，具有截面小、强度高、韧性好、施工简便等优点，是钢纤维混凝土应用广泛的一个工程领域。例如南昆铁路西段宜良县境内乐善村二号隧道处使用了钢纤维混凝土，使衬砌厚度由普通混凝土的1200 mm减薄至300 mm，加上初期支护200 mm，钢纤维混凝土衬砌总厚为500 mm。隧洞开挖量减少21%，衬砌圬工量减少62%，取得了明显的经济效益。

在房屋建筑、预制桩、框架节点、屋面防水、地下防水等工程中，钢纤维混凝土也得到了较广泛的应用。如沈阳商业城建筑面积为6.8万 m²，占地100 m×100 m。地下2层车库，地上为6层，局部为7层，地上部分总高度为35.4 m。建筑面临主要街道转角处，地上1、2层抽到三根柱子，形成上部双向外挑为9.9 m、托4层建筑的较大悬挑结构。经过多种方案比较，选定墙、梁、柱组合悬挑结构方案。方案中梁截面500 mm×

1500 mm，墙厚200 mm，柱截面600 mm × 600 mm。对此悬挑结构进行弹性有限元分析，发现应力状态比较复杂，部分区域尤其是悬空柱拉应力很大。由于在混凝土配置钢筋有区域性和方向性，采取配筋方式抵抗复杂应力并不是最有效的办法，而钢纤维混凝土中的钢纤维乱向分布于混凝土中，是抵御结构构件复杂应力较理想材料。另外，钢纤维混凝土有良好的抗裂性，可使构件在标准荷载作用下处于弹性受力阶段而不开裂，不出现内力重分布。沈阳商业城工程实践表明，采用钢纤维混凝土解决大悬挑结构产生的复杂应力问题是成功的，且在使用过程中实测变形满足要求，未出现裂缝。

在公路桥梁工程、公路路面及机场路面工程、铁路工程内河航道工程、水利水电工程、防爆工程、维修加固工程等众多方面，钢纤维混凝土都已显示出较强生命力和广泛实用性，发展前景广阔。但是，同英、美和日本相比，我国在钢纤维混凝土开发和应用方面还有较大差距，需进一步研究，以使钢纤维混凝土的应用得到更快的发展。

4.1.1 钢纤维

（1）几何参数和体积率

钢纤维的几何参数有钢纤维长度、直径（或等效直径）及长径比。钢纤维长度指钢纤维两端点的直线距离，用 l_f 表示，其尺寸为 15 ~ 60 mm。钢纤维截面的直径或等效直径（当钢纤维为非圆形截面时，其等效直径相当于截面面积为圆形截面面积时计算所得到的直径），用 d_f 表示，通常为 0.3 ~ 1.2 mm。钢纤维的长径比即指钢纤维长度与直径或等效直径之比，即 l_f/d_f，通常为 30 ~ 100。钢纤维体积率是指钢纤维体积所占钢纤维混凝土体积的百分数。用 ρ_f 表示，它表明钢纤维在钢纤维混凝土拌和料中掺入量的数量。

（2）基本类型

钢纤维混凝土是一种混凝土阻裂与加固的新型复合材料，即在水泥基混凝土中掺入乱向均匀分布的钢制短纤维而形成。钢纤维混凝土具有很好的抗压强度、抗拉强度（或弯拉强度、弯曲韧度比）及抗冲击、抗疲劳、抗冲磨等性能，广泛适用于对抗拉、抗剪、弯拉强度和抗裂、抗冲击、抗疲劳、抗震、抗爆等性能要求较高的工程或其局部部位。钢纤维按外形、截面形状、生产工艺、母材品质、施工用途等可以划分不同类型。一般浇筑钢纤维混凝土选用由不锈钢钢丝剪切而成的平直形钢纤维。钢纤维按抗拉强度分3个等级：380级（抗拉强度不小于380 MPa，小于600 MPa）、600级（抗拉强度不小于600 MPa，小于1000 MPa）和1000级（抗拉强度不小于1000 MPa）。一般情况下，380级钢纤维就能满足普通浇筑钢纤维混凝土的要求。一般浇筑钢纤维混凝土的钢纤维的长度或标称长度宜为 20 ~ 60 mm，直径或等效直径宜为 0.3 ~ 0.9 mm，长径比宜为 30 ~ 80，长度和直径的尺寸偏差不应超过±10%。钢纤维抗拉强度要求每批产品随机抽取10根抗拉强度平均值不得低于该强度等级纤维的规定值，并且最小值不低于规定值的90%。钢纤维应能承受一次弯折90°不断裂。钢纤维表面不得粘有油污或其他妨碍钢纤维与水泥基黏结的有害物质。钢纤维内不得混有妨碍水泥硬化的化学成分。钢纤维内含有的因加工造成的黏结连片、表面严重锈蚀的纤维、铁锈粉等杂质总量，不得超过钢纤维质量的1%。钢纤维混凝土的钢纤维体积率应根据设计要求确定，且不应小于0.35%。

（3）基本性能

①抗拉强度。钢纤维具有较高的抗拉强度，从而使钢纤维混凝土具有良好的力学性能。钢纤维根据钢纤维的材质和生产工艺不同，抗拉强度有所区别。按抗拉强度分3个等级：380级、600级和1000级。一般情况下，浇筑钢纤维混凝土主要是因钢纤维拔出而破坏，并不是因钢纤维拉断而破坏。因此，钢纤维抗拉强度应不小于380 MPa，而小于600 MPa即380级钢纤维的抗拉强度一般能满足水利工程实际要求。

②黏结强度。用直接拉拔法测定钢纤维与水泥砂浆之间的黏结强度。由于钢纤维混凝土的破坏主要是钢纤维的拔出引起的，因此提高钢纤维与混凝土基体界面的黏结强度是非常重要。提高黏结强度除与基体的性能有关外，就钢纤维本身来说，应该从钢纤维表面和形状来改善它与基体的黏结性能。为了提高钢纤维的黏结强度，常常使钢纤维表面粗糙化，截面呈不规则形，增加与基体的接触面积和摩擦力；使钢纤维表面有压痕，或压成波浪形，增加机械黏结力；使钢纤维两端异形化或成大头形等，以提高其锚固力和抗拔力。

③耐腐蚀性。钢纤维混凝土内部的钢纤维，只要捣固密实，与空气隔绝，一般不发生锈蚀现象。露于钢纤维混凝土表面或在钢纤维混凝土发生裂缝时，跨接在裂缝处钢纤维易发生腐蚀现象。所以，在钢纤维混凝土的现场施工中，一定要按操作规程施工，捣固做到均匀密实。

4.1.2　钢纤维混凝土试验方案

（1）主要材料

①钢纤维。试验所用的钢纤维是由鞍山市昌宏钢纤维有限公司生产的螺纹型钢纤维和超细型钢纤维。其技术指标见表4.1。其实物图见图4.1和图4.2。

表4.1　钢纤维技术指标

序号	项目	钢纤维类别	
		螺纹型	超细型
1	等效直径/mm	0.8	0.4
2	长度/mm	32	26

表4.1（续）

序号	项目	钢纤维类别	
		螺纹型	超细型
3	长径比	40	60
4	抗拉强度/MPa	≥600	≥600
5	材质	Q235	72A

图4.1　螺纹型钢纤维

图4.2　超细型钢纤维

②材料。水泥为浑河牌P.O42.5和长白山牌P.O42.5。粉煤灰为抚顺荣信粉煤灰和沈海热电厂Ⅰ级粉煤灰。细骨料为抚顺章京12号料场的天然河砂。粗骨料为抚顺章京12号料场的卵石，二级配（5~10 mm，10~20 mm）。施工采用泵送混凝土的施工方法，故外加剂试验按照《混凝土泵送剂》（JC 473—2001）进行质量控制。试验用外加剂为河南巩义跨越2000型高效减水剂和上海麦斯特高效减水剂（聚羧酸盐类）。水为实验室自来水。

（2）试验组合

①配合比试验组合，根据试验材料确定配合比试验组合见表4.2。

表4.2　配合比试验组合

序号	水泥	粉煤灰	外加剂	钢纤维
1	浑河 P.O42.5	沈海Ⅰ级灰	上海减水剂	螺纹型
2	浑河 P.O42.5	沈海Ⅰ级灰	上海减水剂	超细型
3	浑河 P.O42.5	沈海Ⅰ级灰	跨越减水剂	螺纹型
4	浑河 P.O42.5	沈海Ⅰ级灰	跨越减水剂	超细型
5	浑河 P.O42.5	抚顺Ⅰ级灰	上海减水剂	螺纹型
6	浑河 P.O42.5	抚顺Ⅰ级灰	上海减水剂	超细型
7	浑河 P.O42.5	抚顺Ⅰ级灰	跨越减水剂	螺纹型
8	浑河 P.O42.5	抚顺Ⅰ级灰	跨越减水剂	超细型
9	长白山 P.O42.5	沈海Ⅰ级灰	上海减水剂	螺纹型
10	长白山 P.O42.5	沈海Ⅰ级灰	上海减水剂	超细型
11	长白山 P.O42.5	沈海Ⅰ级灰	跨越减水剂	螺纹型
12	长白山 P.O42.5	沈海Ⅰ级灰	跨越减水剂	超细型

表4.2（续）

序号	水泥	粉煤灰	外加剂	钢纤维
13	长白山 P.O42.5	抚顺Ⅰ级灰	上海减水剂	螺纹型
14	长白山 P.O42.5	抚顺Ⅰ级灰	上海减水剂	超细型
15	长白山 P.O42.5	抚顺Ⅰ级灰	跨越减水剂	螺纹型
16	长白山 P.O42.5	抚顺Ⅰ级灰	跨越减水剂	超细型

②力学性能及耐久性能试验项目。混凝土力学性能试验主要测定混凝土的抗压强度、劈拉强度、抗折强度、初裂强度、韧度指数、弹性模量、泊松比。混凝土的耐久性能试验主要测定混凝土的抗冻性和抗渗性。

试验依据为DL/T5150—2001《水工混凝土试验规程》等。

③不同种类钢纤维、钢纤维体积率对混凝土力学性能影响试验组合。为了了解不同钢纤维体积率对钢纤维混凝土力学性能的影响，选取钢纤维体积率分别为0%、0.25%、0.50%、0.75%、1.00%、1.25%、1.50%、1.75%、2.00%，进行混凝土的抗压、抗拉及抗折试验，其中，水泥标号用浑河牌 P.O42.5级或长白山牌 P.O42.5级，粉煤灰用沈海Ⅰ级灰或抚顺Ⅰ级灰，外加剂用上海减水剂或跨越减水剂，钢纤维品种为螺纹型或超细型。具体试验组合见表4.3。

表4.3　不同钢纤维体积率对混凝土力学性能的影响试验组合

纤维体积率/%	试验项目								
	抗压强度	抗拉强度	抗折强度	初裂强度	韧度指数	弹性模量	泊松比	抗渗性	抗冻性
0	√	√	√	√	√	√	√	√	√
0.25	√	√	√	√	√	√	√	√	√
0.50	√	√	√	√	√	√	√	√	√
0.75	√	√	√	√	√	√	√	√	√
1.00	√	√	√	√	√	√	√	√	√
1.25	√	√	√	√	√	√	√	√	√
1.50	√	√	√	√	√	√	√	√	√
1.75	√	√	√	√	√	√	√	√	√
2.00	√	√	√	√	√	√	√	√	√

4.1.3　钢纤维混凝土配合比

4.1.3.1　基本要求

钢纤维混凝土配合比设计的目的是将其组成的材料，即钢纤维、水泥、水、粗细骨料及外掺剂等进行合理的配合，使所配制的钢纤维混凝土满足下列要求：

①满足工程所需要的强度和耐久性。对水工建筑工程一般应满足抗压强度和抗拉强度的要求，对路（道）面工程一般应满足抗压强度和抗折强度要求。钢纤维混凝土设计标号为CF30F100W8。

②配制钢纤维混凝土拌和料的和易性应满足施工要求。钢纤维混凝土的施工采用泵送施工方法，钢纤维混凝土拌和物坍落度为180±30 mm。

③经济合理。在满足工程要求条件下，充分发挥钢纤维的增强作用，合理确定钢纤维和水泥用量，降低钢纤维混凝土的成本，使工程造价经济合理。

4.1.3.2　钢纤维混凝土配合比特征分析

钢纤维混凝土的配合比设计与普通水泥混凝土相比，其主要特点是：①性能特征。在水泥混凝土的配合比拌和料中掺入钢纤维，主要是为了提高混凝土抗弯、抗拉、抗疲劳的能力和韧性。②配合比设计的强度控制，当有抗压强度要求时，除按抗压强度控制外，还应根据工程性质和要求，分别按抗折强度或抗拉强度进行控制，确定拌和料的配合比，以充分发挥钢纤维混凝土的增强作用。普通水泥混凝土一般以抗压强度控制（道路混凝土以抗折强度控制）来确定拌和料的配合比。③分散性特征。配合比设计时，应考虑掺入的拌和料中钢纤维能分散均匀，并使钢纤维的表面包满砂浆，以保证钢纤维混凝土的质量。④和易性特征。在拌和料中加入钢纤维后，其和易性有所降低。为了获得适宜的和易性，有必要适当增加单位用水量和单位水泥用量。

4.1.3.3　原理和方法

钢纤维混凝土配合比设计的基本方法是建立在钢纤维混凝土拌和料的特性及其硬化后的强度基础上的。主要目的是根据使用要求，合理确定拌和料的水灰比、钢纤维体积率、单位用水量和砂率等4个基本参数，由此，即可计算出各组成材料的用量。在确定基本参数时，既要满足抗压强度要求，又要符合抗折强度或抗拉强度要求，以及和易性、经济性要求。试验分析表明，钢纤维混凝土抗压强度、抗折强度和抗拉强度与水泥强度等级、水灰比、钢纤维体积率和长径比、砂率、用水量等因素有关，其中水灰比和水泥强度等级对抗压强度影响最大，其他因素影响较小。钢纤维体积率和长径比、水泥强度等级对于抗折强度和抗拉强度影响最大，砂率和用水量对和易性影响较大。采用控制抗压强度与水灰比、水泥强度等级的关系来确定水灰比，然后使用抗折强度或抗拉强度确定体积率。由此确定的配合比，既能满足抗压强度要求，又能满足抗折强度或抗拉强度要求，在初步确定水灰比和体积率后，再根据和易性要求确定砂率和用水量。由此可初步确定计算配合比。由于配制钢纤维混凝土原材料品种、类型的差异和施工条件的不同，在实际工程中，其配合比的设计，一般是在初步计算的基础上，通过试验和结合施工现场的条件进行调整确定。钢纤维混凝土配合比设计流程图见图4.3。

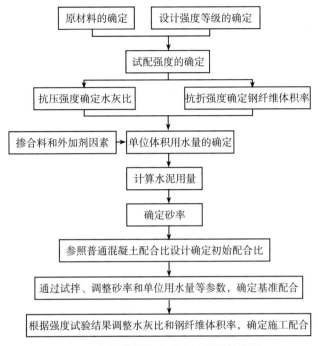

图4.3 钢纤维混凝土配合比设计流程图

4.1.3.4 基本参数确定

（1）粗骨料级配

粗骨料为二级配（5~10 mm，10~20 mm），为使拌制的混凝土密实性好，需粗骨料振实密度最大。试验得出，两个粒径级骨料按质量比1:1掺入，振实密度最大为1775 kg/m³。试验结果详见表4.4。

表4.4 振实密度试验

骨料最大粒径/mm	级配	各级石子比例/%		振实密度/（kg/m³）
		5~10 mm	10~20 mm	
20	2	20	80	1750
		30	70	1760
		40	60	1764
		50	50	1775
		60	40	1762

砂率表示砂与石之间组合关系，直接影响混凝土拌和物和易性，最优砂率将使混凝土拌和物具有良好的黏聚性并达到要求的流动性，而水泥用量（或用水量）最小。

因此，在配合比设计时，必须通过混凝土拌和物坍落度试验来确定最优砂率。

在保证水灰比不变（即控制一定的用水量、胶凝材料用量）的条件下，按照《混凝土泵送施工技术规程》（JGJ/T 10—2011）中的规定，泵送混凝土的砂率宜为38%～45%。拟定设置5组试验，砂率分别设为38%、40%、42%、44%、46%。坍落度大且和易性最好的拌和物的砂率为最优砂率，试验结果表明最优砂率为42%。试验结果详见表4.5。

表4.5 最优砂率试验结果

砂率/%	38	40	42	44	46
坍落度/cm	2.3	3.5	3.7	3.0	2.2
棍度	中	上	上	上	上
黏聚性	较好	较好	较好	较好	较好
含砂情况	多	多	多	多	多
析水情况	少量	少量	少量	少量	少量
和易性	一般	较好	好	较好	较好

根据《纤维混凝土结构技术规程》（CECS 38—2004）中要求，当钢纤维体积率增加0.5%（试验要求钢纤维体积率为0.5%）时，砂率宜增加3%～5%，同时考虑到砂率偏大会影响混凝土强度及混凝土的保坍性，故确定最优砂率为45%（即42%＋3%）。

（2）配制强度及水灰比

配制强度及水灰比的确定是按《普通混凝土配合比设计规程》（JGJ 55—2011）进行确定。

①配制抗压强度。

计算公式为：

$$f_{cu, 0} \geqslant f_{cu, k} + 1.645\sigma \tag{4.1}$$

式中：$f_{cu, 0}$——混凝土配制强度，MPa；

$f_{cu, k}$——混凝土立方体的抗压强度标准值，MPa；

σ——混凝土强度标准差，在无统计资料计算标准差的情况下，σ值应按现行国标《混凝土结构工程施工及验收规范》（GB 50204—2015）的规定选用；根据规范中的规定，配合比设计中σ取5.0 MPa。

配合比设计强度等级为CF30F100W8，即混凝土立方体抗压强度标准值$f_{cu, k}$＝30 MPa，故按式（4.1）计算配制抗压强度为：$f_{cu, 0} \geqslant f_{cu, k} + 1.645\sigma \geqslant 30 + 1.645 \times 5 = 38.2$ MPa。

②水灰比。

计算公式：

$$W/C = \frac{\alpha_a \times f_{ce}}{f_{cu,o} + \alpha_a \times \alpha_b \times f_{ce}} \qquad (4.2)$$

式中：α_a，α_b——回归系数，依据《普通混凝土配合比设计规程》（JGJ 55—2011）中表4.0.4，分别取值为0.48，0.33；

　　　　$f_{cu,o}$——混凝土配制强度，取为38.2 MPa；

　　　　f_{ce}——水泥28 d实测强度值，估值为50 MPa。

由式（4.2）计算得：

$$W/C = \frac{0.48 \times 50}{38.2 + 0.48 \times 0.33 \times 50} = 0.52$$

根据《纤维混凝土结构技术规程》（CECS 38—2004）的规定，对于以耐久性为主要要求的混凝土，水灰比不得大于0.45；根据《泵送混凝土施工技术规程》（JGJ/T 10—2011）中的规定，泵送混凝土的水灰比宜为0.4~0.6，试验中使用的外加剂具有高效减水作用，因此，确定基准混凝土配合比水灰比为 $W/(C+F) = 0.40$。另两个水灰比分别确定为0.45和0.35（按0.05递变）。

（3）钢纤维用量

对于由水泥抗折强度确定钢纤维体积率的，混凝土钢纤维体积率可以按照下式确定：钢纤维混凝土抗折强度与水灰比、钢纤维体积率、长径比及水泥抗折强度有如下关系：

$$f_{cu} = R_{tm}(0.12C/W + 0.31 + \beta_{tm} f_t \cdot l/d_f) \qquad (4.3)$$

式中：f_{cu}——钢纤维混凝土试配抗折强度，可根据有关规范规定，由设计抗折强度乘以提高系数1.10~1.15计算，选择1.13，设计钢纤维混凝土抗折强度为4.0 MPa，所以 $f_{cu} = 4.0 \times 1.13 = 4.52$ MPa；

　　　　R_{tm}——实测28 d的水泥抗折强度，可由水泥厂提供的水泥试验报告单查得，查结果为9.1 MPa；

　　　　C/W——钢纤维混凝土所要求的灰水比（灰水比为2.5，具体计算方法见后）；

　　　　l/d_f——钢纤维长径比，螺纹型为40，超细型为60；

　　　　β_{tm}——不同品种钢纤维对抗折强度影响系数，根据试验回归分析结果，β_{tm}值列于表4.6，两种钢纤维均为剪切型，即 β_{tm} 为0.62。

公式（4.3）适用于水泥强度等级为42.5级和52.5级水泥，水灰比0.4~0.6，中砂，砂率为40%~60%，碎石粒径为5~20 mm，钢纤维体积率为0.5%~2.5%，长径比为40~100的钢纤维混凝土试配抗折强度计算。

表4.6　影响系数β_{tm}值

钢纤维类型	β_{tm}	$f_{cu计算}/f_{cu试验}$			
		组数η	平均值μ	标准差α	离散系数δ
切割型	0.30	32	1.004	0.126	0.125
熔抽型	0.32	39	1.012	0.116	0.115
剪切型	0.62	74	0.980	0.086	0.088

将已经确定的参数代入式（4.3）得：

螺纹型：$\rho_f = -0.0046$，取绝对值，故$\rho_f = 0.0046 = 0.5\%$

超细型：$\rho_f = -0.0031$，取绝对值，故$\rho_f = 0.0031 = 0.3\%$

考虑到超细型钢纤维的体积率为0.3%，偏小，根据已有资料及参照工程经验，选择钢纤维体积率为0.50%。即螺纹型及超细型钢纤维掺量均为40 kg/m³。

（4）控制坍落度

根据工程要求及泵送施工工艺，按《混凝土泵送施工技术规程》（JGJ/T 10—2011）计算控制坍落度。

泵送混凝土试配时初始坍落度值计算公式为

$$T_t = T_p + \Delta t \tag{4.4}$$

式中：T_t——试配时要求的初始坍落度值，mm；

T_p——入泵时要求的坍落度值，参照《混凝土泵送施工技术规程》（JGJ/T 10—2011）中表3.2.4-1的规定，确定取值为140 mm；

Δt——预计时间内的坍落度经时损失值，mm，试验要求坍落度保持时间为90 min，参照《混凝土泵送施工技术规程》（JGJ/T 10—2011）中表3.2.4-2的规定，确定取值为50 mm。

由此计算得$T_t = 190$ mm，故试配时的初始坍落度控制为190±30 mm。

（5）单位用水量及粉煤灰掺量

经过试配调整，确定基准混凝土单位用水量为168 kg。

根据《粉煤灰混凝土应用技术规程》（GB/T 50146—2014）中的规定，中、低强度的混凝土及泵送混凝土的粉煤灰取代水泥的最大限量为40%，考虑钢纤维混凝土的设计强度等级为C30F100W8，故确定基准混凝土配合比粉煤灰掺量为10%。

4.1.3.5　基准配合比

根据《普通混凝土配合比设计规程》（JGJ 55—2011），采用假定密度法进行配合比计算。计算公式为

$$C + F + W + S + G + Q = m_{cp} \tag{4.5}$$

$$\beta_s = \frac{S}{S + G} \times 100\% \tag{4.6}$$

式中：C——水泥用量，kg/m^3；

F——粉煤灰用量，kg/m^3；

W——水用量，kg/m^3；

S——砂用量，kg/m^3；

G——石子用量，kg/m^3；

Q——钢纤维用量，kg/m^3；

m_{cp}——钢纤维混凝土拌和物的表观密度，kg/m^3；

β_s——砂率，%。

根据实践经验，普通混凝土的密度一般为 2350～2450 kg/m^3，考虑掺入钢纤维量为 40 kg/m^3，假定基准配合比拌和物密度为 2400 kg/m^3。

按假定密度法可计算出基准钢纤维混凝土中砂、石用量。根据前面的计算分析，已经确定的基准配合比设计参数为：$W/(C + F)$ 为 0.40；β_s 为 45%；单位用水量为 168 kg；钢纤维掺量为 40 kg/m^3；粉煤灰掺量为 10%；假定表观密度为 2400 kg/m^3；粗骨料各粒径级掺和比例（5～10）mm：（10～20）mm 为 1:1。

基准配合比砂石骨料用量的计算结果为：

$$G + S = 2400 - 168 - 420 - 40 = 1772 \text{（}kg/m^3\text{）}$$

$$S = 1772 \times 45\% = 797 \text{（}kg/m^3\text{）}$$

$$G = 1772 - 797 = 975 \text{（}kg/m^3\text{）}$$

综上所述，钢纤维混凝土基准配合比计算结果列于表4.7。

表4.7　钢纤维混凝土基准配合比计算结果

设计等级	水胶比	砂率 /%	各材料用量/(kg/m^3)						
			水泥	粉煤灰	水	砂	石子	钢纤维	外加剂
C30F100W8	0.40	45	378	42	168	797	975	40	按产品掺量

其余配合比的材料用量需经过试配确定每 m^3 混凝土用水量后，按照确定的水胶比计算相应的胶凝材料用量，而粉煤灰掺量、钢纤维掺量、砂率均与基准配合比相同。

4.1.3.6　拌和试验及优化

（1）投料顺序及搅拌时间

为了保证混凝土混合料的搅拌质量，宜采用先干后湿的拌和工艺。实验室投料顺序及搅拌时间为：

①粗骨料→钢纤维（干拌 1 min）→细骨料→水泥、粉煤灰、外加剂（粉状）等（干拌 1 min）。

②加足水、外加剂（液态）等湿拌 3 min。

③总搅拌时间不超过 5 min，超搅拌会引起钢纤维结团。

④若在拌和中，先加水泥和粗、细骨料，后加钢纤维则容易结成团，而且纤维团越滚越紧，难以分开，一旦发现有纤维结团，就必须将其分开，以防止因此而影响混凝土的质量。

（2）基准配合比拌和试验

拌和试验混凝土各材料用量见表4.8，拌和试验结果见表4.9。经过拌和试验，混凝土拌和物初始坍落度及含气量均偏大，将减水剂的掺量由 0.8%调整为 0.7%。重新进行拌和试验，结果见表4.10。

表4.8　拌和试验混凝土各材料用量

设计等级	水胶比	砂率/%	各材料用量/(kg/m³)						
			水泥	粉煤灰	水	砂	石子	钢纤维	外加剂
C30F100W8	0.40	45	378	42	168	744	1028	40	3.36

表4.9　拌和试验结果

水胶比	初始坍落度/mm	含气量/%	和易性
0.40	220	5.5	好

表4.10　拌和后结果

水胶比	初始坍落度/mm	含气量/%	和易性
0.40	205	4.5	好

以调整后的配合比进行拌和试验，混凝土拌和物坍落度为 205 mm，含气量为 4.5%，符合设计要求，此即为基准配合比。结果见表4.11。

表4.11　成型混凝土各材料用量（基准配合比）

序号	水胶比	砂率/%	各材料用量/(kg/m³)						
			水泥	粉煤灰	水	砂	石子	钢纤维	外加剂
12-24-2	0.40	45	378	42	168	797	975	40	2.94

以基准配合比为基础，将水胶比分别增加或减少 0.05，其他已经确定的混凝土配合比参数不变，按照上述方法重新计算得出两组配合比各材料用量，见表4.12。

表4.12　成型混凝土各材料用量（由基准配合比衍生）

序号	水胶比	砂率/%	各材料用量/(kg/m³)						
			水泥	粉煤灰	水	砂	石子	钢纤维	外加剂
12-24-1	0.45	45	351	39	176	807	988	40	2.73
12-24-3	0.35	45	405	45	158	788	964	40	3.15

（3）优化调整

将上述基准配合比及以基准配合比衍生的2个配合比，绘制水胶比与对应抗压强度值关系曲线、水胶比与对应用水量关系曲线和水胶比与对应拌和物实测密度值关系曲线，从水胶比与对应抗压强度值关系曲线上查试配抗压强度值对应水胶比，即为混凝土配合比的设计水胶比。根据这个水胶比，查水胶比与对应用水量关系曲线和水胶比与对应拌和物实测密度值关系曲线，得到混凝土配合比的设计用水量和设计实测密度，再按下述公式及混凝土配合比参数砂率45%不变，计算各材料用量。计算公式为：

$$m_{c,c} = m_w + m_c + m_p + m_s + m_g \tag{4.7}$$

$$\delta = \frac{m_{c,t}}{m_{c,c}} \tag{4.8}$$

式中：δ——配合比校正系数；

$m_{c,c}$——每 m³ 混凝土拌和物质量计算值，kg；

$m_{c,t}$——每 m³ 混凝土拌和物质量实测值，kg；

m_w——每 m³ 混凝土用水量，kg；

m_c——每 m³ 混凝土水泥用量，kg；

m_p——每 m³ 混凝土掺和料用量，kg；

m_s——每 m³ 混凝土砂子用量，kg；

m_g——每 m³ 混凝土石子用量，kg。

按校正系数δ对配合比中各材料用量进行调整，即得到设计配合比。按照工程实践的经验，一般可以将试验结果达到设计及施工技术指标要求并且胶凝材料量最少的配合比确定为推荐配合比，直接用作施工配合比。若施工条件与配合比设计时的条件发生变化，按照实际情况进行调整。钢纤维混凝土配合比分组、试验结果及推荐配合比详见表4.13至表4.16。

表 4.13 钢纤维混凝土试验配合比

配合比编号	胶凝材料总量	粉煤灰掺量/%	水胶比	砂率/%	各材料用量/(kg/m³)								水泥品种及标号	粉煤灰品种	外加剂品种/掺量/%	钢纤维品种/体积率/%
					水泥	粉煤灰	水	砂	石		外加剂	钢纤维				
									5~10mm	10~20mm						
12-24-1	390	10	0.45	45	351	39	176	807	494	494	2.73	40	I	I	I /0.7	I /0.5
12-24-2	420	10	0.40	45	378	42	168	797	488	488	2.94	40	I	I	I /0.7	I /0.5
12-24-3	450	10	0.35	45	405	45	158	788	482	482	3.15	40	I	I	I /0.7	I /0.5
12-24-4	390	10	0.45	45	351	39	176	807	494	494	2.73	40	I	I	I /0.7	II /0.5
12-24-5	420	10	0.40	45	378	42	168	797	488	488	2.94	40	I	I	I /0.7	II /0.5
12-24-6	450	10	0.35	45	405	45	158	788	482	482	3.15	40	I	I	I /0.7	II /0.5
12-24-7	390	10	0.45	45	351	39	176	807	494	494	3.51	40	I	I	II /0.9	I /0.5
12-24-8	420	10	0.40	45	378	42	168	797	488	488	3.78	40	I	I	II /0.9	I /0.5
12-24-9	450	10	0.35	45	405	45	158	788	482	482	4.5	40	I	I	II /1.0	I /0.5
12-24-10	390	10	0.45	45	351	39	176	807	494	494	3.51	40	I	I	II /0.9	II /0.5
12-24-11	420	10	0.40	45	378	42	168	797	488	488	3.78	40	I	I	II /0.9	II /0.5
12-24-12	450	10	0.35	45	405	45	158	788	482	482	4.5	40	I	I	II /1.0	II /0.5
12-24-13	390	10	0.45	45	351	39	176	807	494	494	2.73	40	I	II	I /0.7	I /0.5
12-24-14	420	10	0.40	45	378	42	168	797	488	488	2.94	40	I	II	I /0.7	I /0.5
12-24-15	450	10	0.35	45	405	45	158	788	482	482	3.15	40	I	II	I /0.7	I /0.5
12-24-16	390	10	0.45	45	351	39	176	807	494	494	2.73	40	I	II	I /0.7	II /0.5
12-24-17	420	10	0.40	45	378	42	168	797	488	488	2.94	40	I	II	I /0.7	II /0.5
12-24-18	450	10	0.35	45	405	45	158	788	482	482	3.15	40	I	II	I /0.7	II /0.5
12-24-19	390	10	0.45	45	351	39	176	807	494	494	3.51	40	I	II	II /0.9	I /0.5
12-24-20	420	10	0.40	45	378	42	168	797	488	488	3.78	40	I	II	II /0.9	I /0.5
12-24-21	450	10	0.35	45	405	45	158	788	482	482	4.5	40	I	II	II /1.0	I /0.5
12-24-22	390	10	0.45	45	351	39	176	807	494	494	3.51	40	I	II	II /0.9	II /0.5
12-24-23	420	10	0.40	45	378	42	168	797	488	488	3.78	40	I	II	II /0.9	II /0.5
12-24-24	450	10	0.35	45	405	45	158	788	482	482	4.5	40	I	II	II /1.0	II /0.5
12-25-1	390	10	0.45	45	351	39	176	807	494	494	2.73	40	II	I	I /0.7	I /0.5
12-25-2	420	10	0.40	45	378	42	168	797	488	488	2.94	40	II	I	I /0.7	I /0.5
12-25-3	450	10	0.35	45	405	45	158	788	482	482	3.15	40	II	I	I /0.7	I /0.5
12-25-4	390	10	0.45	45	351	39	176	807	494	494	2.73	40	II	I	I /0.7	II /0.5
12-25-5	420	10	0.40	45	378	42	168	797	488	488	2.94	40	II	I	I /0.7	II /0.5
12-25-6	450	10	0.35	45	405	45	158	788	482	482	3.15	40	II	I	I /0.7	II /0.5
12-25-7	390	10	0.45	45	351	39	176	807	494	494	3.36	40	II	I	II /0.8	I /0.5
12-25-8	420	10	0.40	45	378	42	168	797	488	488	3.78	40	II	I	II /0.8	I /0.5
12-25-9	450	10	0.35	45	405	45	158	788	482	482	3.6	40	II	I	II /0.8	I /0.5

表4.13（续）

配合比编号	胶凝材料总量	粉煤灰掺量/%	水胶比	砂率/%	各材料用量/(kg/m³)				石/mm		外加剂	钢纤维	水泥品种及标号	粉煤灰品种	外加剂品种/掺量/%	钢纤维品种/体积率/%
					水泥	粉煤灰	水	砂	5~10mm	10~20mm						
12-25-10	390	10	0.45	45	351	39	176	807	494	494	3.36	40	Ⅱ	Ⅰ	Ⅱ/0.8	Ⅱ/0.5
12-25-11	420	10	0.40	45	378	42	168	797	488	488	3.78	40	Ⅱ	Ⅰ	Ⅱ/0.8	Ⅱ/0.5
12-25-12	450	10	0.35	45	405	45	158	788	482	482	3.6	40	Ⅱ	Ⅰ	Ⅱ/0.8	Ⅱ/0.5
12-25-13	390	10	0.45	45	351	39	176	807	494	494	2.73	40	Ⅱ	Ⅱ	Ⅰ/0.7	Ⅰ/0.5
12-25-14	420	10	0.40	45	378	42	168	797	488	488	2.94	40	Ⅱ	Ⅱ	Ⅰ/0.7	Ⅰ/0.5
12-25-15	450	10	0.35	45	405	45	158	788	482	482	3.15	40	Ⅱ	Ⅱ	Ⅰ/0.7	Ⅰ/0.5
12-25-16	390	10	0.45	45	351	39	176	807	494	494	2.73	40	Ⅱ	Ⅱ	Ⅰ/0.7	Ⅱ/0.5
12-25-17	420	10	0.40	45	378	42	168	797	488	488	2.94	40	Ⅱ	Ⅱ	Ⅰ/0.7	Ⅱ/0.5
12-25-18	450	10	0.35	45	405	45	158	788	482	482	3.15	40	Ⅱ	Ⅱ	Ⅰ/0.7	Ⅱ/0.5
12-25-19	390	10	0.45	45	351	39	176	807	494	494	3.36	40	Ⅱ	Ⅱ	Ⅱ/0.8	Ⅰ/0.5
12-25-20	420	10	0.40	45	378	42	168	797	488	488	3.78	40	Ⅱ	Ⅱ	Ⅱ/0.8	Ⅰ/0.5
12-25-21	450	10	0.35	45	405	45	158	788	482	482	3.6	40	Ⅱ	Ⅱ	Ⅱ/0.8	Ⅰ/0.5
12-25-22	390	10	0.45	45	351	39	176	807	494	494	3.36	40	Ⅱ	Ⅱ	Ⅱ/0.8	Ⅱ/0.5
12-25-23	420	10	0.40	45	378	42	168	797	488	488	3.78	40	Ⅱ	Ⅱ	Ⅱ/0.8	Ⅱ/0.5
12-25-24	450	10	0.35	45	405	45	158	788	482	482	3.6	40	Ⅱ	Ⅱ	Ⅱ/0.8	Ⅱ/0.5

注：①水泥品种及标号Ⅰ为浑河牌P.O42.5；Ⅱ为长白山牌P.O42.5。

②粉煤灰品种Ⅰ为抚顺荣信粉煤灰；Ⅱ为沈海粉煤灰。

③外加剂品种Ⅰ为河南巩义跨越2000引气型高效减水剂；Ⅱ为上海麦斯特高效减水剂。

④钢纤维品种Ⅰ为螺纹型；Ⅱ为超细型。

⑤钢纤维混凝土设计标号为CF30F100W8。

表4.14 钢纤维混凝土试验配合比性能指标

配合比编号	坍落度/mm	含气量/%	初裂强度/MPa	韧度指数 $\eta_{m5}/\eta_{m10}/\eta_{m30}$	抗折强度/MPa	抗压强度/MPa				抗拉强度/MPa	弹性模量/MPa	泊松比	相对动弹模量/%	抗渗等级
						3d	7d	14d	28d					
12-24-1	188	4.4				16.5	21.6	28.4	33.1	3.44			69	>W8
12-24-2	204	4.5	2.9	5.99/12.06/27.91	3.55	16.8	26.1	31.7	38.5	3.65	2.90×10^4	0.210	72	>W8
12-24-3	216	4.3				20.3	29.4	37.1	41.1	3.91			77	>W8
12-24-4	193	4.6				17.3	25.6	28.5	30.8	3.18			70	>W8
12-24-5	173	4.0	2.8	5.77/11.37/26.19	3.27	18.0	28.3	32.3	41.6	3.40	2.90×10^4	0.210	83	>W8
12-24-6	204	3.9				21.1	31.1	39.2	42.4	3.42			85	>W8

表 4.14（续）

配合比编号	坍落度/mm	含气量/%	初裂强度/MPa	韧度指数 $\eta_{m5}/\eta_{m10}/\eta_{m30}$	抗折强度/MPa	抗压强度/MPa				抗拉强度/MPa	弹性模量/MPa	泊松比	相对动弹模量/%	抗渗等级
						3 d	7 d	14 d	28 d					
12-24-7	166	5.1				16.3	23.5	28.6	30.0	3.13			94	>W8
12-24-8	162	6.2	3.4	6.15/12.83/32.26	3.82	19.2	26.7	34.9	40.3	3.52	2.90×10^4	0.210	96	>W8
12-24-9	193	5.0				22.0	32.9	40.4	45.8	3.90			96	>W8
12-24-10	166	4.2				18.4	27.3	33.6	37.3	3.46			92	>W8
12-24-11	187	6.0	2.5	6.34/13.43/33.22	3.55	19.3	27.5	23.8	39.1	3.65	2.89×10^4	0.210	94	>W8
12-24-12	187	5.1				29.9	32.4	39.7	46.4	5.27			97	>W8
12-24-13	188	3.7				16.6	23.7	29.1	34.3	2.98			93	>W8
12-24-14	210	4.9				17.0	24.3	28.9	37.5	3.41			94	>W8
12-24-15	196	4.5	2.6	6.17/12.70/32.44	3.18	19.3	28.1	37.7	40.4	3.77	2.90×10^4	0.210	96	>W8
12-24-16	183	3.5				17.4	25.4	31.0	34.5	3.44			92	>W8
12-24-17	171	3.6	3.2	6.08/12.41/31.57	3.76	18.0	27.2	31.6	40.8	3.64	2.91×10^4	0.212	93	>W8
12-24-18	186	4.1				18.8	27.7	35.8	41.9	3.66			95	>W8
12-24-19	203	4.2				17.8	27.9	31.7	35.5	3.38			66	>W8
12-24-20	181	4.7	2.8	6.60/13.99/34.92	4.05	22.4	33.3	36.6	40.3	3.54	2.91×10^4	0.211	74	>W8
12-24-21	195	3.7				24.0	35.9	44.3	47.7	4.21			75	>W8
12-24-22	186	4.0				19.2	26.2	31.7	34.6	3.14			80	>W8
12-24-23	191	5.8	2.8	6.15/12.83/33.98	3.79	20.2	27.2	37.3	41.8	3.64	2.93×10^4	0.212	95	>W8
12-24-24	214	3.9				22.7	30.1	38.2	44.0	3.83			93	>W8
12-25-1	185	4.2				15.3	25.2	29.5	36.9	3.17			94	>W8
12-25-2	176	4.5	2.9	6.07/11.39/31.05	3.48	15.0	27.2	33.8	41.9	3.57	2.91×10^4	0.211	96	>W8
12-25-3	216	5.6				18.5	29.5	37.1	43.0	3.64			98	>W8
12-25-4	198	4.3				17.8	25.1	30.3	33.6	3.41			88	>W8
12-25-5	194	3.6	2.5	6.34/13.79/36.29	3.46	18.0	26.6	32.0	38.4	3.72	2.89×10^4	0.210	90	>W8
12-25-6	207	4.5	2.6	6.33/12.76/31.75	3.59	18.0	27.7	32.3	43.2	3.83			94	>W8
12-25-7	182	3.7				17.4	21.9	28.8	34.5	3.67			79	>W8
12-25-8	199	2.5	2.8	6.04/12.31/32.31	3.71	19.4	23.0	29.3	39.6	3.66	2.89×10^4	0.210	77	>W8
12-25-9	185	3.6	2.1	6.41/12.80/35.23	3.03	25.1	32.2	39.1	45.3	4.08			80	>W8
12-25-10	158	4.5	2.7	6.25/14.12/41.74	4.10	16.5	20.3	29.1	33.0	2.85			83	>W8
12-25-11	203	5.5	2.8	6.38/13.28/32.57	3.41	17.7	25.6	29.3	38.7	3.45	2.89×10^4	0.207	90	>W8
12-25-12	192	4.3				21.4	28.3	35.0	43.9	3.82			91	>W8
12-25-13	185	5.0				13.3	19.3	26.8	31.7	3.43			75	>W8
12-25-14	216	3.9	2.4	5.97/12.30/29.91	2.98	14.3	22.4	32.4	40.6	3.77	2.93×10^4	0.212	77	>W8

表4.14（续）

配合比编号	坍落度/mm	含气量/%	初裂强度/MPa	韧度指数 $\eta_{m5}/\eta_{m10}/\eta_{m30}$	抗折强度/MPa	抗压强度/MPa				抗拉强度/MPa	弹性模量/MPa	泊松比	相对动弹模量/%	抗渗等级
						3 d	7 d	14 d	28 d					
12-25-15	196	3.7				19.6	27.7	35.5	43.2	3.83			80	>W8
12-25-16	223	4.0				15.3	23.5	29.1	33.3	3.21			78	>W8
12-25-17	170	2.0	2.2	6.09/12.33/28.05	2.88	16.6	24.4	31.3	41.0	3.60	2.91×10⁴	0.212	80	>W8
12-25-18	187	3.7				21.4	29.0	35.5	42.7	3.87			82	>W8
12-25-19	203	4.4				13.5	20.4	28.3	31.0	2.84			85	>W8
12-25-20	214	2.2	2.3	6.11/11.79/27.56	2.95	16.6	22.8	32.6	38.5	3.28	2.89×10⁴	0.210	87	>W8
12-25-21	187	3.5				19.3	27.5	37.1	43.2	3.24			91	>W8
12-25-22	196	3.5				12.5	19.7	27.6	31.3	3.17			92	>W8
12-25-23	223	4.0	2.8	6.80/13.69/33.94	3.64	16.8	23.4	28.6	38.8	3.63	2.90×10⁴	0.210	94	>W8
12-25-24	217	3.8				18.4	26.7	35.7	40.5	3.65			95	>W8

注：①水泥品种及标号Ⅰ为浑河牌P.O42.5；Ⅱ为长白山牌P.O42.5。

②粉煤灰品种Ⅰ为抚顺荣信粉煤灰；Ⅱ为沈海粉煤灰。

③外加剂品种Ⅰ为河南巩义跨越2000引气型高效减水剂；Ⅱ为上海麦斯特高效减水剂。

④钢纤维品种Ⅰ为螺纹型；Ⅱ为超细型。

⑤钢纤维混凝土设计标号为CF30F100W8。

表4.15 钢纤维混凝土试验推荐配合比

配合比编号	胶凝材料总量	粉煤灰掺量/%	水胶比	砂率/%	各材料用量/(kg·m⁻³)								水泥品种及标号	粉煤灰品种	外加剂品种/掺量/%	钢纤维品种/体积率/%
					水泥	粉煤灰	水	砂	石/mm		外加剂	钢纤维				
									5~10 mm	10~20 mm						
12-24-2	410	10	0.40	45	370	40	164	780	478	478	2.87	40	Ⅰ	Ⅰ	Ⅰ/0.7	Ⅰ/0.5
12-24-5	410	10	0.40	45	370	40	164	780	478	478	2.87	40	Ⅰ	Ⅰ	Ⅰ/0.7	Ⅱ/0.5
12-24-8	410	10	0.40	45	370	40	164	780	478	478	3.69	40	Ⅰ	Ⅰ	Ⅱ/0.9	Ⅰ/0.5
12-24-11	410	10	0.40	45	370	40	164	780	478	478	3.69	40	Ⅰ	Ⅰ	Ⅱ/0.9	Ⅱ/0.5
12-24-15	440	10	0.35	45	396	44	155	771	472	472	3.08	40	Ⅰ	Ⅱ	Ⅰ/0.7	Ⅰ/0.5
12-24-17	410	10	0.40	45	370	40	164	780	478	478	2.87	40	Ⅰ	Ⅱ	Ⅰ/0.7	Ⅱ/0.5
12-24-20	410	10	0.40	45	370	40	164	780	478	478	3.69	40	Ⅰ	Ⅱ	Ⅱ/0.9	Ⅰ/0.5
12-24-23	410	10	0.40	45	370	40	164	780	478	478	3.69	40	Ⅰ	Ⅱ	Ⅱ/0.9	Ⅱ/0.5
12-25-2	410	10	0.40	45	370	40	164	780	478	478	2.87	40	Ⅱ	Ⅰ	Ⅰ/0.7	Ⅰ/0.5
12-25-5	410	10	0.40	45	370	40	164	780	478	478	2.87	40	Ⅱ	Ⅰ	Ⅰ/0.7	Ⅱ/0.5
12-25-8	410	10	0.40	45	370	40	164	780	478	478	3.28	40	Ⅱ	Ⅰ	Ⅱ/0.8	Ⅰ/0.5

表 4.15（续）

配合比编号	胶凝材料总量	粉煤灰掺量/%	水胶比	砂率/%	各材料用量/(kg·m³)				石/mm		外加剂	钢纤维	水泥品种及标号	粉煤灰品种	外加剂品种/掺量/%	钢纤维品种/体积率/%
					水泥	粉煤灰	水	砂	5~10 mm	10~20 mm						
12-25-11	410	10	0.40	45	370	40	164	780	478	478	3.28	40	Ⅱ	Ⅰ	Ⅱ/0.8	Ⅱ/0.5
12-25-14	410	10	0.40	45	370	40	164	780	478	478	2.87	40	Ⅱ	Ⅱ	Ⅰ/0.7	Ⅰ/0.5
12-25-17	410	10	0.40	45	370	40	164	780	478	478	2.87	40	Ⅱ	Ⅱ	Ⅰ/0.7	Ⅱ/0.5
12-25-20	410	10	0.40	45	370	40	164	780	478	478	3.28	40	Ⅱ	Ⅱ	Ⅱ/0.8	Ⅰ/0.5
12-25-23	410	10	0.40	45	370	40	164	780	478	478	3.28	40	Ⅱ	Ⅱ	Ⅱ/0.8	Ⅱ/0.5

注：①水泥品种及标号Ⅰ为浑河牌 P.O42.5；Ⅱ为长白山牌 P.O42.5。

②粉煤灰品种Ⅰ为抚顺荣信粉煤灰；Ⅱ为沈海粉煤灰。

③外加剂品种Ⅰ为河南巩义跨越2000引气型高效减水剂；Ⅱ为上海麦斯特高效减水剂。

④钢纤维品种Ⅰ为螺纹型；Ⅱ为超细型。

⑤钢纤维混凝土设计标号为 CF30F100W8。

表 4.16 钢纤维混凝土试验推荐配合比性能指标

配合比编号	坍落度/mm	含气量/%	初裂强度/MPa	韧度指数 $\eta_{m5}/\eta_{m10}/\eta_{m30}$	抗折强度/MPa	抗压强度/MPa				抗拉强度/MPa	弹性模量/MPa	泊松比	相对动弹模量/%	抗渗等级
						3 d	7 d	14 d	28 d					
12-24-2	204	4.5	2.9	5.99/12.06/27.91	3.55	16.8	26.1	31.7	38.5	3.65	2.90×10⁴	0.210	72	>W8
12-24-5	173	4.0	2.8	5.77/11.37/26.19	3.27	18.0	28.3	32.3	41.6	3.40	2.90×10⁴	0.210	83	>W8
12-24-8	162	6.2	3.4	6.15/12.83/32.26	3.82	19.2	26.7	34.9	40.3	3.52	2.90×10⁴	0.210	96	>W8
12-24-11	187	6.0	2.5	6.34/13.43/33.22	3.55	19.3	27.5	23.8	39.1	3.65	2.90×10⁴	0.210	94	>W8
12-24-15	196	4.5	2.6	6.17/12.70/32.44	3.55	19.3	28.1	37.7	40.4	3.77	2.90×10⁴	0.210	96	>W8
12-24-17	171	3.6	3.2	6.08/12.41/31.57	3.76	27.1	31.6	40.8		3.64	2.91×10⁴	0.212	93	>W8
12-24-20	181	4.7	2.8	6.60/13.99/34.92	4.05	22.4	33.3	36.6	40.3	3.54	2.91×10⁴	0.211	74	>W8
12-24-23	191	5.8	2.8	6.15/12.83/33.98	3.79	20.2	27.2	37.3	41.8	3.64	2.93×10⁴	0.212	95	>W8
12-25-2	176	4.5	2.9	6.07/11.39/31.05	3.79	15.0	27.2	33.8	41.9	3.57	2.91×10⁴	0.211	96	>W8
12-25-5	194	3.6	2.5	6.34/13.79/36.29	3.46	18.0	26.6	32.0	38.4	3.72	2.89×10⁴	0.210	90	>W8
12-25-8	199	3.5	2.8	6.04/12.31/32.31	3.71	19.4	23.0	29.3	39.6	3.66	2.89×10⁴	0.210	77	>W8
12-25-11	203	5.5	2.8	6.38/13.28/32.57	3.41	17.7	25.6	29.3	38.7	3.45	2.89×10⁴	0.207	90	>W8
12-25-14	216	3.9	2.4	5.97/12.30/29.91	2.98	14.3	22.4	32.4	40.6	3.77	2.93×10⁴	0.210	77	>W8
12-25-17	170	2.0	2.2	6.09/12.33/28.05	2.88	16.6	24.4	31.3	41.0	3.60	2.91×10⁴	0.212	80	>W8
12-25-20	214	2.2	2.3	6.11/11.79/27.56	2.95	16.6	22.8	32.6	38.5	3.28	2.89×10⁴	0.210	87	>W8

表 4.16（续）

配合比编号	坍落度/mm	含气量/%	初裂强度/MPa	韧度指数 $\eta_{m5}/\eta_{m10}/\eta_{m30}$	抗折强度/MPa	抗压强度/MPa				抗拉强度/MPa	弹性模量/MPa	泊松比	相对动弹模量/%	抗渗等级
						3 d	7 d	14 d	28 d					
12-25-23	223	4.0	2.8	6.80/13.69/33.94	3.64	16.8	23.4	28.6	38.8	3.63	2.90×10⁴	0.210	94	>W8
平均值	—	—	2.73	6.19/12.66/31.51	3.51	—	—	—	40.0	3.59	2.90×10⁴	0.210	—	—

注：①水泥品种及标号Ⅰ为浑河牌P.O42.5；Ⅱ为长白山牌P.O42.5。

②粉煤灰品种Ⅰ为抚顺荣信粉煤灰；Ⅱ为沈海粉煤灰。

③外加剂品种Ⅰ为河南巩义跨越2000引气型高效减水剂；Ⅱ为上海麦斯特高效减水剂。

④钢纤维品种Ⅰ为螺纹型；Ⅱ为超细型。

⑤钢纤维混凝土设计标号为CF30F100W8。

4.2　钢纤维混凝土试验成果分析

4.2.1　力学性能

钢纤维混凝土力学性能试验，包括抗压强度、抗拉强度、抗折强度、初裂强度和韧度指数，按照相关技术规范要求进行。

4.2.1.1　试件制作和养护

（1）试件制作

钢纤维混凝土力学性能试验以三个试件为一组，每一组试件所用混凝土拌和物由同一拌和物中取出。制作前先将试模洗干净，并在试模的内表面涂一层矿物油脂。将拌和物一次装入试模，并且稍有富余。然后，将试模放在振动台上，开动振动台至拌和物表面呈现水泥浆为止。振动结束后，用镘刀沿试模的边缘将多余的拌和物刮去，并将表面抹平。

（2）试件养护

将装好拌和物的试模在20±5℃的情况下静置1~2d，然后拆模编号。拆模后的试件立即放在20±3℃，湿度为90%以上的标准养护室内养护。

4.2.1.2　抗压强度

按照中国工程建设标准化协会的标准CECS 13—2009《钢纤维混凝土试验方法》，制作混凝土试件在标准条件下养护，分别测其在3、7、14、28d的抗压强度，以比较不同龄期对强度的影响。由于两种钢纤维的长度均不大于40 mm，故试验所用试件为100 mm × 100 mm × 100 mm非标准试件。由于该试验采用边长为100 mm的非标准立方体试件，因此将测得的抗压强度值乘以换算系数0.95。

（1）试验设备

WE-1000型液压式万能试验机，钢直尺等。

（2）试验步骤

从养护室取出试件，擦拭干净后，检查外观→将试件成型时的侧面作为承压面，安放时试件轴心对准试验机下压板中心→开动试验机，当上压板与试件接近时，调整铰座，使接触均衡→以0.3～0.8 MPa/s速度连续而均匀地对试件加荷，当试件临近破坏而开始迅速变形时，应停止调整试验机油门，直至试件破坏→记录最大荷载（P），精确至0.1 MPa（见图4.4）。

图4.4　混凝土抗压强度试验

（3）试验结果

钢纤维混凝土立方体试件抗压强度按下式计算：

$$f_{cc} = \frac{P}{A} \tag{4.9}$$

式中：f_{cc}——混凝土立方体抗压强度，MPa；

　　　P——最大荷载，N；

　　　A——试件承压面积，mm²。

计算精确至0.1 MPa。以3个试件测得算术平均值作为该组试件的抗压强度值。若其中最大值或最小值与中间值之差大于中间值的15%，则取中间值为该组试件的抗压强度值；如果二者与中间值相差均大于中间值的15%，则试验结果无效。28d龄期试验结果见表4.17，水灰比与抗压强度关系的试验结果见表4.18。

表4.17 钢纤维混凝土28 d抗压强度试验结果

序号	水胶比	抗压强度/MPa		备注		
		螺纹型	超细型	水泥品种	粉煤灰	外加剂
10	0.45	35.5	34.6	浑河 P.O42.5	沈海	上海麦斯特高效减水剂
11	0.40	40.3	41.8			
12	0.35	47.7	44.0			
22	0.45	31.0	31.3	长白山 P.O42.5	沈海	上海麦斯特高效减水剂
23	0.40	38.5	38.8			
24	0.35	43.2	40.5			

表4.18 混凝土水灰比与抗压强度对应表

序号	配合比编号	水灰比	28 d混凝土抗压强度/MPa
1	12-24-1	0.45	33.1
2	12-24-2	0.40	38.5
3	12-24-3	0.35	41.1

（4）结果分析

通过试验结果可以看出：在试验的水灰比0.35～0.45范围内，混凝土的抗压强度与水灰比呈线性关系，水灰比越大，混凝土抗压强度越小，反之水灰比越小，混凝土抗压强度越大。TBM施工段配合比试验共有16种材料组合，每种材料组合共有3个水灰比，分别为0.45、0.40、0.35。从表4.18中试验结果来看，水灰比为0.40及0.35的混凝土28d抗压强度均达到配制强度，水灰比为0.45的混凝土28d抗压强度均未达到配制强度。说明水灰比对混凝土的抗压强度影响很大。这两种钢纤维在体积率为0.5%时对抗压强度影响不显著。以配合比编号为12-24-1、12-24-2、12-24-3为例，进行回归分析，见图4.5。经过回归分析得出，水灰比与抗压强度关系的数学表达式为$Y = 69.5667 - 80X$，其相关系数r为0.98，为显著相关。式中自变量X代表水灰比，因变量Y代表混凝土抗压强度。

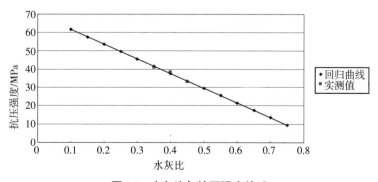

图4.5 水灰比与抗压强度关系

4.2.1.3　抗拉强度

根据中国工程建设标准化协会标准CECS 13—2009《钢纤维混凝土试验方法》，制作混凝土试件在标准条件下养护，由于两种钢纤维的长度均不大于40 mm，故试验所用试件为100 mm×100 mm×100 mm非标准试件。

（1）试验设备

压力试验机、垫板、钢尺等。

（2）试验步骤

从养护室取出试件，擦净后检查外观并测量尺寸，精确至1 mm；在试件成型时的顶面和底面画出劈裂面位置；按图4.6所示位置安放试件、弧形垫条及木质垫板。试件的轴心应对准试验机下压板的中心，垫条应垂直于试件成型时的顶面。开动试验机，当上压板与垫条接近时，调整球铰座，使接触均衡；以0.05～0.08 MPa/s的速度对试件连续、均匀加荷。当试件临近破坏、变形迅速增长时，停止调整试验机油门，制止试件的破坏。记录最大荷载，精确至0.01 MPa。

（3）试验结果

钢纤维混凝土立方体试件的劈裂抗拉强度按下式计算。计算精确至0.01 MPa。以3个试件测得的算术平均值作为该组试件的劈裂抗拉强度值。若其中最大值或最小值与中间值之差大于中间值的15%，则取中间值为试件的抗压强度值；如果二者与中间值相差均大于中间值的15%，则试验结果无效。由于试验采用边长为100 mm的非标准立方体试件，因此将测得的劈裂抗拉强度值乘以换算系数0.8。试验结果见表4.19。

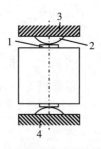

图4.6　劈裂试验试件安装简图

1—木质垫板钢制；2—弧形垫条；3—试验机上压板；4—试验机下压板

$$f_{cf} = \frac{2p}{\pi A} = 0.637 \frac{p}{A} \tag{4.10}$$

式中：f_{cf}——混凝土劈裂抗拉强度，MPa；

　　　p——破坏载荷，N；

　　　A——试件劈裂面面积，mm^2。

表 4.19　钢纤维混凝土 28 d 抗拉强度试验结果

序号	水胶比	抗拉强度/MPa		备注		
		螺纹型	超细型	水泥品种	粉煤灰	外加剂
10	0.45	3.38	3.14	浑河 P.O42.5	沈海	上海麦斯特高效减水剂
11	0.40	3.54	3.64			
12	0.35	4.21	3.83			
22	0.45	2.84	3.17	长白山 P.O42.5	沈海	上海麦斯特高效减水剂
23	0.40	3.28	3.63			
24	0.35	3.24	3.65			

（4）结果分析

通过试验结果可以看出：混凝土的抗拉强度与水灰比有关，同时混凝土的抗拉强度与钢纤维的种类有关。从试验结果来看，水灰比越大，混凝土抗拉强度越小；反之，水灰比越小，混凝土抗拉强度越大。试验结果中不同钢纤维混凝土抗拉强度相差不多，即这两种钢纤维在体积率为 0.5% 时，对混凝土抗拉强度结果影响不显著。

4.2.1.4　抗折强度

根据国家标准 GB/T 50081—2002《普通混凝土力学性能试验方法标准》和中国工程建设标准化协会标准 CECS 13—2009《钢纤维混凝土试验方法》，制作混凝土试件在标准条件下养护，试验所用试件为 100 mm × 100 mm × 400 mm 非标准试件。在第 28d 时，通过三点弯曲试验测其抗折强度。

（1）试验设备

压力试验机、钢轴、支座、垫板、钢尺等。

（2）试验步骤

从养护室取出试件，擦净后检查外观，不得有明显缺陷。在试件中部测量其宽度和高度，精确至 1 mm；将试件成型时侧面作为承压面，安放在支座上，如图 4.7 所示，试件放稳后开动试验机，当压头与试件接近时，调整压头和支座，使接触均衡；以 0.05 ~ 0.08 MPa/s 的速度对试件连续、均匀加荷。当试件临近破坏、变形迅速增长时，停止试验机油门，制止试件破坏。记录最大荷载，精确至 0.01 MPa。

（3）试验结果

钢纤维混凝土试件的抗折强度按下式计算：

$$f_{cf} = \frac{pL}{b^3} \tag{4.11}$$

式中：f_{cf}——钢纤维混凝土抗折强度，MPa；

　　　p——钢纤维混凝土试件破坏时的荷载，N；

L——支座间距，mm；

b——试件高度，mm。

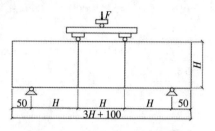

图4.7 抗折试验试件安装简图

计算精确至0.01 MPa。以3个试件测得的算术平均值作为该组试件的劈裂抗折强度值。若其中最大值或最小值与中间值之差大于中间值的15%，则取中间值为该组试件抗折强度值；如果二者与中间值相差均大于中间值的15%，则试验结果无效。由于该试验采用100 mm × 100 mm × 400 mm的非标准试件，因此将测得的抗折强度值乘以换算系数0.82。

4.2.1.5 初裂强度和韧度指数

按照中国工程建设标准化协会标准CECS 13—2009《钢纤维混凝土试验方法》，制作混凝土试件在标准条件下养护，测其28d的弯曲韧性和初裂强度。试验所用试件为100 mm × 100 mm × 400 mm非标准试件。

（1）试验设备

试验刚性组件安装示意情况见图4.8，挠度测量装置示意情况见图4.9。

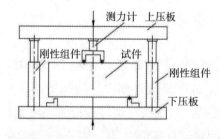

图4.8 初裂强度及韧度指数试验刚性组件安装示意图

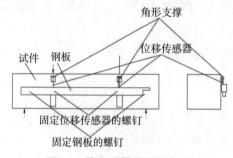

图4.9 挠度测量装置示意图

（2）试验步骤

从养护地点取出试件，检查外观和测量尺寸；安放试件，并安装测量变形的传感器，如图4.9所示；对试件连续均匀加荷。初裂前的加荷速度取 0.05 ~ 0.08 MPa/s，初裂后取每分钟 1/3000，使挠度增长速度相等。若试件在受拉面跨度三分点以外断裂，则该试件试验结果无效；采用千斤顶作刚性组件时，应使活塞顶升至稍高出力传感器顶面。然后，开动试验机，使千斤顶刚度达到稳定状态，随即对试件连续均匀加荷。初裂前的加荷速度同前，初裂后减小加荷速度，使试件处于"准等应变"状态：

$$\frac{V_{\Delta W_{max}}}{V_{m}} \leqslant 5 \tag{4.12}$$

式中：$V_{\Delta W_{max}}$——挠度增量最大时的相应速度，$\mu m/s$；

V_m——挠度由零到最大荷载挠度时段内相应速度的平均值，$\mu m/s$。

在加荷过程中记录挠度变化速度；绘出荷载挠度曲线。

（3）试验结果

钢纤维混凝土试件的弯曲韧度指数、承载能力变化系数、初裂强度的计算步骤：将直尺与荷载挠度曲线的线性部分重叠放置确定初裂点图点 $A \to A$ 点纵坐标为初裂荷载 F_{cre}，横坐标为初裂挠度 $W_{F_{cre}}$，面积 OAB 为初裂韧度 → 以 O 为原点，按 3.0、5.5 和 15.5 或试验要求的初裂挠度的倍数，在横轴上确定 D、F 和 H 点或其他给定点（J）用求积仪测得 OAB、$OACD$、$OAEF$ 和 $OAGH$ 或其他给定变形的面积，即为初裂韧度和各给定挠度的韧度实测值（见图4.10）。

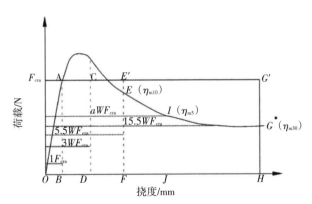

图4.10 初裂韧度和各给定挠度的韧度实测值

按下列公式求得每个试件的弯曲韧度指数，精确至0.01。

$$\eta_{m5} = S_{OACD}/S_{OAB} \tag{4.13}$$

$$\eta_{m10} = S_{OAEF}/S_{OAB} \tag{4.14}$$

$$\eta_{m30} = S_{OAGH}/S_{OAB} \tag{4.15}$$

以4个试件计算值的算术平均值作为试件的韧度指数。

每组试件的承载能力变化系数按下式计算：

$$\xi_{m,n,m} = \frac{\eta_{m,n,m} - a}{a - 1} \tag{4.16}$$

式中：a——倍数，等于给定挠度/初裂挠度，标准规定a为3.0、5.5、15.5，或按试验
要求给定；

$\eta_{m,n,m}$——与给定挠度对应的一组试件的平均弯曲韧度指数。

初裂强度按下式计算，精确至0.1 MPa。

$$f_{fc,cra} = \frac{F_{cra} \cdot l}{bh^2} \tag{4.17}$$

式中：$f_{fc,cra}$——钢纤维混凝土初裂强度，MPa；

F_{cra}——钢纤维混凝土的初裂荷载，N；

l——支座间距，m；

b——试件截面宽度，m；

h——试件截面高度，m。

以4个试件计算值的算术平均值作为该组试件的初裂强度。绘制钢纤维混凝土的应力—应变曲线（配合比编号为12-24-8），每一组配合比初裂强度及韧度指数试验各有4块试件，应力—应变曲线见图4.11。初裂强度及韧度指数计算结果见表4.20。素混凝土及掺加两种钢纤维的荷载挠度曲线见图4.12。

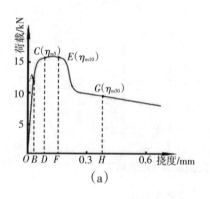 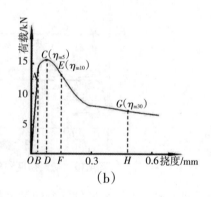

（a）　　　　　　　　　　（b）

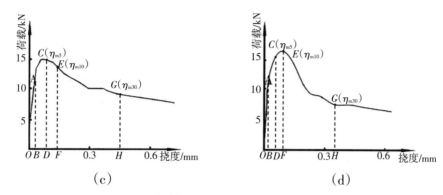

（c）　　　　　　　　　　　　　（d）

图4.11　荷载挠度曲线（配合比编号12-24-8）

表4.20　初裂强度及韧度指数计算结果

序号	参数名称	试样编号				代表值
		1	2	3	4	
1	A 点初裂荷载 F_{cra}/kN	11.068	11.130	12.469	10.686	
2	初裂挠度 $W_{F_{cra}}$ /mm	0.0224	0.0246	0.0231	0.0184	
3	初裂韧度 S_{OAB}	37.258	41.127	48.015	29.422	
4	最大荷载 F_{MAX}/kN	14.756	16.032	15.469	16.301	
5	抗折强度 $f_{fc,m}$/MPa	4.43	4.81	4.64	4.89	4.65
6	抗折换算系数	0.82	0.82	0.82	0.82	
7	抗折转换强度/MPa	3.633	3.944	3.805	4.010	3.816
8	3 $W_{F_{cra}}$ /mm	0.0672	0.0740	0.0693	0.0552	
9	5.5 $W_{F_{cra}}$ /mm	0.1232	0.1355	0.1271	0.1012	
10	15.5 $W_{F_{cra}}$ /mm	0.3472	0.3819	0.3581	0.2852	
11	S_{OAB}	37.258	41.127	48.015	29.422	
12	S_{OACD}	236.152	263.317	267.924	184.363	
13	S_{OAEF}	475.913	555.780	537.702	406.766	
14	S_{OAGH}	1234.768	1431.946	1232.982	1041.592	
15	η_{m5}	6.34	6.40	5.58	6.27	6.15
16	η_{m10}	12.77	13.51	11.20	13.83	12.83
17	η_{m30}	33.14	34.82	25.68	35.40	32.26
18	ζ_{m3}	1.67	1.70	1.29	1.64	
19	ζ_{m5}	1.62	1.78	1.27	1.85	
20	ζ_{m10}	1.22	1.33	0.70	1.37	
21	$\alpha(3)$	3	3	3	3	
22	$\alpha(5.5)$	5.5	5.5	5.5	5.5	
23	$\alpha(15.5)$	15.5	15.5	15.5	15.5	

表4.20（续）

序号	参数名称	试样编号				代表值
		1	2	3	4	
24	$f_{\text{fe,cra}}$/MPa	3.3	3.3	3.7	3.2	3.38
25	b/mm	100	100	100	100	
26	h/mm	100	100	100	100	
27	l/mm	300	300	300	300	

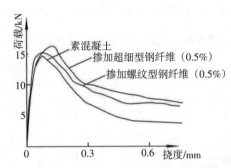

图4.12　素混凝土及掺加两种钢纤维的荷载挠度曲线

（1）结果分析

图4.12可以看出：掺有钢纤维的混凝土初裂强度比素混凝土大，有一定提高；钢纤维的加入对于混凝土韧性增强效果十分显著，未加钢纤维的混凝土刚达到破坏荷载时其荷载-挠度曲线便急速下降，而当加入钢纤维以后，荷载-挠度曲线即使当混凝土已开裂，挠度非常大的情况下仍很平缓；超细型钢纤维增韧作用要优于螺纹型钢纤维。从图4.12中可以看出，在钢纤维体积率为0.5%的情况下，掺加超细型钢纤维的混凝土初裂荷载及极限破坏荷载都要大于掺加螺纹型钢纤维混凝土，且当混凝土开裂后，其荷载挠度曲线一直在螺纹型钢纤维之上。

在试验中观察最终破坏时的断面，可以看到只有少量钢纤维被拉断，大部分钢纤维被拔出。当荷载从零增加到初裂值以前，荷载和变形为直线的关系，此时混凝土变形较小，纤维与混凝土共同作用承受荷载，由于钢纤维的加入，初裂强度有所提高；初裂后，基体通过界面黏结力将荷载传递给钢纤维，纤维开始参与承受荷载，由于钢纤维的抗拉强度及弹性模量远大于基体混凝土，因而约束了裂缝的开展；当荷载继续增加时，混凝土变形加大，裂缝开始延伸，此时，基体已经几乎丧失了承受荷载的能力，只有依靠穿过裂缝的钢纤维继续承受荷载，当荷载达极限时，纤维被拔出或者断裂，试件最终破坏，曲线呈现明显的塑性特征。试验中没有掺加纤维的试件破坏后很快断为两部分，而加了钢纤维试件即使当挠度非常大，裂缝已经非贯穿整个试件的时候，混凝土试件依然没有完全断开。试件上裂缝的开张符合预计的推想，在试件中间弯矩最大截面出现，裂缝形状近似为一个平面，将混凝土试件从中间分为两段。

4.2.2 钢纤维体积率对混凝土性能影响分析

4.2.2.1 抗压强度

两种钢纤维，随着钢纤维体积率增加，抗压强度呈逐渐降低的趋势（见图4.13）。素混凝土（$\rho_f = 0\%$）即不掺加钢纤维的基体混凝土强度最高，两种钢纤维均为42.4 MPa，当钢纤维体积率为0.5%时，抗压强度为较大值，其值为螺纹型37.4 MPa，为基体强度88.2%；超细型40.8 MPa，为基体强度96.2%。当钢纤维体积率为2.0%时，两种钢纤维的抗压强度均达到较小值，其中螺纹型为30.1 MPa，为基体强度的71.0%，而超细型为31.9 MPa，为基体强度的75.2%。由此可见掺加钢纤维不但不会增强混凝土的抗压强度，反而会使混凝土的抗压强度降低。若要提高钢纤维混凝土的抗压强度，则需要提高基体混凝土的强度。从图4.13可以看出，掺加超细型钢纤维混凝土的抗压强度要略大于掺加螺纹型钢纤维混凝土的抗压强度，超细型钢纤维对混凝土抗压强度削弱作用要略低于螺纹型钢纤维。在做混凝土抗压强度的试验过程中发现，随着钢纤维体积率的增加，混凝土试块破碎现象愈发不明显，在钢纤维体积率为2.0%时，在试验机加荷的过程中，当试件破坏时，从试件外观来看，看不出这个试件已经破坏。而素混凝土试件破坏时，试件破坏较为明显。从素混凝土破坏面来看，试件破坏面较为光滑，与水平约成60°~70°，而掺钢纤维混凝土试件的破坏面与加载方向近似平行，其破坏面相对粗糙。由此可见，钢纤维的加入使混凝土基体抗剪切破坏能力显著增强。

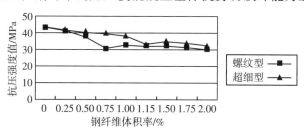

图4.13 抗压强度随钢纤维体积率变化曲线

4.2.2.2 抗折强度

两种钢纤维，当体积率增加时，抗折强度平缓均匀提高（见图4.14）。当钢纤维体积率达到1.50%时，两种钢纤维混凝土抗折强度均出现峰值，即螺纹型钢纤维混凝土为4.62 MPa，超细型钢纤维混凝土为5.05 MPa，之后缓慢降低，最高值出现在钢纤维体积率为0.25%之时，其值为螺纹型钢纤维混凝土为3.94 MPa，超细型钢纤维混凝土为4.19 MPa。从图4.14可以看出，掺加超细型钢纤维的混凝土抗折强度要略大于掺加螺纹型钢纤维的混凝土抗折强度。

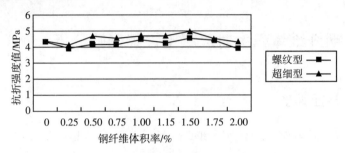

图4.14 抗折强度随钢纤维体积率变化曲线

4.2.2.3 劈裂抗拉强度

两种钢纤维，当体积率增加时，劈裂抗拉强度先后出现两个峰值。其中最大值均出现在钢纤维体积率为1.75%时，而另一个较大值分别出现在0.50%（螺纹型）和0.25%（超细型）时，见图4.15。在劈裂抗拉强度试验中，在素混凝土（$\rho_f = 0\%$）破坏的瞬间，可以听到明显的响声，而在掺有钢纤维的混凝土试块破坏的瞬间，其响声随着钢纤维掺量的增加而逐渐减小，例如，$\rho_f = 2.0\%$钢纤维混凝土试块劈裂瞬间，几乎没有响声。

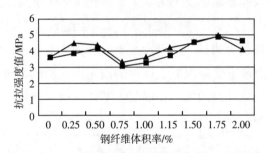

图4.15 抗拉强度随钢纤维体积率变化曲线

由此可见，普通混凝土的劈裂拉伸破坏在达到峰值载荷的时候突然产生，加入钢纤维之后，劈裂破坏趋于平稳，在试验过程中可以观察到裂纹的产生与扩展。因此，钢纤维的加入能够避免混凝土无征兆的、突然的脆性破坏，并且能够提高混凝土的劈裂抗拉强度。

4.3 碳纤维布抗裂性能试验

1972年美国杜邦公司生产出强度达3000 MPa的Aramid（阿拉米德）碳纤维。CFRP（碳纤维材料）首先应用于航天工业，但直到20世纪80年代初才在土建工程中进行应用研究。90年代在国际上对碳纤维材料怎样应用于土建工程中进行了广泛和系统研究，尤其在桥梁、隧道和房建加固工程中首先得到了广泛应用。1999年后，欧洲统一规范要求桥梁承载能力提高到40 t级货车标准，故欧洲大批旧桥均进行了加固。在美国和加拿大，由于盐害严重，约有60万座桥梁受到不同程度的损坏，如果要全部新建，约需耗资三万亿美元，故北美国家对CFRP逐渐产生了浓厚兴趣，美国混凝土协会（ACI）成立了专门的委员会（ACI440），美国各研究机构普遍展开了对CFRP的研究。

我国1997年开始了CFRP加固维修补强土木结构方面研究，CFRP在国民经济建设中发挥了巨大作用。

4.3.1 碳纤维布及配套黏结材料

（1）碳纤维布

碳纤维布是由碳纤维丝经编织而制成柔软片材。碳纤维布在编织时，将大量的碳纤维长丝沿一个主方向均匀平铺，用极少非主方向碳纤维丝将主方向碳纤维丝编织连接在一起，形成很薄的以主纤维方向受力的碳纤维布。

碳纤维布按宽度分为300、400、500 mm等规格；按单位面积质量分为200、300、450 g/m²等规格，典型规格碳纤维布单位宽度的截面面积和计算厚度见表4.21。

表4.21 典型规格碳纤维布单位宽度的截面面积和计算厚度

碳纤维布单位面积质量/(g/m²)	密度/(g/m³)	单位宽度的截面面积/(mm²/m)	计算厚度/mm
200		111	0.111
300	1.8×10⁶	167	0.167
450		250	0.250

按力学性能分为Ⅰ、Ⅱ、Ⅲ级，各级碳纤维布的力学性能见表4.22。

表4.22 碳纤维布力学性能

项目	拉伸强度/MPa	拉伸弹性模量/GPa	伸长率/%
Ⅰ级	≥3500	≥230	≥1.5
Ⅱ级	≥3000	≥210	≥1.4
Ⅲ级	≥2500	≥210	≥1.3

（2）黏结材料

黏结材料是将碳纤维布与混凝土表面黏合在一起形成黏接材料。它主要包括三类材料：底层涂料、找平材料和浸渍树脂。

①底层涂料。在处理好的混凝土表面上，涂一层很薄的底层涂料，既可以浸入混

凝土表面，强化混凝土表面强度，又可以改进黏接性能。因此要求底层涂料必须具有很低黏度，便于涂刷在混凝土表面后，能渗入混凝土结构中，与混凝土有良好的黏结性能。

②找平材料。碳纤维布只有与所加固补强的混凝土表面紧密接触，才能产生良好补强效果。但混凝土表面锐利突起物、错位和转角部位等都可能使碳纤维布产生损伤，并引起强度降低。混凝土表面小的模板错位及混凝土气孔很难通过基底处理一道工序彻底清理。因此，在涂敷底层涂料指触干燥后，必须用找平材料进行找平处理，同时将矩形断面直角打磨成圆弧状。找平材料应具有优良的力学性能、施工性能与触变性能。在施工过程中，找平材料应易于操作，且不随时间的延长出现明显的变形，无滴挂。

③浸渍树脂。浸渍树脂一般采用碳纤维布产品厂家指定的配套浸渍树脂，若未指定，推荐使用改性环氧树脂。浸渍树脂在黏结材料中起着至关重要的作用。它的黏度应控制在一定范围内，有利于浸渍树脂顺利地将碳纤维布黏附于混凝土表面，经过碾压使浸渍树脂很容易浸透碳纤维布，形成一个整体，共同抵抗外力的作用。浸渍树脂应具有良好的渗透性以利于浸透碳纤维布，还应具有一定的初黏力，防止粘贴的碳纤维布塌落而形成空洞或空隙，具有良好的触变性，易于施工且不会发生明显的滴淌现象。另外，浸渍树脂与碳纤维布的相容性和黏接力必须极好，才能保证碳纤维布和混凝土形成预定的复合材料。

黏结材料的性能是保证碳纤维布与混凝土共同工作的关键，也是两者之间传力途径中的薄弱环节。因此，黏结材料应有足够的刚度与强度保证碳纤维布与混凝土间力的传递。同时，应有足够的韧性，不会因混凝土开裂导致脆性粘贴破坏。

4.3.2　碳纤维布试验方案

（1）材料

通过调查研究，选择市场信誉较好、用量较大、符合水利工程修补处理要求的产品进行物理力学及示范应用试验。拟选2个厂家的产品，分别是：

①上海妙翰建筑科技有限公司生产的MH-碳纤维布及MH-碳纤维浸渍胶产品。MH-碳纤维布的规格选用CFF-Ⅰ-200-600-GB/T21490—2008，即单位面积质量为200 g/m²，宽度为600 mm，按照GB/T 21490—2008《结构加固修复用碳纤维片材》标准生产的Ⅰ级碳纤维布。产品货号为MH-碳纤维布200-Ⅰ，幅宽600 mm。MH-碳纤维浸渍胶是A、B双组分改性的环氧类胶黏剂，由MH-底胶、MH-修补胶、MH-浸渍胶组成，是MH-碳纤维布加固的配套专用胶，三种胶分别用于加固施工的底层涂刷、找平涂刷和浸渍涂刷工序中。

②广州固特嘉建筑工程有限公司生产的迪普邦单向碳纤维布及迪普邦碳纤维浸渍

胶产品。迪普邦单向碳纤维布的规格选用CFF-Ⅰ-200-600-GB/T21490—2008，即单位面积质量为200 g/m²，宽度为600 mm，按照GB/T 21490—2008《结构加固修复用碳纤维片材》标准生产的Ⅰ级碳纤维布。产品货号为DEEP201，幅宽600 mm。迪普邦碳纤维浸渍胶是A、B双组分改性环氧类胶黏剂，由DEEP700环氧粘贴界面胶、DEEP500环氧砂浆修补胶、DEEP200碳纤维浸渍树脂胶组成，是迪普邦单向碳纤维布加固的配套专用胶，三种胶分别用于加固施工的底层涂刷、找平涂刷和浸渍涂刷工序中。

（2）试验依据

CECS 146—2003《碳纤维片材加固修复混凝土结构技术规程》，GB/T 21490—2008《结构加固修复用碳纤维片材》，GB 50728—2011《工程结构加固材料安全鉴定技术规范》，GB 50608—2010《纤维增强复合材料建设工程应用技术规范》。

（3）试验项目

①碳纤维布的试验项目：外观质量、尺寸偏差、单位面积质量、拉伸强度、拉伸弹性模量、伸长率。

②碳纤维浸渍胶试验项目：底胶、修补胶：黏接强度；浸渍胶：拉伸剪切强度、拉伸强度、压缩强度、弯曲强度、黏接强度、弹性模量、伸长率。

③碳纤维布示范应用试验项目：黏接强度。主要试验仪器设备见表4.23。

表4.23　主要试验仪器设备

序号	仪器名称	型号	精度	单位	数量	受控状态
1	电子天平	MD200-3	0.001 g	台	1	受控
2	电子游标卡尺		0.001 mm	套	1	受控
3	静态电阻应变仪	YJ-5	1 με	台	1	受控
4	直剪试验仪	R-16	0.1 MPa	台	1	受控
5	微机控制电子万能试验机	UIM5504	0.5级	台	1	受控
6	材料试验机	ZWAW-1000	0.1 kN	台	1	受控
7	鼓风干燥箱	DHG-9003BS-Ⅲ	±0.1℃	台	1	受控
8	黏接强度检测仪	JM-115	0.001 kN	台	1	受控

（4）试验结果

取上述两个生产单位的200 g/m²、Ⅰ级、幅宽600 mm的碳纤维布及配套的黏接胶产品，按照规程中试验方法进行各项参数试验。黏接试验和示范应用试验的基础混凝土强度等级为C40，混凝土抗拉强度大于等于4 MPa。试验结果表明2家公司的碳纤维布及配套胶产品质量均符合国家相关标准要求，示范应用试验中各产品施工顺利，质量符合工程设计要求。

4.4 碳纤维布试验成果分析

　　试验产品选自上海妙翰建筑科技有限公司生产的MH-碳纤维布和MH-碳纤维浸渍胶产品，广州固特嘉建筑工程有限公司生产的迪普邦单向碳纤维布及迪普邦碳纤维浸渍胶产品。碳纤维布的规格为CFF-Ⅰ-200-600-GB/T21490—2008，即单位面积质量为200 g/m²，宽度为600 mm，按照GB/T 21490—2008《结构加固修复用碳纤维片材》标准生产的Ⅰ级碳纤维布。碳纤维浸渍胶是A、B双组分改性环氧类胶黏剂，由底胶、修补胶、浸渍胶组成，是对应碳纤维布加固的配套专用胶，三种胶分别用于加固施工的底层涂刷、找平涂刷和浸渍涂刷工序中。试验结果表明，2家公司的碳纤维布及配套胶产品质量均符合国家相关标准要求，示范应用试验中各产品施工顺利，质量符合工程设计要求。

第5章 钢筋混凝土闸墩断裂力学特性数值分析

有限元法的基本思想是把连续体分成一系列离散化单元，这些单元由有限数目的节点相连求出精确解。利用 ANSYS 软件对工程实例裂缝问题进行计算，采用组合式有限元模型对闸墩进行分析。依据钢筋混凝土闸墩断裂阻裂的数值分析，在钢筋混凝土闸墩断裂阻裂有限元基本理论、闸墩检测诊断和闸墩有限元模型基础上，展开闸墩组合模型数值模拟分析和闸墩裂缝成因演化分析。

▨ 5.1 钢筋混凝土闸墩断裂阻裂有限元基本理论

5.1.1 钢筋混凝土有限元模型

通常钢筋混凝土结构有限元模型主要有三种方式：分离式、组合式和整体式。而利用 ANSYS 分析时，主要有分离式和整体式两种[126]。

分离式模型把钢筋和混凝土作为不同的单元来处理，即混凝土采用 8 节点三维非线性实体单元 SOLID65，钢筋采用 LINKS 单元或 PIPE20 管单元。整体式模型也称分布式模型或弥散钢筋模型，即将钢筋连续均匀分布于整个单元中，它综合了混凝土与钢筋对刚度的贡献，其单元仅为 SOLID65，通过参数设定钢筋分布情况。通常混凝土裂缝的处理方式有离散式模型、分布式模型和断裂力学模型。对分离式模型和整体式模型，ANSYS 均采用分布（弥散）裂缝模型的处理方式。

分离式模型的优点是可考虑钢筋和混凝土之间的黏结和滑移，整体式模型则无法考虑黏结和滑移，认为混凝土和钢筋之间黏结很好，是刚性连接。就建模和计算而言，分离式模型建模复杂，尤其是钢筋较多且布置复杂时，计算不易收敛，但其结果更加符合实际；整体式模型建模简单，计算易于收敛，但其结果较分离式模型粗略。对于实际钢筋混凝土结构，由于结构构件多且钢筋布置复杂，宜采用整体式模型进行分析，其结果也足够精确；对于单个构件，例如简支梁或柱且要考虑其他因素影响时，可采用分离式模型进行分析，以便于将数值实验或与实验结果进行对比分析，从而获得参数分析结果。

5.1.2 数值分析闸墩的优势

一般来说，力学分析可采用试验方法，通过制作大量模型，得出众多数据再分析研究，对模型制作精度要求颇高，试验环境与实际工程环境往往存在较大差距，计算结果准确度无法保证，并且需要投入大量人力物力财力。有限元分析可以较好地克服试验方法的缺点。可以通过计算机进行数值模拟，通过现场采集数据即可对结构设定准确力学与物理参数，易于对影响结构基本性能的重要参数做系统的分析研究，并节省了大量人力物力，这都是传统的试验方法所不能比拟的。近年来大量工程经验证明，有限元法分析实际工程问题的准确性很高。

5.1.3 ANSYS 单元生死技术

ANSYS 提供单元生死功能，用于模拟材料（即通过选定部分单元）添加和删除，模拟实际工程中的开挖、结构安装和拆除（如建筑物施工工程、桥梁安装过程等）、浇筑、焊接等工程问题。当死单元被重新激活时，其刚度、质量、单元载荷等都将恢复其原始数值。再生的单元应变（或热量等）为零，如果存在初应变，则可以通过单元实常数方式输入，并不受单元生死的影响。

5.2 闸墩有限元模型

钢筋混凝土有限元计算模型通常有整体式模型、分离式模型和组合模型三种。

（1）整体式模型

整体式模型又称分布式模型或弥散钢筋模型，即使钢筋连续均匀分布于整个单元中，综合了混凝土与钢筋对刚度的贡献，通过参数设定钢筋分布情况。当分析区域较大受计算机软件和硬件的限制，无法将钢筋和混凝土分别划分单元，同时人们所关心的计算结果是结构在外载荷作用下的宏观反应（如结构的总体位移和应力分布情况等），这种情况下采用整体式模型比较合适。

（2）分离式模型

与整体式模型相反，将混凝土和钢筋各自划分足够小的单元，按照混凝土和钢筋不同的力学性能，选择多种不同单元形式，这就是分离式模型。

（3）组合式模型

组合式模型介于整体式和分离式模型之间。组合式模型假定钢筋和混凝土两者之间的相互黏结很好，不会有相对滑移。

在单元分析时，可分别求得混凝土和钢筋对单元刚度矩阵的贡献，组成一个复合单元刚度矩阵。最常用的组合式模型有两种方式。第一种为分层组合式：对于受弯构件将构件沿纵向分成若干单元，每个单元在横截面上分成许多混凝土条带，并假定每一条带上应力是均匀分布的。在条带划分中，为了考虑破坏阶段压区高度较小的情况，需要增加条带数才能达到一定精度，该组合方式在杆件系统中应用较广；第二种为混凝土和钢筋复合单元，在建立单元刚度矩阵时，不但需要考虑混凝土材料的作用，而且要考虑钢筋的刚度贡献。采用组合式模型对闸墩受力情况进行计算，并分析闸墩裂缝主要成因。

5.2.1　闸墩力学模型

（1）闸墩力学模型

水库 14 个泄洪闸之中，以 10 号闸门处宽墩裂缝最为严重，有 3 道明显竖向裂缝，其中 1 条贯穿至墩顶。针对 10 号闸宽墩实际情况，建立力学模型。

10 号闸宽墩长为 32.3 m，宽为 9 m，高为 21.55 m，墩前为迎水面，从前部半圆形平稳过渡至直线并延伸至尾部流线型，墩底与大坝基础相接。泄洪闸底部设有曲线溢洪坡面，用以搁置钢闸门。墩顶至下 9.35 m 处左右各设有一支撑牛腿，安装转动铰支座，用来支撑泄洪闸门开启与闭合过程中对墩体的作用。闸墩前部上方铺有现浇钢筋混凝土板，用以大坝坝顶通车；侧方与两边窄墩连接 6.7 m × 1.0 m 混凝土梁，用以大坝坝体加固。墩顶（牛腿上方偏前）设有水力发电机房，并与两边窄墩顶部发电设备房间连接（见图 5.1）。

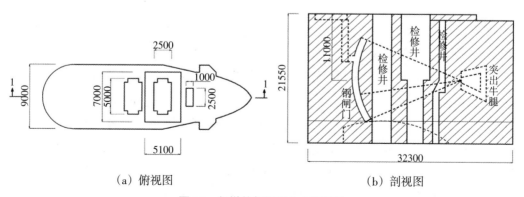

（a）俯视图　　　　　　　　（b）剖视图

图 5.1　闸墩俯视图及 1-1 剖面图

宽墩中由墩顶至墩底共设有3道检修井。第一道检修井靠近坝顶路面，截面为5.5 m×2.5 m；第二道检修井位于闸墩中部，截面为7.0 m×5.1 m，由顶至下11 m处截面缩小为5.5 m×2.5 m；第三道检修井位于水力发电室内，截面为2.5 m×1.0 m，至墩顶下11 m处向墩前折弯2 m，并延伸至墩底（见图5.2）。

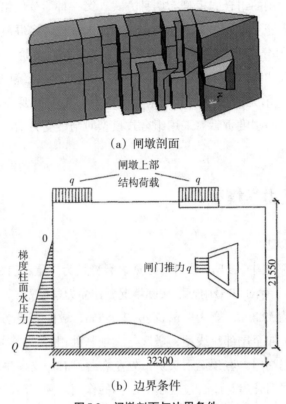

（a）闸墩剖面

（b）边界条件

图5.2　闸墩剖面与边界条件

（2）闸墩模型简化

采用ANSYS建模分析实际工程，通常需要对分析对象进行简化处理。分析闸墩侧面的竖向裂缝成因，因此为方便计算和分析，建模过程中将闸墩顶部现浇混凝土盖板、水力发电机房等结构部分删除，不作为分析结构的一部分，仅简化其为作用在闸墩上的荷载。底部溢洪道虽然与闸墩相连，但是对闸墩竖向应力产生的影响不大，所以并不列入分析。闸墩尾部呈流线型，现将其简化为直线型，由于重点分析的是闸墩中部产生竖向裂缝成因，其尾部造型对分析影响不大，所以进行了简化。同时，闸墩侧方牛腿处存在微小尖角附属结构，其厚度与闸墩宽度相比可以忽略不计，且为降低闸墩牛腿结构附近尖角部位引起的应力集中效应带来的计算复杂程度，将此处简化，取最薄处进行分析。钢闸门的开启与闭合都是通过牛腿处铰支座间接传递应力至墩体，因此，钢闸门不必放入模型中分析，只需要将钢闸门引起的荷载效应统一施加到铰支座处即可。

此外，对闸墩混凝土结构重点采用线性分析。混凝土非线性材料，根据《混凝土结构设计规范》（GB 50010—2002）所建议的混凝土应力-应变关系曲线如图5.3所示，C30应力达到20 MPa附近才发生屈服。而水库闸墩裂缝主要由拉应力引起，闸墩混凝土结构所受压应力远小于混凝土抗压强度，所以对闸墩混凝土结构模拟为线性材料分析，主要查看混凝土所受的拉应力，再将计算数据与混凝土抗拉强度相比较，最终得出闸墩混凝土开裂的主要原因。

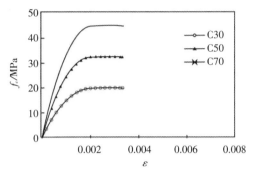

图5.3　混凝土应力-应变曲线

5.2.2　闸墩计算参数及边界条件

（1）闸墩计算参数选取

闸墩模型采用组合式模型，混凝土采用SOLID65三维实体单元模拟（考虑温度荷载时使用SOLID70热单元），钢筋采用LINK8单元模拟。两种材料的力学参数见表5.1。

表5.1　力学参数

材料	计算容重 /(kN/m³)	抗压强度 /MPa	抗拉强度 /MPa	弹性模量 /MPa	泊松比μ	导热系数 /(W/m·h·°C)
闸墩混凝土	25.0	31.6	2.95	$2.6×10^4$	0.22	5.0
钢筋	78.5	/	423	$2.1×10^5$	0.26	34.0
CFRP	78.0	/	340	$2.3×10^5$	0.35	1.7

注：表中导热系数引自相关资料书籍。

（2）边界条件

闸墩前部为迎水面，在与水接触的圆柱面上添加梯度水压力，数值分析模型由水面处以柱面坐标逐渐递增至墩底，该数值需由水库资料查得历年水位幅值，取正常运行水位。见图5.4。

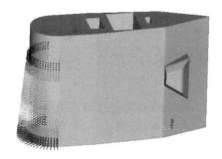

图5.4　闸墩静水压力

闸墩底部架设在大坝上，与坝底基础相连，经现场监测数据显示，闸墩无竖向沉降，且墩底两侧皆有溢流坝泄洪坡，限制了闸墩侧移，所以对底面施加固定端约束。闸墩顶部前端为坝顶路面，为现浇混凝土盖板，可去掉该混凝土盖板，并与设计荷载一同简化为均布荷载加至闸墩顶部；同理，水力发电机房也简化为均布荷载施加在闸墩顶。闸墩中部检修井内部存在积水，对检修井内壁混凝土形成梯度压应力。数值模拟分析模型中，对检修井内壁添加梯度水压力。闸墩两侧牛腿处安装固定铰支座，与钢闸门通过工字钢臂连接，前部作用于闸门上的净水压力也通过闸门及钢臂传递至铰支座处，故牛腿处施加的荷载为可变荷载，随水位高低、闸门开启与闭合而变化。

5.2.3　闸墩组合模型

（1）建模基础

组合模型的优点是可考虑钢筋和混凝土之间的黏结和滑移，整体式模型则无法考虑黏结和滑移，认为混凝土和钢筋之间黏结很好，刚性连接。组合式模型中钢筋采用LINK8单元模拟，单元可以用来模拟桁架、吊索、链、弹簧等。这种三维杆单元在每个节点具有三个自由度，在 X、Y、Z 方向上转动，并且是单轴受压的。在结构的连接点不考虑单元的弯曲。在应用中主要输入单元号、横截面和初应力等常数。ANSYS除了使用配筋率方式模拟钢筋混凝土之外，同样可以很好地模拟两种不同单元之间的黏结、耦合等效应。例如，采用SOLID65和LINK8两种单元建立的组合模型能够充分体现钢筋与混凝土之间的黏结力见图5.5。

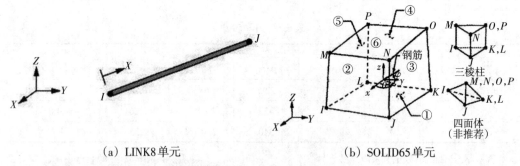

（a）LINK8单元　　　　　　（b）SOLID65单元

图5.5　LINK8单元和SOLID65单元

（2）闸墩组合模型

闸墩有限元模型采用笛卡儿三维直角坐标系建模，设定闸墩竖向为 Z 方向，底面为 XOY 平面，向上为正方向；闸墩纵向即墩尾至墩前方向为 Y 轴正方向；闸墩横向为 X 方向。闸墩纵向长为32.3 m，高为21.55 m，宽为9 m，纵向前部是底面半径为4.5 m半圆柱，墩间三道检修井孔洞依实际尺寸建立。由于重点分析分析裂缝产生部位混凝土的受拉状态，组合模型中添加的钢筋单元不需要在整个闸墩结构中呈现。所以，闸墩组合模型仅在裂缝处结构添加钢筋，而其他部位同样按照整体式模型的添加混凝土配筋率的方法实现建模。实际闸墩中该处纵向钢筋使用的是Φ19钢筋，双排布置，间距25 cm。

在建模时，首先创建钢筋（见图5.6），然后再创建混凝土的三维体结构。过程与闸墩整体式模型建模基本一致，不同之处在于创建完闸墩整体模型之后，利用ANSYS的布尔操作，切出混凝土保护层。最终，闸墩组合模型共划分成39个体，如图5.7所示。

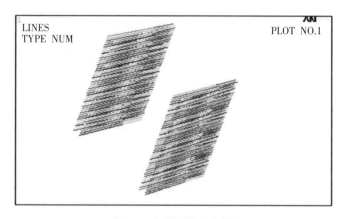

图5.6　闸墩裂缝处钢筋

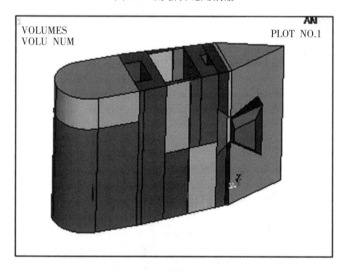

图5.7　闸墩组合模型

（3）网格划分

与整体式模型不同的是，组合模型裂缝处为分析部位，裂缝是单独创建的体。另外，为了更好地体现现场实际钢筋与混凝土之间关系，混凝土保护层也是被划分出的体。由于闸墩裂缝最宽处也只为1 cm左右，与闸墩的长、宽、高比起来差距太大，所以体的大小也相差甚多，此处大大增加了网格划分难度。而且，为了实现钢筋与混凝土共同作用的特性，必须保证钢筋单元与混凝土单元拥有共同的节点。

划分钢筋单元时，首先选出钢筋直线，对其基本部分控制为0.1 m，对裂缝处控制为0.01 m，打开ANSYS中的"PlotCtrls\Style\Size and Shape"，选择"Display of element"选项为"On"，可查看钢筋单元如图5.8所示。

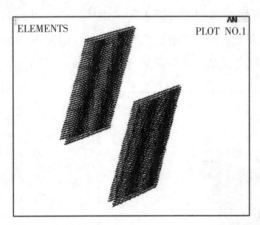
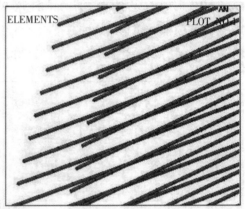

图5.8　钢筋单元

划分闸墩混凝土单元网格的过程，首先是对钢筋处的混凝土保护层以及该处的混凝土采用映射的方式划分，由于钢筋单元的尺寸已经设定，所以该处混凝土单元尺寸不必再次设定，ANSYS会自动默认为按钢筋单元的尺寸对混凝土进行网格划分。

在划分完钢筋单元的基础上对闸墩混凝土结构进行网格划分。墩前和墩尾部位由于与裂缝位置相离较远，所以控制2 m划分网格，也正因为如此，使其与裂缝处网格尺寸相差太大，过渡比较难以继续采用映射的方式实现。所以，采用自由网格划分其余部分。最终划分完的闸墩组合模型共计113617个单元，61513个节点，见图5.9。

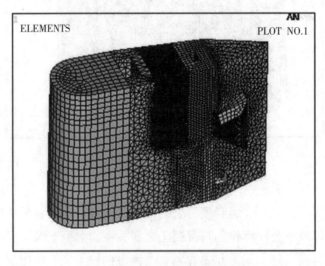

图5.9　闸墩组合模型有限元网格

5.2.4　闸墩荷载类型

根据资料显示，当坝体受温升荷载作用时，产生向上游的水平变形，此时坝体迎水面受静水压力向下游作用；当坝体受温降荷载作用时，产生向下游的水平变形，而坝体受水压力作用也向下游变形，所以冬季温降荷载对坝体最为不利，考虑温度荷载时只考虑冬季温降作用。坝址和库区经鉴定为Ⅵ度地震区，计算荷载中不考虑地震作用。此外，在分析闸墩开裂的原因时，主要关注的是闸墩裂缝位置及其周围混凝土强度，可以忽略大坝基底扬压力和淤沙压力的影响。根据以上分析，闸墩计算时主要考虑上游静水荷载、闸墩上部荷载、闸门推力荷载、温降荷载。

（1）闸墩上游静水荷载

基于水库运行水位变化不大情况，设计洪水位与正常运行的水位基本相同，高程为 +97.35 m，所以计算上游静水压力时，水库水位均取为正常运行水位 +97.35 m。从分析裂缝成因的角度出发，只有作用在钢闸门上的静水荷载才能通过钢臂施加在牛腿铰支座处。闸门开启与闭合时所受水压力作用面不同，闸门钢臂与水平面成角不同，因此作用于铰支座处的静水荷载必然不同。

图 5.10 给出了闸门开启与闭合情况下静水荷载作用在钢闸门上区别。闸门开启时，钢臂中轴线与水平面成 12° 的角度，作用在闸门上的静水荷载计算水位区间为 −2.6~−9.75 m；闸门闭合时，钢臂中轴线与水平面成 −6° 的角度，作用在闸门上的静水荷载计算水位变化区间为 −2.6~12.75 m。泄洪闸闸口净距为 12.00 m × 10.15 m，计算采用数据时，将静水荷载由钢臂传递至牛腿铰支座处施加，所以荷载都以应力形式计算。经过等效折算，闸门闭合时作用于铰支座处的应力为 2.54 MPa。

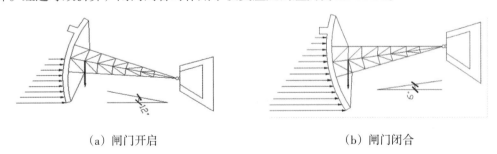

（a）闸门开启　　　　　　　　　　　（b）闸门闭合

图 5.10　闸门开启与闭合时静水荷载

（2）闸墩上部荷载

水库坝顶设有可通车路面和水力发电机房，采用的方法：将闸墩上部荷载包括坝顶路面荷载及水力发电室荷载，分别按设计荷载取为均布荷载 3.5 MPa 和 4.0 MPa。

（3）闸门推力荷载

水库泄洪闸闸孔宽为 12 m，高为 10.15 m，此处设有弧形钢闸门，并通过大型工字钢支臂与闸墩牛腿处铰支座相接。其中，钢闸门主要由一个挡水板、两条三肢工字钢钢臂和若干短肢连接钢臂组成，参考现场资料，计算钢闸门重量为 172.6 t，重心位于闸门闭合时与下方溢流堰面接触处正上方。当闸门闭合时，由于溢流堰承担绝大部分闸门的重力荷载，所以牛腿处所受应力主要来自作用在闸门上的静水荷载，即 6.21 MPa。当闸门开启时，溢流堰不再承担闸门重力，钢闸门重力完全通过钢臂传递至牛腿铰支座处，此时，作用在钢闸门上的静水荷载也由于闸门的开启产生变化。

因此，牛腿处承担闸门荷载与静水荷载两种荷载效应，闸门荷载在牛腿处的荷载计算公式为

$$\sigma_z = \frac{F + G\sin\theta\cos\theta}{A_N} \tag{5.1}$$

式中：σ_z——作用在牛腿处闸门荷载纵向分量，MPa；

F——静水压力在闸门处代数积分，kN；

G——闸门自重，kN；

θ——闸门轴线与水平方向夹角，(°)；

A_N——牛腿处铰支座支撑面积，m²。

由于闸门开启角度小于 45°，所以，当闸门开启到最大位置时，牛腿处承担最大压应力，该值为 10.91 MPa。

（4）温度荷载

水工结构物在长期运行过程中，受到一年四季周期变化的水温、气温、水位的影响，产生温度应力。当施工期的初始影响完全消失以后，建筑物内的温度与初始条件无关，只与边界上的气温和水温有关。实际温度场可以分解为稳定和准稳定温度场，对于准稳定温度场可以根据温度场的瞬态理论进行计算。采用温度场瞬态理论进行分析。设定计算荷载步为一步，考虑一天中闸墩结构由最高温度变化至最低温度这一过程，分析闸墩自身温度变化引起的应力效应。由于大坝建于 1973 年，当时浇注温度已经失去了作为初始温度进行分析的意义，闸墩表面温度与周围空气温度的对流影响也基本可以忽略，在计算中可以参照当地当时气温作为初始温度。

水库地处东北，一年四季温差变化比较大，经现场调查，1 月份多年月平均温度最低，对大坝的应力强度影响相对其他月份突出，所以，计算中采用 1 月份温度场作为分析依据，由此计算闸墩在温度影响下的应力状态。闸墩前部水面以下温度变化与外界空气中温度的变化有所不同，计算水下温度可采用经验公式：

$$T(y,\ t) = T_m(y) + A(y)\cdot\cos\omega(t - t_0 - \varepsilon) \tag{5.2}$$

式中：y——高程，m；

t——时间，h；

$T(y, t)$——水温，℃；

$T_m(y)$——高程y处的年平均水温，℃；

$A(y)$——高程y处的水温年变幅值，℃；

ω——温度变化频率，%；

ε——气温与水温变化的相位差，(°)。

5.3 闸墩组合模型数值模拟分析

闸墩组合模型，主要是在检修井处裂缝位置添加了Y方向的钢筋单元，即不再使用 ANSYS 中的配筋率效果进行分析，钢筋以单元形式参与受力；而闸墩其他部位不需要确定钢筋的位置，可以假设钢筋均匀分布。同样，采用混凝土添加配筋率方法即整体式模型。这种组合模型模拟，能够在重点分析裂缝附近确定钢筋的位置，正确反映出钢筋与混凝土之间的耦合受力效果，计算结果也会更符合实际；同时，在不需要重点分析位置将计算简化，大大提高了计算速度。通过闸墩整体式模型的计算并对引起闸墩混凝土开裂的原因的分析发现，温度作用对闸墩裂缝的形成所占的影响系数很小。所以，在闸墩组合模型分析过程中，不再考虑温度效应。因此，对水库闸墩的组合模型拟采用三种工况（即工况一、工况二、工况三）进行有限元计算，重点分析闸门开启或闭合情况下对闸墩受力状态造成的差异。为了分析现有裂缝是否会继续扩展或延展，闸墩组合模型计算闸墩现存裂缝状态下结构的力学特性，设定为工况四，见表 5.2。

表5.2 计算工况

工况	自重	静水荷载	上部结构荷载	闸门闭合	两侧闸门开启	一侧闸门开启	温度
一	√	√	√	√			
二	√	√	√		√		
三	√	√	√			√	
四	闸墩开裂状态力学特性计算						

注：工况四开裂后的闸墩有限元计算，首先要提出几种假设：

①检修井井壁仅存在一条裂缝，并且为竖向直线裂缝，由墩顶至检修井中部。

②裂缝为均匀裂缝，宽度始终保持为 1 cm。

③裂缝开裂深度保持不变，为保护层厚度。

④混凝土开裂处的钢筋没有破坏、锈蚀，保持原有的力学特性。

⑤不考虑温度的影响。

5.3.1 工况一荷载组合计算分析

工况一考虑闸墩自重、静水荷载、闸墩上部荷载及闸门闭合情况下的共同作用，闸墩混凝土未开裂状态，使用ANSYS进行计算。闸墩第一主应力云图如图5.11所示。

由闸墩第一主应力云图可以看出，闸墩处于自重、上部荷载和前部静水压力作用下，大部分位置处于受压状态，且压应力值远小于混凝土抗压强度，闸墩裂缝的形成并非压裂。而闸墩结构中的受拉区，主要集中在7 m×5.1 m检修井井壁和闸墩牛腿处，重点集中在闸墩中部偏上，在牛腿处出现应力集中现象，最大拉应力就在这里。在检修井井壁处，拉应力较大区域呈竖向延展，其数值在1.28 MPa至2.53 MPa之间。

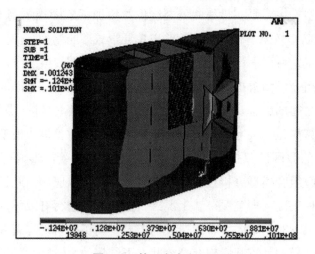

图5.11 第一主应力云图

在实际闸墩结构中，是在闸墩检修井井壁产生了竖向裂缝，因此，主要分析部位仍然是检修井处，查看裂缝局部详细第一主应力情况，见图5.12。

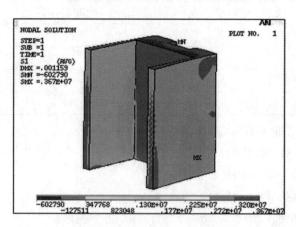

图5.12 局部第一主应力云图

由局部第一主应力云图 5.12 可以看出，在闸墩检修井处，混凝土所受压应力的数值较小，最大值仅为 0.60 MPa，混凝土即便开裂，也并非压裂。所受最大第一主应力位于闸墩内侧，靠近牛腿方向，位于检修井中上部；外侧所受的第一主应力极大值位置与内侧位置相同。二者虽然数值上存在差异，但是应力极大值走势基本相同，都是沿闸墩竖向。另外在闸墩检修井井壁处，混凝土基本都处于受拉状态，从云图上观察可见，除靠近牛腿方向的检修井井壁处应力较大，井壁其他部位的应力值改变量较小，这些部位第一主应力数值为 0.34~0.83 MPa。仅仅查看第一主应力，只能判断出闸墩结构哪些位置受压，哪些位置受拉，从数值上看可以判断出哪些位置属于压应力较大区域，哪些位置属于拉应力较大的区域，当这些数值与混凝土的抗压强度和抗拉强度相比时大于混凝土的抗压或抗拉强度，可以推断这一区域内混凝土会产生压裂或拉裂。但是混凝土的裂缝方向，无法知道是从 X 方向开裂还是 Y 方向开裂。闸墩实际情况中，检修井内外两侧均出现了裂缝，并且以竖向裂缝为主。从闸墩局部第一主应力云图也可以看出，闸墩裂缝主要应为竖向裂缝，至于裂缝由什么方向开始开裂，则需要进一步分析。因此，查看闸墩 X、Y、Z 向拉应力数值与闸墩混凝土抗拉强度进行比较，同时查看 X、Y、Z 向的应力数值，作为判断闸墩从哪一个方向开裂的依据。这里首先对模型计算结果的 Y 向应力云图进行分析，见图 5.13。

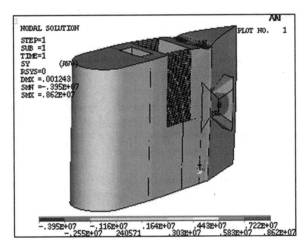

图 5.13　Y 向应力云图

闸墩 Y 向应力云图与第一主应力云图比较，二者略有差异，但是等值线走势基本相同，闸墩大部分位置均为受压区，在闸墩检修井井壁处存在受拉区，边界略微大于第一主应力云图中显示的区域。Y 向压应力最大值也不大于混凝土的抗压强度，由此可以确定闸墩结构并非压裂。从 Y 向拉应力最大值来看，已经超过了混凝土抗拉强度，构成混凝土开裂的必要条件。对比实际闸墩裂缝位置，查看检修井处 Y 向拉应力云图，见图 5.14。

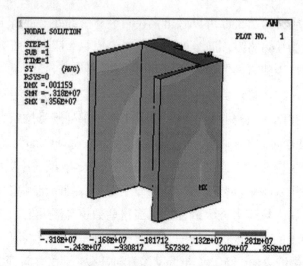

图5.14 局部Y向应力云图

由局部Y向应力云图5.14可以看出，检修井井壁中部大范围区域为拉应力区，另外，墩顶检修井边缘处Y向应力值存在偏大的区域，该区域并没有与检修井横向侧面相接。从数值上看，拉应力普遍介于0.56~1.32 MPa，在靠近牛腿位置出现较大拉应力。为查看裂缝周围具体应力数值，在闸墩裂缝周围选取节点作为考察对象，节点布置如图5.15所示。

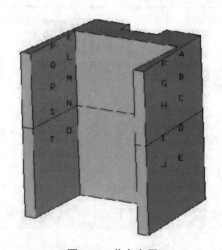

图5.15 节点布置

其中，节点A~J布置在闸墩外侧，K~T布置在闸墩内侧，共计20个点位。参考节点处的具体应力数值见表5.3。从表5.3中可以看出，所选A~T这20个节点中，X向应力值有正值有负值，说明这些节点处的混凝土在这些位置既包含存在拉应力部分，也包含存在压应力部分；Y向应力数值与第一主应力数值最为接近，并且全部为正值，说明这些节点处的混凝土都处于受拉状态，这也验证了前文所述的查看第一主应力云图和Y向应力云图作为判断闸墩裂缝位置和方向的依据。Z向应力值的特点与X向应力值的特点相同，仅仅在数值上更接近 Y 向应力值，但可以明显看出，大部分节点处的 Z 向应力值与第一主应力数值比较都相差很大。

综合以上图表及相关数据分析，可以得出一些结论：当闸门闭合时，闸墩整体结构普遍存在压应力，仅有检修井井壁两侧混凝土及牛腿处混凝土存在拉应力。在闸墩检修井井壁两侧，内侧所受拉应力值略大于外侧所受拉应力值；但是，都没有超过混凝土的抗拉强度，不会引起混凝土的开裂；检修井两侧混凝土所受 Y 向拉应力值与第一主应力数值上最为接近，即说明如果检修井处混凝土开裂，也应该是 Y 方向断裂，并形成竖向裂缝，并且应该在靠近牛腿处先发生断裂。在远离牛腿位置，检修井井壁虽受拉应力，但数值随距离增大而减小，开裂的可能性也随之降低。

表5.3 节点应力值 单位：Pa

节点	节点编号	第一主应力值	X 向应力值	Y 向应力值	Z 向应力值
A	14726	6.13×10^5	1172.2	6.06×10^5	-8564
B	11876	5.94×10^5	377.05	2.62×10^5	-1.74×10^5
C	11886	8.57×10^5	1472	5.15×10^5	-5.15×10^5
D	11896	1.08×10^6	3225.1	9.14×10^5	-7.95×10^5
E	11906	1.12×10^6	6296.9	1.08×10^5	-9.93×10^5
F	13706	7.07×10^5	4330.6	7.0216×10^5	-4863.7
G	12497	4.65×10^5	2440.7	3.63×10^5	-1.16×10^5
H	12847	5.40×10^5	2793.4	4.01×10^5	-3.40×10^5
I	13197	6.64×10^5	4378.6	6.14×10^5	-6.20×10^5
J	13547	6.96×10^5	5031.3	6.91×10^5	-7.22×10^5
K	23548	8.23×10^5	-3.30×10^2	8.22×10^5	1290.7
L	19277	7.70×10^5	-6.12×10^2	4.16×10^5	-1.55×10^5
M	19286	1.18×10^6	-6.34×10^2	8.24×10^5	-4.57×10^5
N	19295	1.64×10^6	-1.15×10^2	1.46×10^6	-6.25×10^5
O	19304	1.77×10^6	-6.32×102	1.73×10^6	-7.44×10^5
P	23135	8.51×10^5	-4.14×102	8.50×10^5	-3748.2
Q	21888	5.86×10^5	-62.5	4.91×10^5	-1.10×10^5
R	22203	6.57×10^5	31.3	5.18×10^5	-3.12×10^5
S	22518	7.71×10^5	51.1	6.96×10^5	-5.18×10^5
T	22833	7.40×10^5	5.25×10^2	7.23×10^5	-7.74×10^5

5.3.2 工况二荷载组合计算分析

工况二考虑闸墩自重、静水荷载、闸墩上部荷载及闸门开启情况下的共同作用，闸墩混凝土未开裂状态，使用 ANSYS 进行计算。闸墩第一主应力云图如图 5.16 所示。由闸墩第一主应力云图 5.16 可以看出，当闸门开启时闸墩大部分位置仍然以压应力为主，并且不大于混凝土的抗压强度，因此闸墩混凝土裂缝的形成不会是由受压而引起的破坏。在牛腿周围、检修井井壁处，明显可以看到一条竖向受拉区。实际闸墩中，检修井井壁处混凝土产生了裂缝，将闸墩第一主应力计算结果取局部（检修井处）观察，见图5.17。由局部第一主应力云图可以看出，检修井井壁存在受拉区竖向条带，这一条带由墩顶直至检修井变截面处，从数值上看主要分布在2.43 MPa以上。对比闸墩实际情况，检修井内外两侧均出现了裂缝，并在顶部形成了通缝，裂缝均以竖向裂缝为主。由闸墩第一主应力云图也可以看出，闸墩裂缝主要应为竖向裂缝。因此查看闸墩Y向拉应力数值与闸墩混凝土抗拉强度进行比较，也是判断闸墩是否开裂的依据。模型计算结果的Y向应力云图见图5.18。闸墩Y向压应力范围与第一主应力范围基本一致，最大值出现在牛腿处，与实际闸门荷载作用处符合；在检修井井壁处，靠近牛腿方向，出现拉应力区，由墩顶向下延伸，至检修井变截面处而止，又折向牛腿处，此处Y向拉应力的变化趋势与第一主应力的变化趋势相同，证明这一部位也就是混凝土的危险区域。从数值上看，井壁外侧Y向拉应力值已经接近2.65 MPa，极有可能引起混凝土开裂。这里对闸墩检修井处局部Y向拉应力也进行提取，并进行对比，见图5.19。

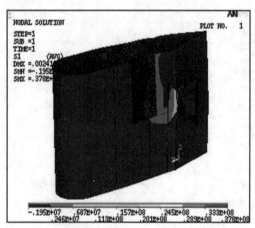

图5.16　第一主应力云图

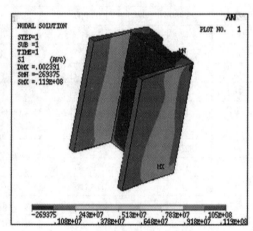

图5.17　局部第一主应力云图

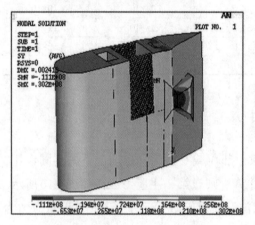

图5.18　Y向应力云图

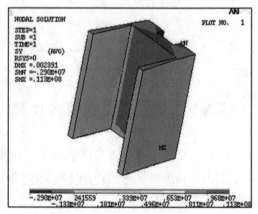

图5.19　局部Y向应力云图

检修井井壁所受 Y 向拉应力极大值变化趋势与第一主应力变化趋势基本一致，也都是沿闸墩竖向，内侧 Y 向拉应力值较外侧值大一些，在靠近牛腿方向较远离牛腿方向大一些。图中明显可以看出，拉应力在 3.40 MPa 左右形成一条竖向受拉区，从墩顶至检修井变截面处。这一竖向受拉区内，Y 向拉应力值已经超过了混凝土的抗拉强度，会引起检修井井壁 Y 方向裂缝的形成。同样采用如图 5.15 所示的节点布置，对闸门开启时检修井井壁各点处混凝土的受力状态进行分析，并提取计算结果数据，见表 5.4。

表5.4 节点应力值

单位：Pa

节点	节点编号	第一主应力值	X 向应力值	Y 向应力值	Z 向应力值
A	14728	2.91×10^6	1.74×10^4	2.89×10^6	-41153
B	11963	2.55×10^6	1.97×10^4	2.53×10^6	-9189.3
C	11972	2.86×10^6	2.21×10^4	2.83×10^6	-3.44×10^5
D	11980	3.32×10^6	2.58×10^4	3.29×10^6	-7.12×10^5
E	11989	3.47×10^6	2.68×10^4	3.39×10^6	-1.07×10^6
F	13701	2.30×10^6	1.60×10^4	2.28×10^6	-5769.7
G	12502	2.19×10^6	1.52×10^4	2.18×10^6	-79234
H	12852	2.30×10^6	1.59×10^4	2.28×10^6	-3.10×10^5
I	13132	2.58×10^6	1.79×10^4	2.55×10^6	-6.56×10^5
J	13447	2.85×10^6	1.95×10^4	2.70×10^6	-9.85×10^5
K	23549	4.90×10^6	12368	4.90×10^6	63410
L	19234	4.14×10^6	1452.4	4.14×10^6	3.55×10^5
M	19244	4.53×10^6	1910.1	4.53×10^6	22612
N	19253	5.30×10^6	2685.8	5.30×10^6	-2.65×10^5
O	19262	5.44×10^6	917.19	5.31×10^6	-4.71×10^5
P	23131	2.49×10^6	1.435	2.49×10^6	-2484.6
Q	21892	2.42×10^6	-3.9318	2.42×10^6	-2739.8
R	22242	2.49×10^6	91.292	2.49×10^6	-1.80×10^5
S	22557	2.65×10^6	156.59	2.62×10^6	-4.42×10^5
T	22872	2.50×10^6	-1977.1	2.39×10^6	-8.97×10^5

从表 5.4 给出的 20 个节点第一主应力和 X 向、Y 向、Z 向应力数值来看，A ~ E、F ~ J、K ~ O、P ~ T 这四条竖向直线区域都属于受拉区，并且主要是 Y 方向受拉，因为从第一主应力的数值上来看，都与 Y 向应力值十分接近，而 X 向应力值、Z 向应力值相对较小。A ~ T 20 个节点的第一主应力数值普遍大于混凝土的抗拉强度，表明这四个条带的混凝土都存在开裂的可能。受拉最严重的是 K ~ O 条带，即检修井内壁靠近牛腿处。

综合以上图表及数据结构分析，可以得出结论：当闸门开启时，由墩顶向下至检修井变截面处，检修井两侧井壁混凝土在靠近牛腿处，所受到拉应力值均超过了混凝土的抗拉强度，将会引起混凝土的开裂；在远离牛腿处，随着距离的增加，拉应力逐渐减小。不管是靠近还是远离牛腿处，检修井井壁的混凝土开裂均是 Y 方向拉裂，形成竖向裂缝。

5.3.3 工况三荷载组合计算分析

工况三考虑闸墩自重、静水荷载、闸墩上部荷载及单侧闸门闭合情况下的共同作用，闸墩混凝土未开裂状态，使用ANSYS进行计算。工况三要分析的是，当闸墩两侧闸门不同时闭合或者开启时，闸墩的受力状态。同样假定闸墩左侧闸门开启至最大位置，而右侧闸门保持闭合状态，使用ANSYS计算后的闸墩第一主应力云图如图5.20所示。

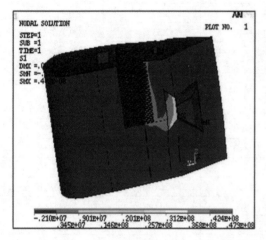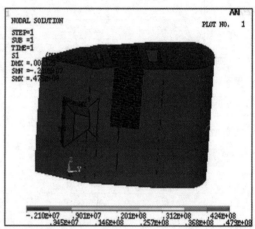

图5.20　闸墩第一主应力云图

从图5.20中可以看出，闸墩结构大部分区域处于受压状态，并且闸门闭合的右侧完全看不到拉应力区，仅仅在闸门开启的左侧，在检修井井壁处，存在拉应力带，与两侧闸门开启时结果十分接近。

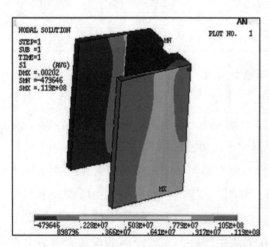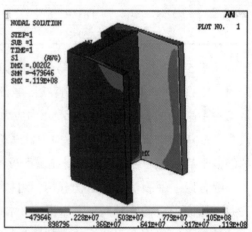

图5.21　局部第一主应力云图

将检修井井壁处结构放大，查看局部第一主应力云图，见图5.21。检修井处局部第一主应力云图在闸门开启一侧，检修井井壁都处于受拉状态，在闸门闭合一侧除了靠近牛腿处的检修井内壁受拉外，其余部位都处于受压状态。在闸门开启一侧，靠近牛腿处从墩顶至下，存在一条拉应力极大值竖向条带。参照应力等值线可以看出，在闸门闭合一侧混凝土主要承受压应力，数值不超过0.5 MPa，只有很小的一部分处于受拉状态，且拉应力不超过2.2 MPa；在闸门开启一侧，混凝土主要处于受拉的状态，存在一条拉应力大于3.6 MPa竖向区域，这一区域混凝土会产生断裂。

实际闸墩是在检修井井壁形成了竖向贯穿裂缝，即检修井井壁混凝土在Y方向发生了断裂，查看闸墩Y方向应力云图，见图5.22。从图5.22可以看出，在闸门闭合一侧，闸墩上部检修井周围为Y方向受拉区，其余大部分位置均为受压区；在闸门开启一侧，Y方向受拉区明显大于闸门闭合一侧，闸墩大部分侧面都处于受拉状态。但是除了牛腿处的应力集中和检修井井壁两处Y向拉应力数值较大外，其他Y方向位置的拉应力数值相对较小。从整体云图中只能查看闸墩整体的Y向受力趋势，重点要分析的检修井井壁附近，则需要将局部Y向应力云图提取出来查看，见图5.23。

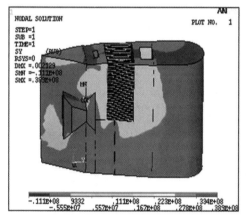 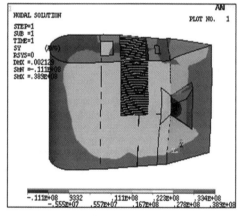

图5.22　闸墩Y向主应力云图

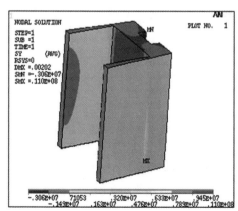 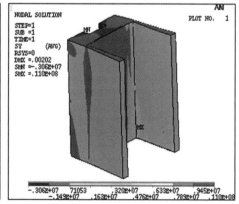

图5.23　局部Y向应力云图

查看检修井处局部Y向应力云图，在应力等值线走势上与第一主应力云图基本一致，但不同的是，第一主应力云图中，闸门闭合一侧的检修井井壁呈现的是受压状态，而Y向应力云图中，不论闸门闭合还是开启，检修井井壁都处于Y方向受拉状态。

这是由于，静水荷载、闸门开启荷载作用在牛腿处的压应力，传递至检修井井壁处，在Y方向上形成了拉应力，而在闸墩上部存在荷载，前部存在静水压力以及闸墩自重，这些荷载共同作用下第一主应力呈现出受压或者受拉现象。在闸门开启一侧，检修井井壁所受Y方向上的拉应力明显大于闸门闭合一侧，这也是因为闸门开启时的荷载较静水荷载大所致。为了判断闸墩检修井井壁的混凝土开裂位置，同样，按照图5.15所示布置A～T 20个节点，提取节点应力值，见表5.5。

表5.5　节点应力值　　　　　　　　　　　　　　　　　单位：Pa

节点	节点编号	第一主应力值	X向应力值	Y向应力值	Z向应力值
A	14728	3.26×10^6	2.14×10^4	3.24×10^6	-11079
B	11963	3.10×10^6	2.18×10^4	3.06×10^6	1.51×10^5
C	11972	3.51×10^6	2.48×10^4	3.45×10^6	-73983
D	11980	4.01×10^6	2.92×10^4	3.97×10^6	-3.04×10^5
E	11989	4.15×10^6	3.09×10^4	4.12×10^6	-5.66×10^5
F	13701	1.97×10^6	1.20×10^4	1.96×10^6	-8640
G	12502	1.91×10^6	1.26×10^4	1.89×10^6	-97591
H	12852	2.10×10^6	1.39×10^4	2.07×10^6	-2.74×10^5
I	13132	2.44×10^6	1.65×10^4	2.42×10^6	-5.44×10^5
J	13447	2.78×10^6	1.92×10^4	2.72×10^6	-7.83×10^5
K	23549	2.22×10^6	6.82×10^3	2.22×10^6	31064
L	19234	1.56×10^6	1.20×10^3	1.49×10^6	30039
M	19244	1.85×10^6	1.56×10^3	1.75×10^6	-4.08×10^5
N	19253	2.17×10^6	1.91×10^3	2.14×10^6	-7.07×10^5
O	19262	1.89×10^6	-2.79	1.89×10^6	-9.56×10^5
P	23131	6.60×10^5	-7.70×10^2	6.60×10^5	-6846.5
Q	21892	3.49×10^5	38.5	3.42×10^5	-1.67×10^5
R	22242	3.07×10^5	1.09×10^2	2.97×10^5	-4.38×10^5
S	22557	3.88×10^5	1.22×10^2	3.88×10^5	-6.93×10^5
T	22872	4.36×10^5	-1.20×10^3	4.29×10^5	-1.03×10^6

综上图表和数据结果，可以得出结论：在闸门闭合一侧，牛腿处主要受到静水荷载的作用，闸墩各处所受应力均不大于混凝土的抗压、抗拉强度，或者应力极大值处与混凝土的抗拉强度比较接近，对闸墩混凝土开裂影响不大；而在闸门开启一侧，牛腿处额外承受闸门荷载的作用，在闸墩检修井井壁处，混凝土受到较大的拉应力，完全超过了混凝土的抗拉强度，这一侧的混凝土会产生裂缝，并且为竖向裂缝。

5.3.4　工况四荷载组合计算分析

工况四考虑闸墩自重、静水荷载、闸墩上部荷载及单侧闸门闭合情况下的共同作用，闸墩混凝土开裂状态，使用 ANSYS 进行计算。要分析闸墩的加固情况，首先要确定闸墩开裂之后的受力状态，找出开裂状态下闸墩的危险部位，探讨加固方案。

计算闸墩开裂状态的有限元模型必须使用闸墩组合式模型。这是因为：整体式模型中钢筋与混凝土单元作为一个单元进行分析，无法体现出混凝土破坏、钢筋继续保持工作的情况；而组合模型中钢筋单元与混凝土单元分离，混凝土破坏，钢筋可以保持原有的形式继续工作，这通过 ANSYS 中的单元生死技术杀死裂缝处的混凝土单元来进行模拟。最终的有限元模型（包括裂缝位置及裂缝形式）见图 5.24。闸墩裂缝成因分析中，已经确定了闸墩在各种工况下的受力状态，当两侧闸门同时开启时，闸墩内部受到的应力最大、处于最容易产生裂缝的状态。因此，在闸墩加固分析中，只针对闸墩两侧闸门同时开启，并且开启至最大位置时，分析闸墩的加固措施和加固效果。在闸墩组合模型的基础上，利用 ANSYS 的单元生死技术，杀死裂缝处的混凝土单元，再按工况一添加边界条件和荷载，最终计算结果见图 5.25。

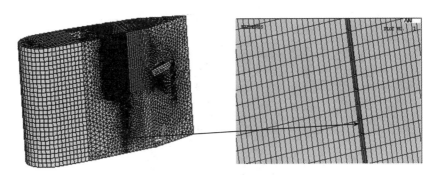

图 5.24　假设裂缝位置及裂缝形式

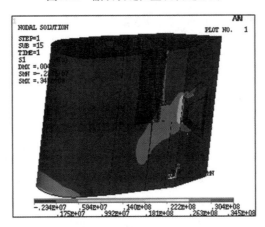

图 5.25　闸墩第一主应力云图

闸墩第一主应力云图中，大部分区域依然显示为压应力区，而拉应力区与开裂前分布有所不同。在检修井井壁，仅在裂缝附近存在拉应力，而大片的受拉区向下转移，不再沿牛腿转折向上，而是沿牛腿转向闸墩下部。另外在闸墩墩角处出现微小拉应力区，但数值很小。分析出现这种现象的原因，是因为闸墩检修井井壁混凝土开裂，不再承担拉应力的传递，仅有钢筋继续保持受拉状态，然而钢筋的受拉性能远胜于混凝土，拉应力传递过程中，在混凝土裂缝处发生转移。所以，在检修井下部，原先不受拉的区域形成了受拉区。虽然检修井下部混凝土厚度为2.25m，配筋较多，但是此处受拉应力值在1.75MPa附近，存在开裂危险。而检修井上部裂缝附近，拉应力值仍然偏大。

查看闸墩Y向应力云图，见图5.26。闸墩Y向应力云图与第一主应力云图相似，大部分区域均以压应力为主，在检修井井壁裂缝周围、牛腿处附近存在拉应力。另外沿牛腿转向闸墩下部存在一小块拉应力区域。在闸墩墩角处没有出现拉应力区，而是出现压应力数值变小。在分析闸墩局部应力状态的时候，不可以按照闸墩开裂前的选择方法选择局部范围。这是因为闸墩开裂后，受拉区已经向检修井下部发生转移，并且引起的应力数值与混凝土抗拉强度接近，甚至有些区域应力值已经超过了混凝土的抗拉强度。因此，查看局部第一主应力云图，见图5.27。

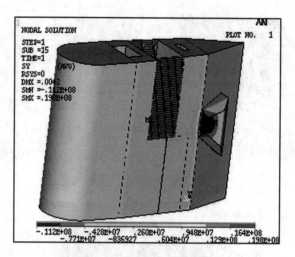

图5.26 闸墩Y向应力云图

从闸墩局部第一主应力云图5.27可以明显地看出，检修井上部由于存在裂缝，混凝土已经无法正常传递拉应力。所以，检修井上部拉应力仅为几条细微的竖向条带，不过这些裂缝附近竖向条带的拉应力值明显大于混凝土抗拉强度，表明检修井上部已有裂缝会继续扩展。另外，拉应力传递方向有所改变，向检修井下部转移，形成拉应力区，数值上看，介于1.82~4.15 MPa之间，下部检修井井壁存在开裂危险。还有，在检修井变截面处形成明显的应力集中，该处混凝土必然发生断裂。

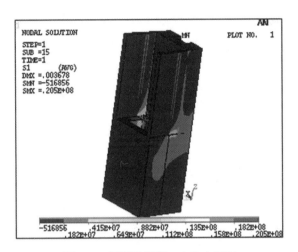

图 5.27　闸墩局部第一主应力云图

参照闸墩开裂前的应力分析方法，查看闸墩开裂后局部 Y 方向应力云图，见图 5.28。闸墩局部 Y 向应力云图在检修井上部区域与闸墩第一主应力云图等值线分布基本一致，而在检修井下部区域差别较大，Y 向拉应力并没有显著地向检修井下部转移，而是在检修井变截面位置向内侧转移。这是因为，第一主应力可以沿主平面进行传递，单一方向的应力传递无法进行大转角的传递。不过，从数值上来看，牛腿周围（包括检修井下部）的 Y 向应力数值在 1.76 MPa 左右，检修井下部混凝土开裂未必是 Y 方向断裂。而检修井上部裂缝两侧还存在拉应力区，应力值在 4.34 MPa 左右，说明裂缝有继续扩展的危险。

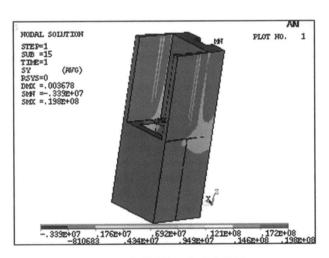

图 5.28　闸墩局部 Y 向应力云图

综上所述，闸墩检修井上部井壁混凝土产生裂缝之后，裂缝两侧混凝土仍然处于受拉状态，并且拉应力数值上仍然大于混凝土的抗拉强度，并且以 Y 向应力值为主，表明闸墩检修井上部混凝土裂缝极有可能继续扩展。检修井下部出现拉应力区，且数值上与混凝土的抗拉强度接近，存在开裂可能，但是开裂方向不会是 Y 方向，也就是说，如果检修井下部混凝土产生裂缝，将不再是竖向裂缝，而是出现了折角，折向闸墩前部。对比水库实际工程情况，存在裂缝的闸墩，其裂缝呈现出逐年扩展的趋势，并且裂缝向检修井下部的扩展方向也确实不是竖向，而是向闸墩前部方向折弯，这与局部第一主应力的计算结果符合。

5.4 闸墩裂缝成因演化分析

通过溢流坝泄洪闸闸墩组合模型计算，对比闸门开启或闭合的前三种计算工况，将 A～E、F～J、K～O、P～T 四条竖向条带按顺序编排成 1～5、6～10、11～15、16～20 顺序排列，提取三种工况下的第一主应力数值，绘成折线图，见图5.29。综合图表及数据结果分析看出：当闸门闭合时，闸墩主要受静水荷载作用时，闸墩整体结构普遍存在着压应力，仅有检修井井壁两侧混凝土及牛腿处混凝土存在拉应力，闸墩检修井两侧井壁虽受拉应力较大，但只是与混凝土的抗拉强度接近，会对闸墩开裂缝构成一定的威胁；然而，当闸门开启时，闸墩牛腿处所受压应力较大，虽然闸墩整体大部分区域处于受压状态，但是检修井两侧混凝土所受拉应力值超过了混凝土的抗拉强度。并且，Y 向拉应力值与第一主应力数值上最为接近，即说明检修井井壁处混凝土会发生开裂，应该是 Y 方向断裂，形成竖向裂缝；在靠近牛腿处的竖向条带，拉应力值最大，先发生断裂；在远离牛腿位置，检修井井壁虽受拉应力，但数值随距离增大而减小，开裂的可能性逐渐降低。

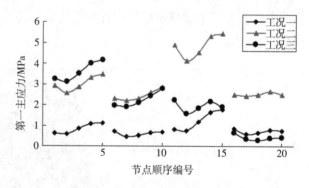

图5.29 节点第一主应力变化曲线

所以在闸墩组合模型计算结果中，闸门开启工况的荷载是闸墩开裂的主要原因，静水荷载对闸墩的开裂具有一定的威胁。

①在闸墩检修井以外的部位产生应力以压应力为主，并且压应力都小于混凝土的抗压强度，不会引起混凝土的压裂破坏。

②在闸墩检修井井壁处，节点第一主应力数值都与 Y 向应力数值最为接近；同时 Y 向应力数值远大于 X 向和 Z 向应力数值，只有闸墩两侧闸门一侧开启、另一侧闭合时，X 向应力数值才偏大一些，但也小于 Y 向应力数值。

③在闸墩检修井两侧井壁处产生拉应力，并且拉应力极大值都呈竖向直线方式延

展，在检修井中部偏上一点达到最大值，再向下迅速减小，最后过渡为压应力。

④在检修井两侧井壁引起拉应力都是内侧拉应力数值大于外侧拉应力数值，一旦形成裂缝，也应该是内侧混凝土先开裂。

⑤检修井井壁第一主应力与 Y 向应力，不论内壁还是外壁最大值均是在靠近牛腿方向产生，并向远离牛腿方向逐渐减小，转变成压应力。

⑥在牛腿处形成了应力集中现象，在实际闸墩中，牛腿处安装钢闸门铰支座，基础的结构配筋率很高（8.9%），能够承载很大的拉应力，不至于产生明显破坏。这一区域不是重点要分析的部位，所以不进行深入研究。

综上所述，闸墩混凝土开裂的主要原因是闸门开启时对闸墩牛腿处压应力过大。但是，从闸墩组合模型中可见，闸墩检修井上部两侧井壁设计厚度仅为 1m，配筋采用 Φ19 双排布置，在牛腿附近的扇面区域，设计厚度尚且不足 1m。在检修井井壁处承受拉应力的钢筋过少，而检修井中部以下，由于截面改变，井壁厚度增大至 2.25m，配筋率虽然没有改变，但钢筋数量明显增多，混凝土所受拉应力数值也很小，不会引起混凝土破坏或开裂，实际检修井下部也没有产生明显裂缝。由此可以确定，在闸墩检修井处，因为井壁截面过小，必须要传递较大的应力，该应力值一旦大于混凝土的抗拉强度，就会引起混凝土的开裂。所以得出结论，闸墩裂缝的主要成因为闸门开启状态的荷载作用，检修井井壁靠近牛腿的混凝土拉应力超出混凝土抗拉强度，截面过小，配筋率不足。

5.5 本章小结

综上所述，主要论述当前工程技术领域最常用、最有效的数值计算方法即有限元法，利用 ANSYS 软件对工程实例裂缝问题进行计算分析，采用组合式有限元计算模型对闸墩进行有限元模型计算分析。取得主要成果如下：

①闸墩有限元计算荷载包括上游静水荷载、上部结构荷载、推力荷载和温度荷载。计算中荷载组合分为 4 种工况。

②根据各种工况，分别对闸墩（重点是检修井的井壁处）的受力状态进行计算分析。模型计算的结构拉应力分布区域的结果，与工程实际发生开裂位置基本吻合，为判断裂缝主要成因、裂缝位置、开裂趋势提供了理论计算依据。

③闸墩裂缝的主要成因是闸门开启至最大位置时，检修井井壁所受拉应力超过混凝土的允许抗拉强度；静水荷载、温度荷载对闸墩开裂构成一定威胁，但不是主要因素。

④闸墩组合模型模拟计算结果，为混凝土结构工程安全分析、判断应力危险区域及制定混凝土结构修补加固方法和技术方案提供理论依据。

第6章 钢筋混凝土闸墩堰坝不同闸门开启力学特性分析

蓖窝水库钢筋混凝土重力坝始建于20世纪70年代，在建成两年后监测发现溢流坝段宽墩竖向检修井中出现裂缝，说明在混凝土发生徐变前，闸墩坝即产生裂缝，在研究过程中，不考虑混凝土徐变因素。基于钢筋混凝土闸墩坝结构设计对其进行三维有限元建模，确定闸墩坝在静水压力作用下的稳定性及并对闸墩坝在泄洪过程中不同闸门开启方式进行受力分析对比，为闸墩坝泄洪提出建议。

6.1 溢流坝段工程设计

依托水库以防洪、灌溉为主，保护农田164万亩，可灌溉水田70万亩。右岸3个挡水坝段（1～3号坝段），总长为47 m；河床溢流坝段（4～18号坝段），长274.2 m；电站坝段（19～21号坝段），长40.5 m；左岸挡水坝段（22～31号坝段），长170.3 m。两岸挡水坝段坝顶高程＋103.5 m，顶宽6 m，坝顶总长217.3 m。上游面及下游面混凝土设计强度为R28200F100W8，基础混凝土设计强度为R90200F25W6。溢流坝段坝顶高程84.8 m，堰顶设置14孔弧形闸门，闸门尺寸为12 m×12 m。为控制下泄洪水单宽流量，在堰顶设15个闸墩。泄洪排沙孔底高程60 m，孔口尺寸为3.5 m×8.0 m。溢流坝段平面图见图6.1。

6.2 钢筋混凝土闸墩堰坝有限元模型建立

钢筋混凝土有限元计算模型通常有整体式、分离式和组合式三种，采用整体式建模，该方法计算误差小，可以提高整体计算收敛性，适用于体量大、配筋规整的钢筋混凝土结构。溢流坝段闸墩为两种，一种闸墩为宽墩，宽度为9 m；另一种闸墩为窄墩，宽度为4 m。

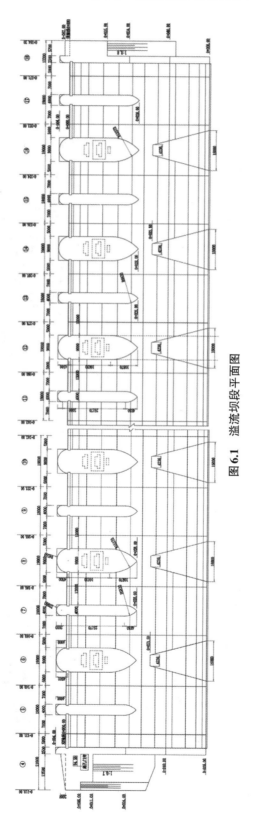

图 6.1 溢流坝段平面图

6.2.1　窄闸墩堰体有限元模型建立

窄墩几何模型参数：岩面最低高程 + 56.0 m，坝顶高程 + 103.5 m，堰顶高程 + 84.8 m，溢流坝底宽 60.0 m；溢流面曲线以 1∶0.9 之坡线和半径为 18.1 m 的反弧与挑坎相接，挑坎高程 + 64.5 m，挑角 38°。窄墩溢流坝段模型见图 6.2。

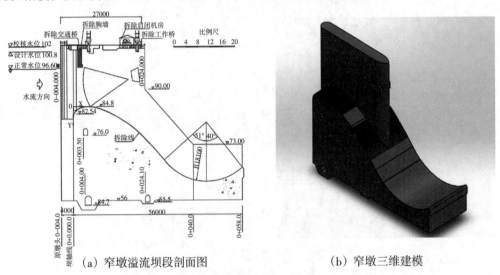

（a）窄墩溢流坝段剖面图　　　　　　（b）窄墩三维建模

图 6.2　窄墩溢流坝段模型图

6.2.2　宽闸墩堰体有限元模型建立

宽墩溢流坝段模型见图 6.3。

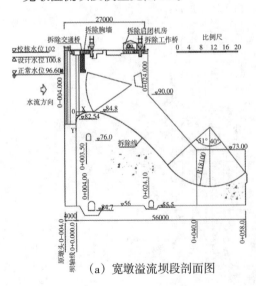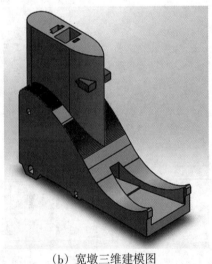

（a）宽墩溢流坝段剖面图　　　　　　（b）宽墩三维建模图

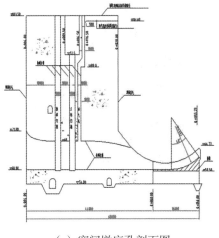

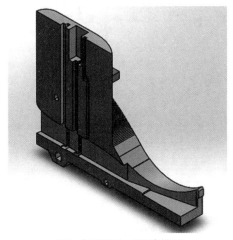

（c）宽闸墩底孔剖面图　　　　　　　　（d）宽墩底孔三维建模图

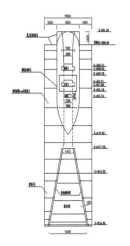

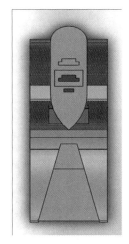

（e）宽闸墩底孔平面图　　　　　　　　（f）宽闸墩底孔三维俯视图

图 6.3　宽闸墩溢流坝段模型图

　　溢流断面宽闸墩底孔处理方式为：溢流坝段宽闸墩内部有泄洪排沙孔、检修门槽、工作门槽及通气孔，其中工作门槽截面尺寸为 7.0 m×5.1 m，并在中部处截面改变为 5.5 m×2.5 m，另外还有两个检修井，通气孔检修井在水力发电室内，截面为 2.5 m×1.0 m，在闸墩中部处产生 90°折角折向闸墩前部；检修门槽在靠近坝顶路面位置，存在截面尺寸为 5.5 m×2.5 m 的竖直检修井。

6.2.3　闸门有限元模型建立

　　在溢流坝段，设有 14 个溢流孔，每个孔均采用 12 m×12 m 的 17.5 m 高的潜孔弧形闸门。至面板前缘曲率半径为 15 m，弧形闸门底部高程为 +84.77 m，顶部高程为 +96.8 m，柱形铰高程为 +93 m，距离溢流堰前部 18.5 m。闸门模型见图 6.4。

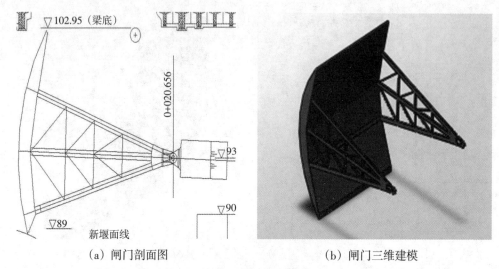

(a) 闸门剖面图 (b) 闸门三维建模

图6.4 闸门模型图

6.2.4 闸墩堰坝有限元模型建立

葰窝水库溢流坝段由15个闸墩构成，边墩2个（宽2.5 m），宽墩6个（宽9 m），窄墩7个（宽4 m），宽墩和窄墩间隔布置（净距12 m）。既有溢流坝段整体模型见图6.5。

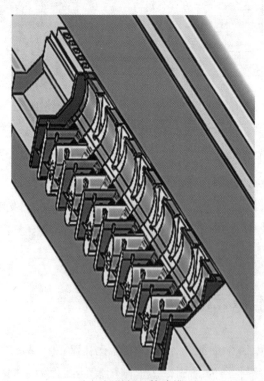

(a) 闸墩坝整体建模

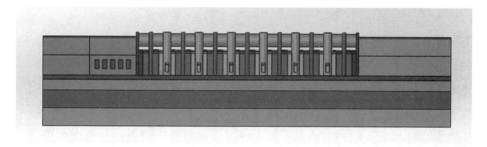

（b）闸墩坝迎水面三维建模

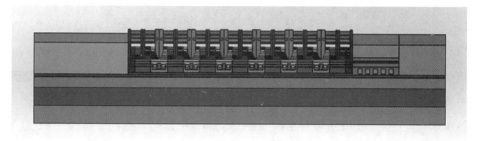

（c）闸墩坝背水面三维建模

图6.5　闸墩坝整体图

6.3　库区高水位闸墩堰坝力学特性分析

（1）工况选取

溢流坝段由15个闸墩构成，左右两侧为4、18号边墩，排列形式为4号边墩→5号窄墩→6号宽墩→7号窄墩→8号宽墩→9号窄墩→10号宽墩→11号窄墩→12号宽墩→13号窄墩→14号宽墩→15号窄墩→16号宽墩→17号窄墩→18号边墩交错排列，见图6.6。

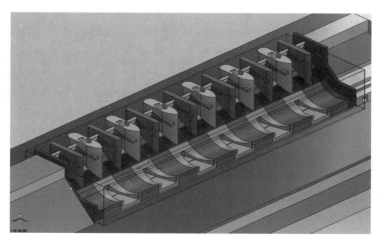

图6.6　溢流坝段闸墩图

（2）计算荷载

①坝体自重荷载；②静水压力：选择校核水位 + 102 m。

（3）边界条件

将闸墩坝底部与坝基进行全局接触，坝基底部采用固定约束，坝肩的两侧与坝基两侧用夹具滚动滑杆约束，整体装配体受到自重荷载及静水荷载作用，其中静水荷载作用于闸墩坝迎水面及坝基迎水面上部，在与水接触迎水面上添加梯度水压力，随着水深的增加而递增至坝基上表面，梯度水压力公式：

$$F(x, y, z) = o \times x - 9.81 \times 1000 \times y + 0 \times z \tag{6.1}$$

（4）力学特性分析

由图 6.7 可知，闸墩坝受静水压力作用时所受的最大拉应力为 4.58 MPa，位于溢流坝段中部牛腿处及坝踵处，其中坝踵处拉应力最大，易产生劈裂裂缝，X 方向最大位移为 1.43 mm，位于溢流坝段闸墩背水面一侧的顶部，中部的宽墩与窄墩变形相近。

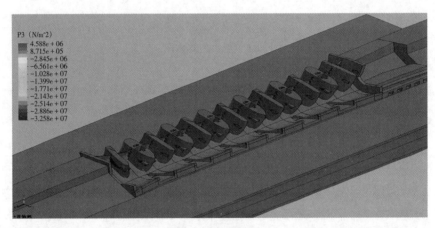

（a）应力图

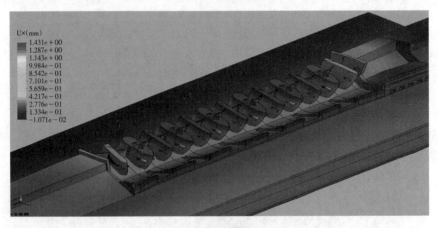

（b）X 方向位移图

图 6.7　闸墩坝静水压力应力–位移图

由图6.8局部位移图可知，电厂坝段与坝肩有过度变形位移，解释了闸墩坝裂纹监测结果中的溢流坝段中间裂纹多，两侧边墩裂纹少的现象，闸墩坝不存在大变形，因此坝体安全。

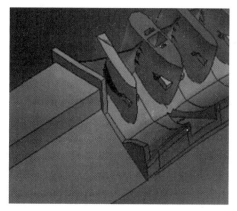 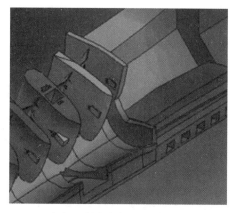

（a）X方向左侧局部位移图　　　　　　　（b）X方向右侧局部位移图

图6.8　闸墩坝静水压力局部位移图

由图6.9可知，闸墩坝在受到校核水位时产生的应变最大位置处于背水面闸墩与堰面交界处，证实了溢流堰面易开裂特点，尤其闸墩与堰面交界处，与损裂检测溢流坝段堰面易开裂部位相吻合，并解释了现实闸墩坝溢流堰面易开裂的原因。

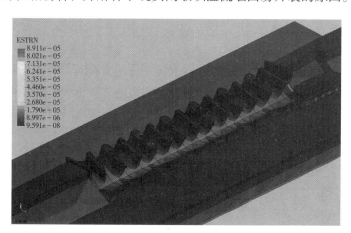

图6.9　闸墩坝静水压力应变图

6.4　库区高水位闸墩堰坝泄洪动力分析

（1）工况选取

对闸墩坝的泄洪方式采用连孔开启闸门泄洪与隔孔开启闸门泄洪两种工况进行计算，重点分析闸墩坝泄洪时，开启不同的闸门对闸墩坝受力影响，为日后闸墩坝开闸泄洪提供建议，设定工况见表6.1。

表6.1　计算工况

工况	自重	校核水位	溢流坝段连孔开启	溢流坝段隔孔开启
一	√	√	√	
二	√	√		√

（2）流体分析

将闸墩坝设置为一个内部封闭系统，通过流动模拟模块新建向导，分析内部并排除不具备流动条件的腔，选择自由面、瞬态分析、重力等物理特征，流体选择空气与水，流动类型为层流与湍流，假设壁面为绝热壁面，粗糙度为0，初始条件设置为：压力101325 Pa、温度293.2 K、流体初始速度为0，腔内初始流体为空气。

表孔敞泄泄流能力按式（6.2）计算：

$$Q = Cm\varepsilon\sigma_s B\sqrt{2g}\,H_0^{3/2} \tag{6.2}$$

式中：Q——流量，$\mathrm{m^3/s}$；

　　　B——溢流堰净宽，m；

　　　H_0——计入行近流速的堰上总水头，m；

　　　g——重力加速度，取9.81 $\mathrm{m/s^2}$；

　　　m——流量系数；

　　　C——上游面坡度影响修正系数，当上游面为铅直面时，可取1.0；

　　　ε——侧收缩系数，根据闸墩厚度及墩头形状而定，可取0.90～0.95；

　　　σ_s——淹没系数，视泄流的淹没程度而定，不淹没时可取$\sigma_s = 1.0$。

流体分析计算见渗流分析典型示意图图6.10。

①工况一边界条件设置：选取葭窝水库20年一遇泄洪体积流量，仅开启溢流坝段中间10～11号闸墩闸门和11～12号闸墩闸门，每个闸门的泄洪体积流量为1860 $\mathrm{m^3/s}$，对泄洪装配体的顶部、背水面以及泄洪口设置出口环境压强，来模拟溢流坝段实际外环境边界的工况一泄洪情况，流体分析的模拟结果见图6.11。

②工况二边界条件设置：选取葭窝水库20年一遇泄洪体积流量，开启溢流坝段中间窄墩分隔的9～10号闸墩闸门和12～13号闸墩闸门，每个闸门泄洪体积流量为1860 $\mathrm{m^3/s}$，对泄洪装配体的顶部、背水面以及泄洪口设置出口环境压强，来模拟溢流坝段实际外环境边界的工况二泄洪情况，流体分析的模拟结果见图6.12。

（3）不同闸门开启过程应力分析对比

①工况一：自重+校核水位荷载+溢流坝段闸门连孔开启的应力分析。

将工况一溢流坝段装配体流体分析流动模拟模块的结果导出至仿真分析模块中，

运用仿真分析模块属性，将流动热力效应模块中的液压选项 fid 文件格式导入仿真分析模块中，至此流体分析作用力作用于固体中，在此溢流坝段装配体受液压、流体抗剪应力 X 轴、流体抗剪应力 Y 轴、流体抗剪应力 Z 轴、自身重力、水压力及闸门重力等作用力，闸门重力集中于牛腿接触点处。由图6.13可知溢流坝段中部10～11号闸墩闸门和11~12号闸墩闸门开启时对中部闸墩受力与变形不利，最不利为中间的11号窄墩，X 方向位移为6.12 mm，大于静水压力的工况。

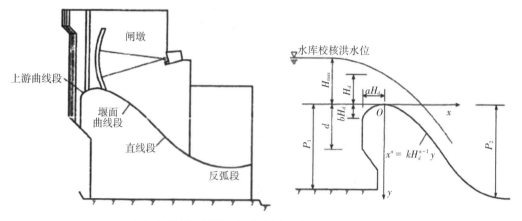

（a）上游堰面倒悬，堰头为椭圆曲线，下游为幂曲线

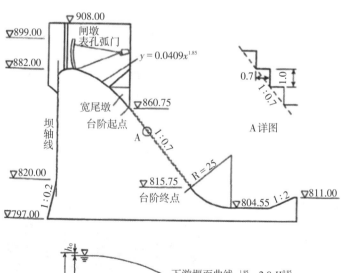

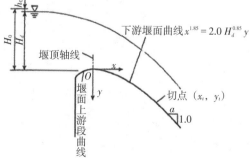

（b）溢流坝面与下游直线段位置

155

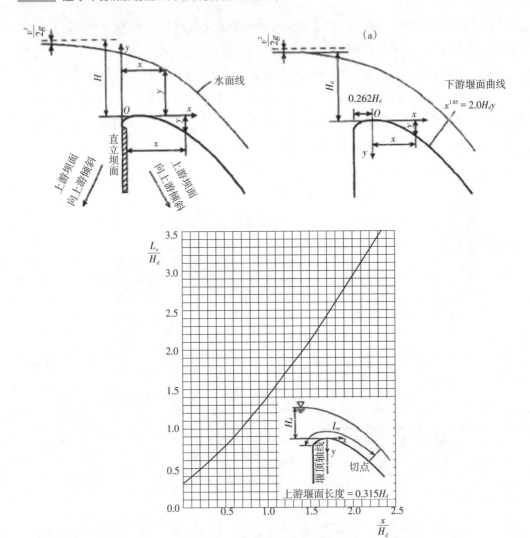

（c）低坝坝头曲线

图6.10 渗流分析典型示意图

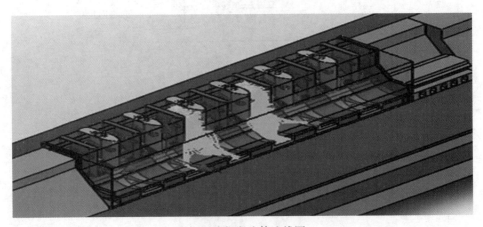

（a）溢流坝段流体迹线图

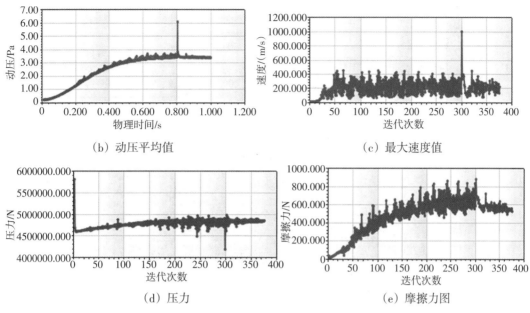

（b）动压平均值　　　　　　　　　　（c）最大速度值

（d）压力　　　　　　　　　　　　（e）摩擦力图

6.11　工况一连孔泄洪流体分析图

（a）溢流坝段流体迹线图

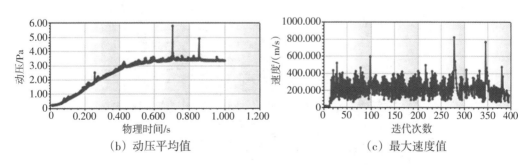

（b）动压平均值　　　　　　　　　　（c）最大速度值

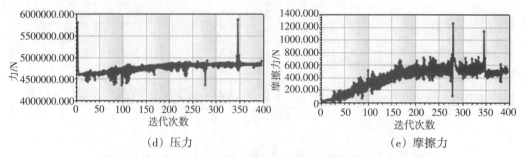

（d）压力　　　　　　　　　　　　（e）摩擦力

图6.12　工况二隔孔泄洪流体分析图

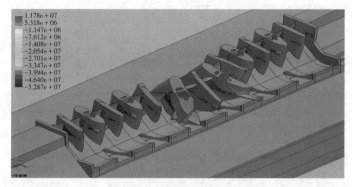

（a）应力图

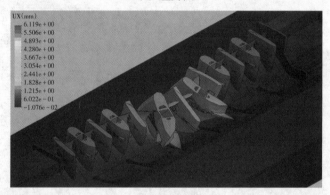

（b）X方向位移图

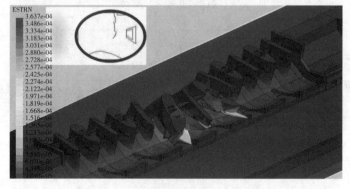

（c）应变图

图6.13　工况一应力-位移-应变图

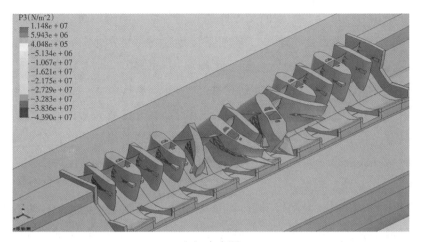

（a）应力图

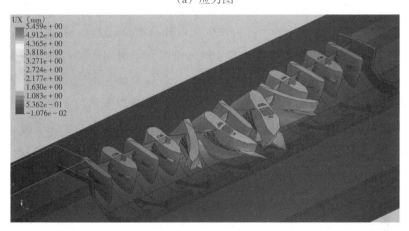

（b）X方向位移图

（c）应变图

图6.14　工况二应力–位移–应变图

　　闸门开启至最大位置时，混凝土重力坝竖向廊道内侧所受拉应力超过混凝土容许抗拉强度所致。由图6.14应变图可知，溢流坝段隔墩9~10号闸墩闸门和12~13号闸墩闸门开启时对10号闸墩与溢流堰面交界处和12号闸墩与溢流堰面交界处应变最大，其次对9号闸墩与溢流堰面交界处和13号闸墩与溢流堰面交界处应变较大，由此得知溢流坝段开启闸门时，开启的闸门越接近对闸墩坝整体越不利，工况二应变小于工况一，可见隔孔泄洪有利于重力坝整体稳定性。

　　利用钢筋混凝土重力坝工程设计理论，详细介绍了蕧窝水库建模思路，建立了三维有限元模型，确定混凝土本构模型，流体-地基-坝体的边界条件，对溢流坝段不同闸门开启泄洪方式进行受力对比分析，确定有利于闸墩坝整体稳定性的泄洪方式，并判断裂缝成因。假设基地各层为均质、各向同性的材料，基于摩尔-库仑、霍克-布朗、土体硬化本构模型，采用岩土材料＋热流边界＋地下水渗流边界＋界面单元组成数值模拟有限元模型，模型四周施加沿法线方向的约束，其中模型的地基四周设置渗流边界条件，土体层及重力坝四周边界设定热流边界条件，模型底部刚性固定，考虑地基基础、主体结构的影响，静水压力水位选取校核水位102 m。静水压力分析：对钢筋混凝土闸墩坝采取受自重＋校核水位102 m作用，得出闸墩坝所受的最大拉应力为4.58 MPa，易产生拉裂缝，X方向位移1.43 mm，坝体整体相对安全稳定。泄洪对比分析：根据钢筋混凝土闸墩坝泄洪的闸门开启方式，分为以下两种工况，工况一：受自重＋校核水位荷载＋连孔泄洪动水作用；工况二：受自重＋校核水位荷载＋隔孔泄洪动水作用；得出工况二所受最大拉应力及位移均小于工况一，建议闸墩坝日后的泄洪方式宜采取隔孔泄洪方式。确定闸墩坝裂缝主要成因：闸门开启至最大位置时，混凝土重力坝竖向廊道内侧所受拉应力超过混凝土容许的抗拉强度。目前新建成的闸墩坝采用小孔泄洪，以降低泄洪动力。

第7章 钢筋混凝土闸墩坝除险加固设计方案

蔻窝水库位于辽宁省辽阳市以东约40 km处的太子河干流上，是一座以防洪为主，兼顾灌溉、工业用水，并结合供水进行发电等综合利用的大二型水利枢纽工程。水库始建于1960年，因当年遭遇特大洪水而被迫停工，1970年10月续建，1974年竣工。水库控制流域面积6175 km²，总库容7.91亿m³，汛限水位77.8 m，100年一遇洪水设计，设计洪水位101.8 m，1000年一遇洪水校核，校核洪水位+102.0 m，大坝为2级建筑物。上游观音阁水库建成后，在规模、最高水位不变的前提下，设计洪水标准仍为100年，校核标准可提高到10000年，校核洪水位仍为+102.0 m，汛限水位抬高到+86.2 m。

大坝为混凝土重力坝，由挡水坝段、溢流坝段、电站坝段三部分组成，大坝全长532 m，共31个坝段，其中1~3号和22~31号为挡水坝段，长217.3 m；4~18号为溢流坝段，长274.2 m；19~21号为电站坝段，长40.5 m。坝顶高程+103.50 m，最大坝高50.3 m。溢流坝段位于主河床，堰顶高程+84.80 m，设置14个溢流孔，由14扇12 m×12 m弧形钢闸门控制。堰面顶部采用克-奥非真空曲线，+70.93 m高程与1:0.9直线段连接，67.74 m高程与反弧段连接，反弧半径18.1 m，挑坎高程+66.00 m，挑射角40°；闸墩间隔布置有6个泄流底孔，孔口尺寸为3.5 m×8.0 m，采用平板钢闸门控制。电站装机5台，总装机容量4.444×10⁴ kW。

1974年辽宁省水利水电勘测设计院对主要裂缝进行了调查研究后，提出最高限制水位不超过+97.00 m运行的意见；1975—1978年间，先后多次对重点裂缝采取水泥、化学灌浆加固，均未奏效。1978年，由辽宁省水利局（厅）工管处、辽宁水利设计院、辽宁水科所及水库管理处组成联合调查组，对裂缝进行普查；1981年，根据水利部的意见对重点裂缝进行了详查，委托北京水科院、天津大学等单位分别进行了有缝坝全息光弹试验、石膏模型破坏试验、底孔气蚀试验。国家水电部门听取了"蔻窝水库现状及存在问题"的汇报后，对工程提出2项措施：一是蔻窝水库最高蓄水位限制在95.50 m；二是对问题较严重23号坝段进行紧急加固处理。1982年蔻窝水库被列为全国首批43座重点病险库之一。

蔻窝水库于1985年5月开始第一次除险加固，投资1403万元；1985—1989年、2000—2003年，蔻窝水库进行第二次除险加固，投资4845万元。2013年1月蔻窝水库

《大坝安全鉴定报告书》（辽宁省水利厅）的安全鉴定结论为：①蔱窝水库大坝防洪能力不满足规范要求；②坝体、闸墩开裂、渗水较严重；③两岸坝坡坝基扬压力高于设计值，对坝体稳定不利；④岸坡坝段地质状况差；⑤溢流坝和电站进水口金属结构老化锈蚀严重，启闭设施陈旧，不能正常与安全使用；⑥安全监测设施不完善，手段落后，水库管理自动化程度低，防汛道路标准低，管理设施陈旧落后，库容库貌较差；⑦蔱窝水库大坝存在严重安全隐患，根据《水库大坝安全鉴定办法》，蔱窝水库大坝应为"三类坝"，建议尽快进行除险加固。

7.1 钢筋混凝土闸墩坝除险加固安全鉴定

①蔱窝水库现状洪水标准不足100年一遇，不满足水利枢纽工程除险加固近期非常运用洪水标准要求。

②蔱窝水库管理组织机构完善，各类管理人员能满足水库运行管理需要；水库严格按照调度规程和控制运行计划调度运用；水库运行有专用调度系统和通信设施，各项规章制度基本建立健全，并能落实到各管理岗位。监测资料整理及时、规范。

③大坝坝基施工中对主要断层进行了开挖回填处理，坝基帷幕防渗灌浆有一定效果，但岸坡坝段扬压力偏高；大坝混凝土施工质量差，混凝土存在局部不密实、含水等缺陷，混凝土碳化严重，大部分混凝土抗冻未达到现行规范要求；大坝上、下游坝面的冻融破坏严重，坝体、闸墩纵横向贯穿性裂缝较多，坝体水平施工缝开裂且普遍渗水，整体稳定性遭到破坏；两侧坝肩无永久排水设施；右岸坝头山坡陡峭，岩石风化严重，存在滑坡危险，引桥基础塌陷、松动。

④大部分坝段坝顶水平位移时效呈上升趋势，尤其是两岸挡水坝段；坝顶垂直位移时效呈抬升趋势，溢流坝段裂缝较多的宽墩比窄墩坝顶抬升明显，大坝整体的变形协调性较差，对坝体结构应力和稳定不利；大坝裂缝成因：主要由温度应力引起，裂缝产生后渗水进入裂缝，低温季节由于冰冻作用使裂缝扩展，23号非溢流坝在设计和校核洪水位工况下坝踵拉应力区范围偏大；校核洪水位工况下，岸坡25号非溢流坝段安全系数不满足规范的要求；23号非溢流坝段帷幕失效时（扬压力不折减）校核洪水位工况下安全系数小于规范允许值；溢洪道弧门支座中墩局部受拉区的扇形局部受拉钢筋截面面积、弧门支座的裂缝控制不满足规范要求。

⑤岸坡3、25号坝段受库水位和降雨的影响较大，且与山体水位明显相关，扬压力系数超出设计值，两岸坝段基础的防渗体系薄弱；低温高水位是蔱窝水库大坝基础的渗流最不利工况；横向廊道顶拱径向裂缝（横缝）漏水严重，影响大坝整体性及耐久性；左岸挡水坝段在 +89.00、+94.50、+100.00 m 高程存在上下游贯通的水平裂缝，

是引起下游坝面冬季严重渗漏的主要原因。

⑥经对区域地质构造条件和地球物理背景分析，葰窝水库地区地震基本烈度以Ⅷ度为宜，地震工况下溢流坝和非溢流坝段强度和稳定满足规范要求，但坝体裂缝破坏了结构整体性，对抗震不利。

⑦溢流坝弧门、启闭机超过折旧年限，闸门涂层大部分失效，构件属较严重锈蚀，局部严重锈蚀，移动门机电气设备不可靠；闸门两侧漏水；弧门检修门构件为一般锈蚀；底孔、弧门动力电缆老化；电站进水口闸门、启闭机远超过折旧年限；溢流坝弧形闸门、电站进水口闸门等闸门启闭机的启门力不满足要求。

⑧大坝安全监测设施、管理设施不完善；防汛道路不完善；水库严重淤积，库水的水质差。

综上所述，葰窝水库大坝防洪能力不满足规范的要求；坝体、闸墩开裂、渗水严重；两岸坝坡坝基扬压力高于设计值，对坝体稳定不利；岸坡坝段地质状况差；溢流坝和电站进水口金属结构老化锈蚀严重，启闭设施陈旧，不能正常与安全使用；安全监测的设施不完善，手段落后，水库管理自动化程度低，防汛道路标准低，管理的设施陈旧落后，库容库貌较差。葰窝水库大坝存在严重的安全隐患，根据《水库大坝安全鉴定办法》，葰窝水库大坝应为"三类坝"，建议尽快进行除险加固。

7.2 钢筋混凝土闸墩坝除险加固方案与设计原则和工程布置

加固方案比较中有保持汛限水位即提高坝顶高程方案和降低汛限水位即坝顶高程不变方案比，进行大坝上游面不同防渗体结构形式和厚度比较，进行不同堰顶高程的比较，闸墩加固方案比选，最终选定推荐方案（见图7.1）。钢筋混凝土闸墩坝除险加固设计原则：执行现有相关规范标准；较好地解决工程存在的病险状况使工程安全运行；加固后工程管理方便，安全性更高；加固措施简单、节省工期；尽可能在规范标准下不增加淹没项目；尽可能地利用现有建筑物、尽量少拆除原结构，达到除险加固工程节约造价的目的。葰窝水库除险加固工程，总体平面布置上没有改变（见图7.2和图7.3），挡水坝段、溢流坝段、电站坝段仍保持原有布置和功能不变。溢流单孔宽度从原12 m缩至10 m，取消原溢流坝胸墙，弧门挡水方式由潜孔式改为露顶式，拆除工作桥和交通桥，每侧闸墩加厚1 m，大坝加高0.75 m。6号坝段右边底孔进行改造，增加泄放生态流量功能，对农灌和生态水流的控制更为方便。

（a）坝肩左侧与闸墩与溢流堰面预加固

（b）清淤溢流洞槽开凿

图 7.1　闸墩裂缝加固方案

7.2.1　挡水坝加固设计

根据新的调洪演算，除险加固后，设计洪水位和校核洪水位均比除险加固前有所提高，考虑不减少大坝安全稳定性，在上游坝面和下游坝坡均浇筑一定厚度混凝土，以抵消由于库前水头增加而引起的大坝安全系数降低，同时阻止库水沿水平缝面和横缝进入坝体内。挡水坝段上游坝面 +83.25 m 高程以下新浇筑 3 m 厚 C30F250W8 混凝土，上游坝面 +83.25 m 高程以上新浇筑 2m 厚 C30F250W8 混凝土，下游坝面新浇筑 0.5 m 厚 C30F200W4 混凝土，表层均布设一层 Φ16@200 钢筋网，坝面进行凿毛处理，对冻融破坏严重及剥蚀混凝土进行凿除，坝面垂直布设 Φ25 间距 1 m 锚杆，以增强新老混凝土之间连接强度。坝体重要水平裂缝和横向裂缝进行灌浆，并粘贴橡胶胶条，缓解应力集中。坝体重要水平裂缝下游侧和横向裂缝布设 3 层 Φ16@200 限裂钢筋，防止裂缝继续向外扩展。坝顶宽度由原 6 m 拓宽至 8.5 m，坝顶上、下游均设置栏杆。挡水坝段上游坝面桩号 0-002.00，下游直立坝面桩号 0 + 006.50。上游坝踵开挖至原基础高程，大坝伸缩缝处需自建基面下挖 0.5m 深岩石，下游坝趾开挖现有地面以下 2 m。挡水坝段长度分别是 14、15、18 m，上下游贴面混凝土厚度为 3.0 m（2 m）和 0.5 m，为减少老坝

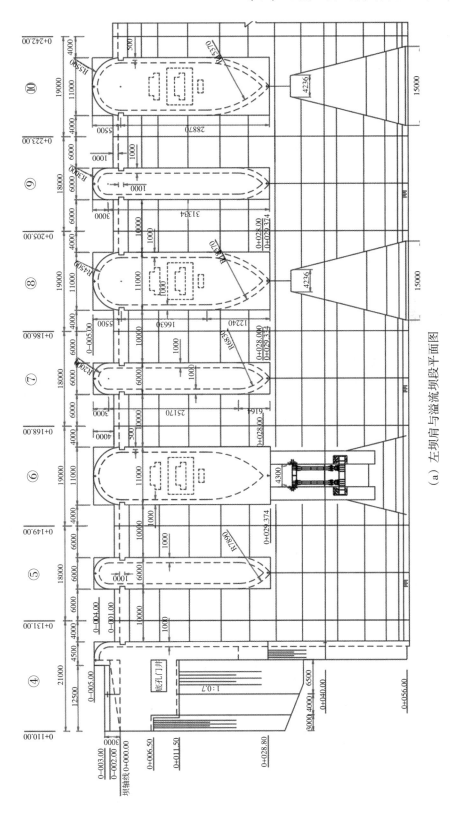

（a）左坝肩与溢流坝段平面图

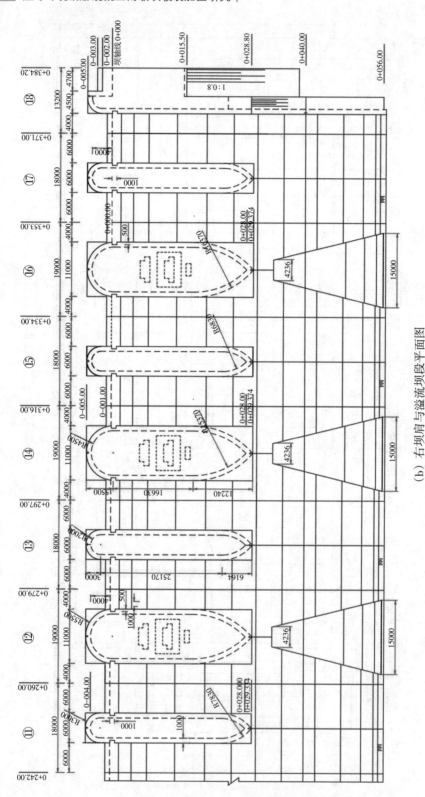

（b）右坝肩与溢流坝段平面图

图7.2　水库除险加固工程溢流坝段坝平面图

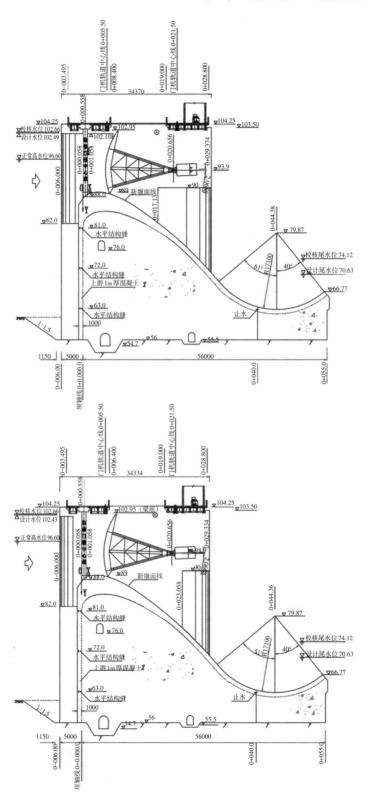

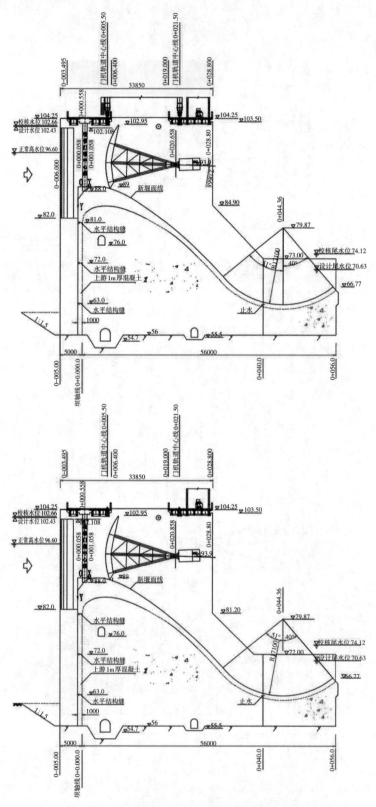

图7.3 水库除险加固工程溢流坝段剖视图

体对新浇筑表面混凝土的约束应力，在每个坝段中间设置一条伸缩缝，新的横缝间距减小至 7、7.5、9 m，横缝放置止水铜片。沿大坝不同高程 +95.25、+86.25、+77.25、+68.25 m 均设置水平预留缝，以减少老坝体对新浇筑坝体约束应力，缝内设置止水铜片。下游坝体沿斜坡方向每隔 9 m 设置一道水平预留缝面，以减少老坝体对新浇筑坝体的约束应力。下游坝体每个坝段布设 3 根竖向排水盲沟，水平缝端布设排水盲沟。水平缝新浇筑混凝土上游坝面 +83.25 m 高程以上，涂聚脲类弹性保护涂层，增强其抗冻融耐久性，下游坝面混凝土涂清水混凝土涂层。23、24、25、26 号坝段上游坝踵，布置 2 排灌浆孔，进行固结灌浆。深入岩石钻孔深度 8 m，间距 1.5 m，1 排固结灌浆孔为垂直向，1 排固结灌浆孔为倾向下游，倾角 5°。两坝头向上游方向 10 m，下游方向 50 m 范围内进行帷幕灌浆处理。灌浆布置成单排孔，孔距 2 m，灌浆至 60 m 高程，减小山体裂隙水向坝基渗漏。存在坝体水平缝的 2、3、4、19、20、21、22、23、24、25、26、27、28 号坝段，在坝顶布两排灌浆孔，19、20、21 号坝段坝顶布 6 排灌浆孔，在下游坝坡面上搭架子每层水平缝端布一排灌浆孔。灌浆孔孔距 2 m，孔深至水平缝下 1 m。对 23 号坝段第二道纵缝采取预应力锚索加固，锚索纵向孔距 2 m，分布 3 层锚索，锚索长度自上而下为 19、9、11 m，每根锚索为一根直径 40 mm 精轧螺纹钢筋（f_{ptk} = 930N/mm²），与专用的内锚头用螺母连接，内锚头安装时能自张开与扩孔产生机械咬合，锚索与外锚头用螺母连接。锚索安装施加预应力后，对自由张拉段全程灌浆形成黏结，最终满足 50 t 抗拔力要求。

7.2.2　溢流坝加固设计

对堰体、闸墩表面进行凿毛，对堰顶部位薄层聚合物水泥砂浆脱空、破损的部位进行凿除。堰面浇筑 1～4.2 m 厚度不等 C30F250W8 钢筋混凝土，闸墩两侧各包裹 1 m 厚 C30F250W8 钢筋混凝土。老堰面、老闸墩表面垂直布设 Φ25 锚筋，锚筋间距 1 m，呈梅花形布筋。对闸墩贯穿性裂缝、堰体横缝进行灌浆，并放置橡胶胶条，缓解应力集中，同时布设 3 层 Φ16@200 限裂钢筋，限制裂缝的继续向外扩展。闸墩墩头起始桩号为 0-005.00，窄墩墩头是半径 3m 半圆弧，宽墩墩头是半径 5.5 m 半圆弧，窄墩墩尾桩号为 0+029.334，宽墩墩尾桩号 0+029.411，窄墩尾墩半径 7830 mm 圆曲线，宽墩墩尾半径 17457 mm 圆曲线。高程 90 m 以上墩尾圆弧线变为直线段，便于牛腿和布设扇形筋（见图 7.4 至图 7.6）。上游 +83.25 m 高程以上、堰面、闸墩弧门前、弧门下游闸墩根部 1 m 高度以内外表面涂刮一层聚脲类弹性保护涂层，提高混凝土耐久性。弧门下游闸墩表面除根部 1 m 以外均涂清水混凝土涂层。墩头的校核洪水位加 0.5 m 以下横缝，墩尾校核洪水过程线加 0.5 m 以下横缝，堰面横缝，均设置 50 mm 深弹性环氧砂浆，缝表面采用宽 20 cm、厚 5 mm 抗冲磨弹性涂层封闭，防止高速水流冲走缝内材料。

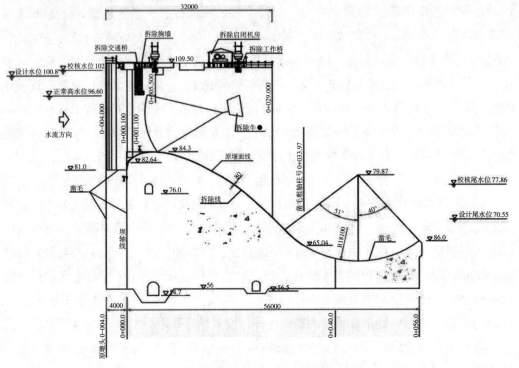

图7.4 原溢流坝段加固剖面图

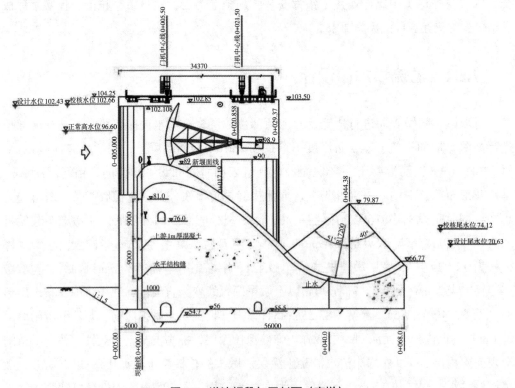

图7.5 溢流坝段加固剖面（宽墩）

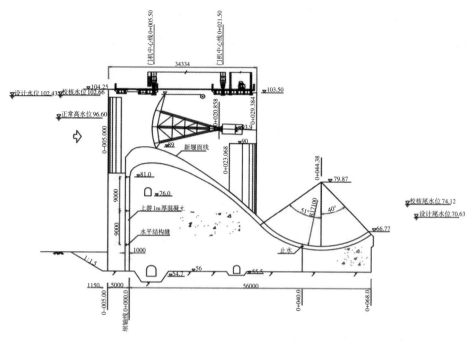

图7.6　溢流坝段加固剖面（窄墩）

为减小新浇筑堰体的温度应力及老混凝土对新混凝土约束应力，在上游堰体 + 81、+ 72、+ 63 m 高程，设置 3 道水平施工缝，缝内放置铜止水片。每个墩头设置 500 mm、墩尾 700 mm 深的缝，墩头缝放置铜止水片，墩尾校核洪水过程线加 0.5 m 以下放置铜止水片。堰顶高程 + 89 m，顶部堰面曲线采用克–奥曲线，堰面顶部提高 4.2 m，挑坎处提高 1 m，取消了原胸墙。反弧底坎高程抬高 1 m 为 + 62.77 m。除险加固对 17、18 号坝段均采取预应力锚索加固，锚索纵向孔距为 2 m，分布 2 层锚索，17 号坝段锚索长度自上而下分别为 9、19 m，18 号坝段锚索长度自上而下分别为 11、19 m。每根锚索为一根直径 40 mm 精轧螺纹钢筋（f_{ptk} = 930N/mm²），与专用内锚头用螺母连接，内锚头安装时能自张开与扩孔产生机械咬合，锚索与外锚头用螺母连接。锚索安装施加预应力后对自由张拉段全程灌浆形成黏结，最终满足 50 t 抗拔力要求。

7.2.3　电站坝段加固设计

坝顶宽度由原 17 m 拓宽至 17.5 m，坝顶上下游均设置栏杆，电站坝段上游坝面桩号 0-002.00，下游坝面桩号 0 + 015.50。上游坝踵开挖至原基础高程，新大坝横缝处需下挖 0.5 m 深岩石，受平面和空间限制，下游坝趾没有开挖方量。上游坝面 + 83.25 m 高程以下新浇筑 3 m 厚 C30F250W8 混凝土，上游坝面 + 83.25 m 高程以上新浇筑 2 m 厚 C30F250W8 混凝土，下游坝面新浇筑 0.5 m 厚 C30F200W4 混凝土，其余要求同挡水坝段。

电站坝段 + 97 m 高程以下检修门井壁、工作门井壁、通气孔壁涂刮一层聚脲类弹性保护涂层，增强其抗冻融耐久性。其中21号电站坝段通气孔内径600 mm，其尺寸较小，人员操作不便，采用内衬隔水性能较好的材料，灌注低黏度环氧（见图7.7）。

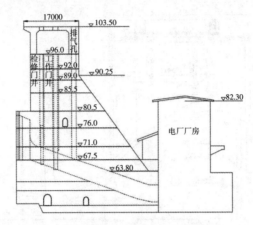

图7.7　水库除险加固电站坝段剖视图

7.2.4　底孔加固及改造设计

为满足施工导流需要，底孔出口反弧段、挑坎均拆除，待导流结束后，再恢复原状。6个底孔表面普遍存在蜂窝麻面，冻融破坏严重，每个底孔均有1条环缝，需要对环缝进行封闭、灌浆、打磨、胎基布、聚脲涂层处理，对底孔四周表面进行打磨，缺损处涂填弹性环氧砂浆，工作闸门下游底孔表层涂刮一层聚脲类弹性保护涂层。拆除原封堵的4个底孔工作门检修井混凝土，恢复原有功能，拆除6个检修门槽二期混凝土，新浇筑门槽混凝土。对底孔工作门井壁、检修门井壁、通气孔壁裂缝进行封闭、灌浆打磨、胎基布、聚脲涂层处理，97 m高程以下检修门井壁、工作门井壁、通气孔井壁表面涂刮一层聚脲类弹性保护涂层。原底孔通气孔在启闭机房室内，排气时造成门窗损坏，本次除险加固将6个通气孔改道，其出口均设在闸墩下游。为改善底孔不能控制泄放水量的不利条件，6号坝段边底孔进行改造，拆除6号溢流坝段反弧段混凝土，从溢流坝段剖面下游分缝处（即桩号0＋040.00）至反弧段挑坎（即桩号0＋056.00）结束。原6号坝段底孔尺寸3.5 m×8 m（宽×高），改造后底孔宽度束窄至2m，底孔高度由原8 m压缩至3.5 m，设置1扇2 m×3.5 m平板可调节流量闸门，其闸门操作控制装置布置在＋73 m高程控制室内。此闸门前布置2.5 m×2.5 m漏斗，漏斗底高程为56.5 m，漏斗向左右伸展，形成宽9 m长2.5 m压力箱，从压力箱分别接引出Φ1、Φ1.6、Φ2.4 m钢管长12.5 m，每根钢管安放1个偏心半球阀和伸缩节，阀室尺寸11.90 m×7.30 m×8.96 m（长×宽×高），出坝钢管中心高程＋58 m，水平段长2.29 m，下沉2 m深，下沉段长6 m，水平段长7 m，水平段钢管中心高程＋56 m。3根钢管整体外包混凝土，混凝土横断面尺寸9.2 m×4.0 m（见图7.8）。

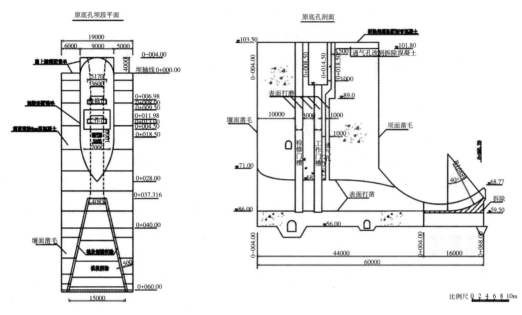

（a）原底孔平面及剖面图

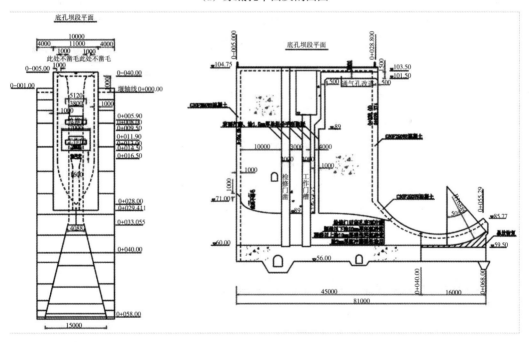

（b）底孔加固及改造平面及剖面图

图7.8　底孔加固及改造前后平面及剖面图

7.2.5　大坝下游河道治理及岸坡防护

为确保位于水库下游左岸唯一防汛路汛期保持畅通，去掉大坝下游左岸河道行洪不畅、水流冲击岸坡等因素，本次补充设计，清除位于左岸高出河道底高程 + 58.5 m 部分的岩石，处理长度为 500 m，对左岸岸坡进行护砌，护砌长度为 500 m，前 180 m 为水流流速较快且紊乱区域，采用混凝土护坡，后 320 m 为水流波动较大区域，采用混凝土 + 石笼护坡。

第一段护坡防护：桩号 0 + 000.00 至 0 + 100.00，从直立式挡墙渐变至坡比 1 : 1.2 斜坡式钢筋混凝土护坡。桩号 0 + 000.00 断面高程 + 63~ + 72 m 为 500 mm 厚钢筋混凝土直立式挡墙，+ 63 m 高程厚 300 mm、宽 11 m 水平段钢筋混凝土结构，高程 + 58.5~ + 63 m 为 500 mm 厚钢筋混凝土直立式挡墙。桩号 0 + 100.00 断面高程 + 63~ + 72、+ 58.5~ + 63 m，钢筋混凝土斜坡式的护坡为 1 : 1.2，护坡厚度为 500 mm，+ 63 m 高程厚 300 mm、宽 20.5 m 水平段钢筋混凝土结构。桩号 0 + 120.00 至 0 + 180.00 为厚 300 mm、坡比 1 : 2 的钢筋混凝土护坡。

第二段护坡防护：高程 + 63~ + 58.5 m 为厚 300 mm、坡比 1 : 2 钢筋混凝土护坡，并在 63 m 高程水平段延伸 10 m 长度。63 m 高程水平段，除临水侧 10 m 宽为混凝土以外，其余水平段和 63 m 至 72 m 高程护坡均为 300 mm 厚石笼。护坡底均设置深 1.8 m 混凝土护脚。

原大坝下游右岸长约 200 m 浆砌石护坡，2012 年汛期水库泄水时造成破坏，除险加固拆除 63~70 m 高程范围内的浆砌石护坡，浇筑 300 mm 厚钢筋混凝土护坡，护坡下面铺 100 mm 厚素混凝土垫层，抵抗水流对护坡的冲刷破坏。原设计护脚深度 1.8 m，坐落在岩石上，为悬臂式钢筋混凝土结构，此护脚经受了右边底孔和表孔泄流考验，此部分予以保留。由于左岸山门处上坝路下涵洞过流能力不足，需增大规模，涵出口水流直接流入现有左岸路下涵，此涵洞规模也需扩大，与山门处路下涵同等规模。因此，左岸涵同样做成 3 孔 2 m × 2 m 方涵。右坝头山体存在个别不稳定块体、岩石剥落情况，右坝头码头路岸坡陡峻，水位的变动区裸露的岩石时常滚落。除险加固对坝头右岸山体活动石块进行清理，对右坝头砌筑排水沟，减少雨水冲刷。对裸露岩体进行客土喷播处理，防止进一步风化剥蚀。

7.2.6 码头、路、涵、排水沟、回车场等设计

（1）码头

码头选在上游距大坝右岸 1 km 原农场处，此处视野开阔、岸坡较缓，利用了开挖料弃渣作为填方铺筑，其自然条件较适宜建设码头，新建码头满足了水库防洪、水质监测、水情观测等需要。新建码头斜坡坡道利用开挖料弃渣填筑，坡道两侧填筑坡比 1 : 2。平台采用 C30F250 钢筋混凝土面板，厚 300 mm。码头平台高程为 + 101.5 m，平台长度 12 m，宽 24 m。斜坡道坡比 1 : 10，斜坡道宽 18 m，坡脚高程为 + 81 m。斜坡道水平方向长度 205 m，采用 C30F250 钢筋混凝土板 300 mm，C15 混凝土垫层 100 mm。

（2）码头路

码头路长921.41 m，路宽4.5 m，路边设置了排水沟，采用4级路标准，路面从上到下依次为30 mm细粒式沥青、40 mm粗粒式沥青、250 mm级配砾石、300 mm厚天然砂砾。码头路走向按照原农场路，右侧临山，左侧临水库，因库岸侧山坡坡度较陡，原有路宽度不足的，向山体侧开挖拓宽。

（3）右坝头回车场

蓑窝水库大坝右岸引桥基础浆砌石破损严重，近年发生过数次坍塌，右坝头现有回车场地小，不便于车辆掉头。为解决上述问题，本次除险加固拆除右岸引桥，拓宽原回车场，拓宽地点在右坝头上游侧。清理回车场基础表层浮渣，露出基岩面，采用抛石混凝土回填至98 m高程，形成平台，在此平台上砌筑重力式混凝土挡墙，挡墙长度41.2 m，挡墙内回填大坝拆除的弃渣料并压实，其相对密实度不得低于0.67。回车场向库区方向扩展25.5 m，坝轴线位置纵向扩宽7.2 m，回车场扩大面积247.8 m²。

（4）左坝头回车场

左坝头车辆掉头困难，需扩大现有回车场面积，拓宽位置在左坝头下游侧，拓宽10 m，回车场扩大面积260 m²。回车场护坡采用坡比1∶1格宾石笼。回车场采用混凝土路面。

（5）路下涵

左岸山门处上坝路涵洞过流能力不足，雨水经常漫过路面，需增大路下涵规模，做成3孔2 m×2 m方涵。

（6）上坝路

左岸上坝路段靠山脚侧设置一条排水沟，减少雨水集中冲刷路面，降低由于路面湿滑造成车辆行驶危险。原坝顶路坡度较陡，加上坝顶高程提高0.75 m，需要调整坝顶段路的坡度，在原山门交叉路段坡度较陡，需要放缓此段路的坡度，交叉点需向下游移10 m左右。对上坝路面进行恢复。

（7）廊道底板

对廊道底板新浇筑高强度混凝土。

7.2.7　工程安全监测系统建设

拟建大坝安全监测系统涵盖变形、渗流、环境量、应力、应变及温度等内容，主要建设内容包括控制网构建、坝顶激光准直观测、垂线观测、基岩变位监测、坝体裂缝监测、扬压力监测、坝内渗流监测、集水井控制、绕坝渗流观测、库水位监测、水温观测、自动气象站、坝体应力应变监测、坝段锚索监测、温度监测、监站建设和应用软件开发等内容。系统采用分布式结构，设坝上监测中心站，按采集端—MCU—中心站的布局，对既有和改造工程进行在线监测、离线分析和数据处理的总布局。

7.2.8 大坝混凝土温度控制及防裂设计

①对大体积混凝土选用水化热较低的水泥，同时，适当比例外掺粉煤灰，尽量降低混凝土的水化热温升。

②在混凝土配合比设计中，对大体积混凝土适当增加级配，加大骨料的粒径，降低混凝土的绝热温升。

③严格按照设计提出要求，采取措施降低混凝土的浇筑温度，骨料堆高、地垄取料、料堆搭棚遮阳、风冷粗骨料、混凝土冷水拌和、加冰拌和等。

④为降低水化热温升，可采用坝内埋设塑料冷却水管通水降温措施。在新浇混凝土达到终凝后，采取薄层流水养生的措施，可有效降低混凝土温度。

⑤合理安排施工工期，安排低温季节浇筑混凝土，高温季节利用夜间浇筑混凝土，冬季浇筑混凝土时，应严格按照冬季施工要求进行。高温季节施工时，浇筑时间尽量安排在早、晚或夜间。气温超过25℃时，停止浇筑混凝土。

⑥对长期暴露在外的混凝土表面均进行保温，防止表面裂缝，并保持混凝土表面湿润，做好养生，防止干缩裂缝。在混凝土过冬期间，应严格按照设计提出保温标准进行混凝土表面防护，暂定新浇混凝土表面保温能力达到10 cm厚挤塑板标准。

⑦对于上游面新浇3、2、1 m厚的混凝土，为减小老混凝土约束应力，每个坝段原横缝中间增设一道伸缩缝，内设止水铜片。沿大坝不同高程的水平裂缝设置水平施工冷缝，内设止水铜片。所有新浇坝体每m³混凝土中掺加1 kg聚丙烯纤维，掺加膨胀抗裂剂。

⑧坝体保温措施：上游、下游混凝土表面采用挤塑板防护，挤塑板厚度100 mm，采用锚栓固定于混凝土表面。挤塑板外挂网布，喷水泥浆。挤塑板导热系数要求：10℃时导热系数小于0.028 W/(m·k)，25℃时导热系数小于0.030 W/(m·k)；燃烧性能应达到B2级。溢流堰面、闸墩部位采用100 mm厚防水岩棉被保温，保温材料至竣工验收前拆除。

7.2.9 大坝裂缝处理设计

（1）大坝纵缝

葰窝水库坝内设有三条纵向廊道，三条横向廊道，四个进出口。对葰窝水库危害最大的裂缝是排水廊道顶拱上的纵向裂缝和横向廊道里一些环向裂缝。横向廊道内裂缝以23号坝段顶拱环向裂缝最为严重，此裂缝与上游面裂缝、灌浆廊道裂缝相贯通。23号坝段横向廊道内在0 + 18.4和0 + 28.2 m处各有纵缝一条。严重大坝纵缝有：5、7、23号坝段排水廊道均自基础向上开裂，至下游坝面不足2.5、1.7、2.3 m，8、9、10、12、16号坝段排水廊道顶拱均有纵缝。除了边坝段1、2、28、29、30、31号外，挡水坝段、溢流坝段、电站坝段均有纵缝存在，比较重要纵缝共计67条，纵缝详细统计见《葰窝水库大坝重要裂缝及稳定安全专题分析研究报告》。自基础向上开裂的纵向裂缝，已接近下游坝面或与闸墩裂缝连通，将大坝沿上下游方向分为两个或三个部分，严重破坏了大坝的整体性。从裂缝对坝体危害程度看，排水廊道顶拱纵向裂缝对大坝整体性的破坏很大。葰窝水库于1985年第一次加固设计中采用了内锚式预应力锚索加固坝体纵缝的措施。葰窝水库大坝加固预应力锚索永存吨位基本在50 t以上，满足加固设计要求的数值。锚索张拉锁定后，坝体产生了预压应力，并使裂缝有所闭合，起到了限制裂缝继续扩展和部分压合裂缝的作用，达到了坝体加固的设计目的。从观测成果资料分析认为，锚索运行状态正常，符合一般变化规律，没有发现异常现象。

根据《葰窝水库坝体裂缝检测报告》，17、18号坝段新发现纵向裂缝，裂缝向上延伸接近坝面，纵向裂缝对大坝安全影响较大。本次葰窝水库除险加固工程对17、18号坝段采用预应力锚索进行加固。23号坝段有两道纵缝，第一道纵缝位于排水廊道顶拱发展至+80m高程水平缝，第二道纵缝位于桩号0+028.20通至下游坝面。葰窝水库第一次除险加固改造时，对第一道纵缝采用了内锚式预应力锚索加固措施，第二道纵缝没有进行处理。除险加固对23号坝段第二道纵缝，17、18号坝段纵缝采取预应力锚索加固。

（2）闸墩裂缝

葰窝水库第二类重要裂缝就是中墩和边墩上的贯穿性裂缝。除15号坝段只有一条贯穿性裂缝，17号坝段闸墩无贯穿性裂缝外，其余闸墩贯穿性裂缝数量以三四条居多。现场的检查闸墩裂缝有规律地出现于牛腿上游，钢闸门下游，并且距离牛腿较近，裂缝自下而上延伸，有的连续有的间断，在闸墩两侧几乎呈对称分布，宽墩和7、9、11、13号窄墩均有贯穿性裂缝。宽墩左右两侧在桩号0+007~0+008和0+012.0~0+013.6处有自墩顶向下延伸到堰面的裂缝，此类裂缝已贯穿闸墩至堰面。窄墩桩号0+007~0+008处有墩顶延伸到堰面的裂缝。4~18号闸墩裂缝重要裂缝共计102条。葰窝水库闸墩裂缝主要是由于温度应力引起。检修门闸墩最薄处厚度1.85 m，工作门闸墩最薄处厚度1.781 m，通气孔闸墩的最薄处厚度2.2 m。由于检修门槽、工作门槽、通气孔存在应力集中，且应力集中部位闸墩较薄，致使宽墩裂缝较为严重。所以底孔闸门井布置引起应力集中是一个因素。裂缝产生后，由于未及时修复和封堵缝口，导致水渗入裂缝，低温季节水结冰，冻融使裂缝发展迅速，混凝土闸墩遭受严重破坏。闸墩贯穿性裂缝严重破坏了闸墩的整体性，引起宽墩渗水。特别是带底孔宽墩裂缝分布于距坝轴线7、13 m裂缝，受气温变化影响明显，混凝土较薄只有1 m多，不足2 m，渗水严重，加速了钢筋锈蚀，尤其是工作闸门两侧裂缝切断了闸墩，其下游侧正是弧门铰座牛腿，是闸门主要支撑部分，这个危害性是不可忽视的。现有溢流设施泄洪能力具有一定的富余量，增加一定的闸墩厚度减少溢流宽度，并不影响葰窝水库的防洪能力。对闸墩贯穿性裂缝和深层裂缝采取封闭、灌浆处理。闸墩两侧各包裹1 m厚

C30F250W6 钢筋混凝土，老闸墩混凝土表面凿毛、刷界面剂，打 Φ25 锚筋，锚筋间距 1 m。同时，对闸墩贯穿性裂缝进行灌浆处理，缝端放置橡胶胶条，布置 3 层 Φ16 限裂钢筋（见图 7.9 至图 7.12）。

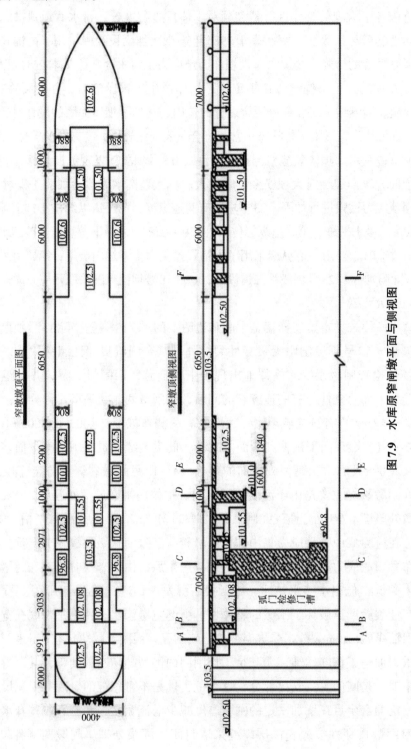

图 7.9　水库原窄闸墩平面与侧视图

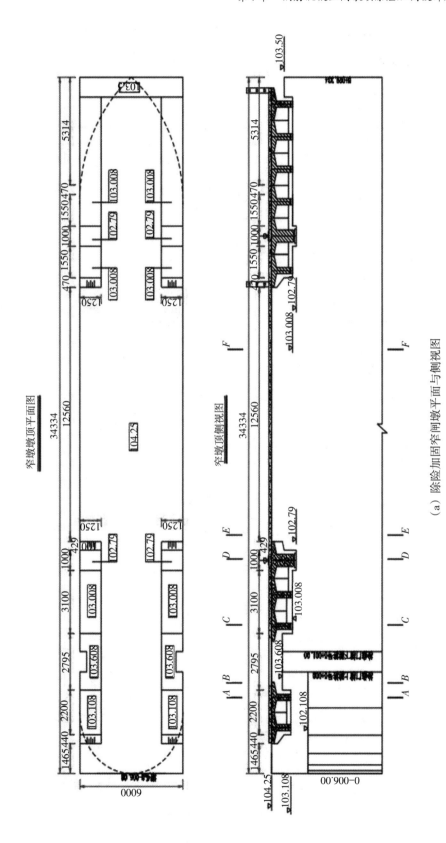

（a）除险加固窄闸墩平面与侧视图

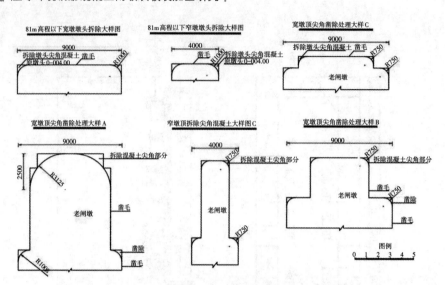

（b）81 m高程以下墩头拆除大样图

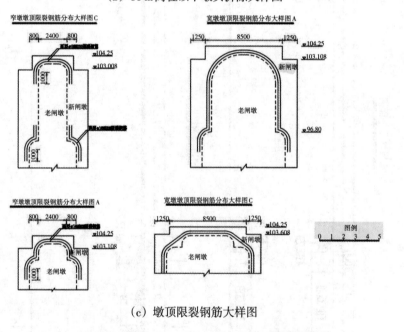

（c）墩顶限裂钢筋大样图

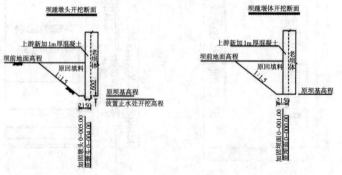

（d）溢流坝段开挖断面

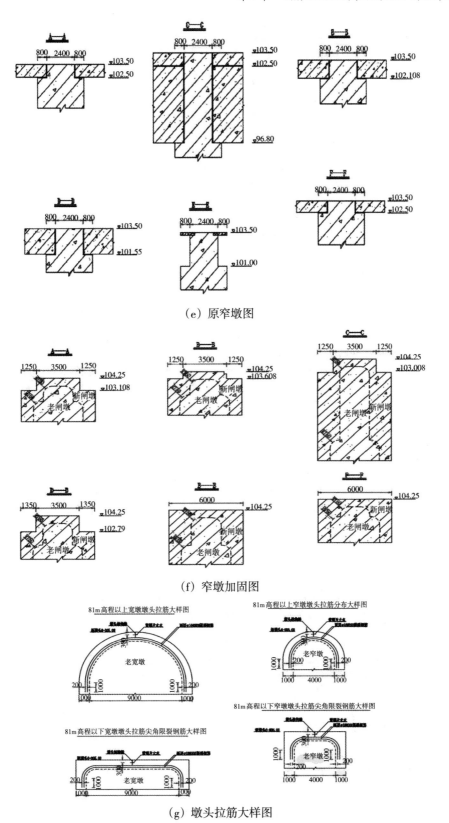

（e）原窄墩图

（f）窄墩加固图

（g）墩头拉筋大样图

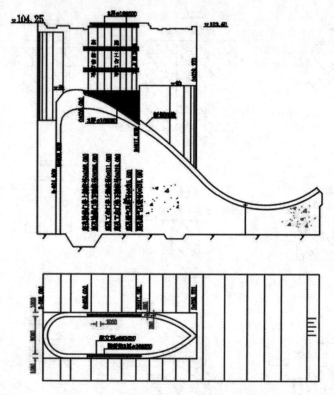

（h）闸墩底孔门井限裂钢筋分布图

图7.10　水库除险加固窄闸墩平面与剖面图

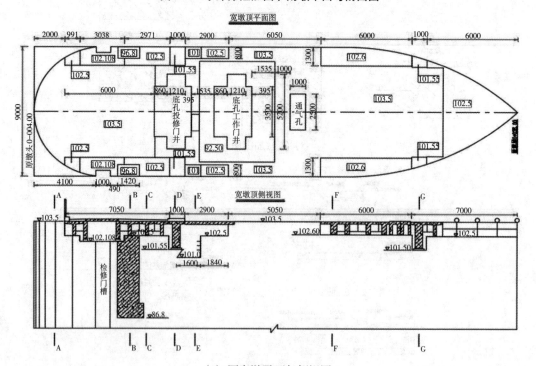

（a）原宽墩平面与侧视图

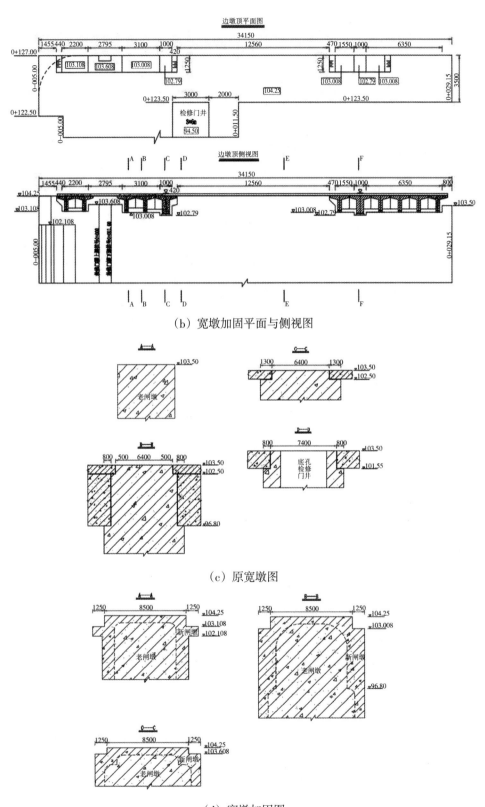

（b）宽墩加固平面与侧视图

（c）原宽墩图

（d）宽墩加固图

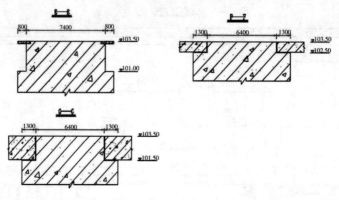

（e）原宽墩图

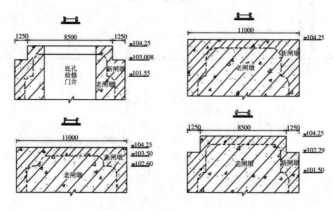

（f）宽墩加固图

图7.11　水库除险加固宽闸墩平面与剖面图

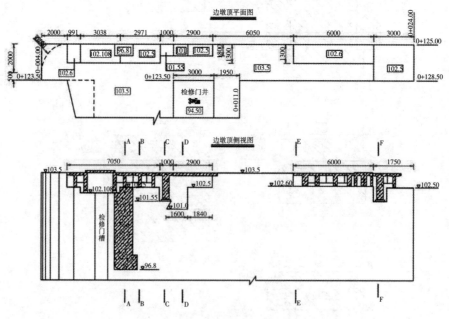

（a）原边墩平面与侧视图

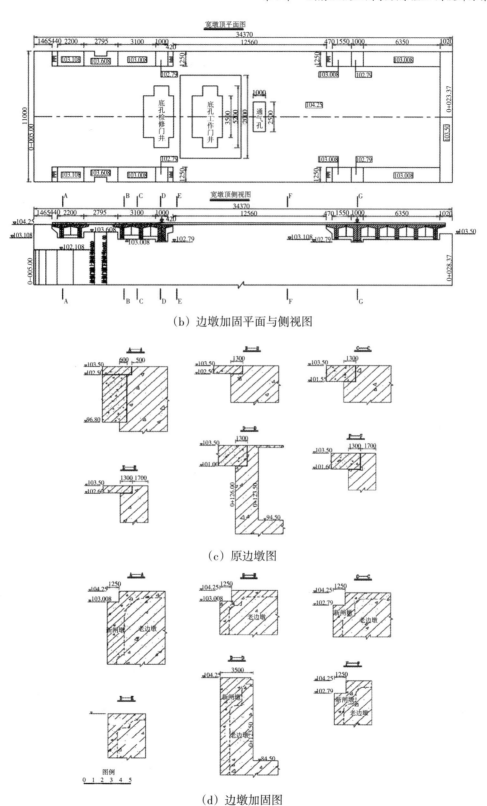

（b）边墩加固平面与侧视图

（c）原边墩图

（d）边墩加固图

图7.12 水库除险加固边闸墩平面与剖面图

（3）水平裂缝

蓓窝水库水平裂缝较为普遍，从下游面出露情况反映出有贯穿整个坝段的水平裂缝，也有长度短些的水平裂缝，有的施工缝存在渗水、渗钙现象。1981年检查发现3、19、20号坝段下游面有多处水平施工缝渗水，其中19、20号坝段76 m高程水平施工缝渗水较为严重。较为重要的水平裂缝共计124条。辽宁省水利水电勘测设计研究院地勘分院采用孔内电视法，并结合压水试验和坝面现象分析判断水平裂缝贯通性。23号坝段布置检查孔1个，24号坝段布置检查孔1个，25号坝段布置检查孔2个，从坝顶钻斜孔。针对不同高程水平裂缝进行了钻孔压水试验，试验结果大部分水平裂缝渗水，据此判断水平施工缝上下游为贯通缝。上下游水平裂缝多位于两岸挡水坝段及电站坝段，引起下游面渗水严重，尤其是在高程78.00~89.00 m部位水平缝渗水最为严重。裂缝内冰胀消作用、冻融作用明显，冰冻冻融变形每年都有不可恢复残余部分，其积累效应即表现出时效变形，造成坝顶逐年抬高。蓓窝水库水平裂缝的存在使上下层混凝土结构彼此分离，是一个薄弱面，水平裂缝面抗剪摩擦系数、抗剪断摩擦系数、抗剪断凝聚力均有所降低。上游坝面新浇3 m厚混凝土防渗体，并对水平裂缝进行水泥灌浆填缝处理，解决蓓窝水库大坝由于水平裂缝的存在，使得大坝抗滑稳定安全系数不满足规范允许值要求和水平裂缝渗水等问题。存在坝体水平缝的坝段主要包括：2、3、19、20、21、22、23、24、25、26、27、28号挡水坝段。2、3、22、23、24、25、26、27、28号挡水坝段坝顶布两排灌浆孔，4、18号坝段坝顶布3排灌浆孔，19、20、21号电站坝段坝顶布6排灌浆孔。在下游坝坡面上搭架子每层水平缝端布设1排灌浆孔。灌浆孔孔距2 m，孔深至水平缝下1 m。贴面混凝土在上游侧水平缝位置预留水平缝，内设止水铜片，下游侧水平缝进行化学灌浆，放置橡胶胶条，布置三层Φ25限裂钢筋。

（4）横向裂缝

挡水坝段段长18 m，下游坝面约在坝段中间处都有一条从上到下的垂直裂缝，即横向裂缝，尤以23号坝段为甚，有从上游面及廊道中垂直横向裂缝贯通的趋势。蓓窝水库大坝横向裂缝除1、18、29、30号坝段外，坝段均有横向裂缝分布，横向裂缝分布范围较广，且数量也较多，较为重要有代表性的横向裂缝共计50条。自上游坝面开裂，贯通到横向廊道和闸门井等横向裂缝，虽对大坝稳定性构不成严重威胁，但是引起较大渗漏。在水库水位变化区域和下游面及底孔闸门槽，由于横向裂缝处渗水、渗钙，其中冻融破坏较为严重，粗骨料裸露，导致混凝土强度降低。1975—1978年间蓓窝水库先后多次进行堵漏止水试验研究，结果都不太理想。1988年最后选用水溶性聚氨酯化灌材料，获得成功。对所有坝段横向裂缝进行水溶性聚氨酯化灌处理，基础廊道总漏水量由1149 m³/昼夜降为156 m³/昼夜，当时效果明显。后期漏水量又有所加大，归因于化学灌浆材料耐久性较差，不能从根本上解决漏水问题。对于大坝横向裂缝，在大坝上游侧增设一道3m厚的混凝土防渗体，封堵渗漏通道，可以从根本上解决横向裂缝渗漏问题。对比较重要、有渗钙等现象的横缝进行灌浆处理，裂缝放置橡胶胶条和三层Φ25限裂钢筋。

（5）堰面裂缝

溢流面混凝土1972年浇筑，运行几年后，由于冻融及泄流冲刷破坏，堰面混凝土约有60%以上不同程度地露出骨料，堰面多呈麻面状。堰面混凝土强度较低，局部用镐或钢钎即可轻易凿动。葽窝水库第二次除险加固，对溢流坝面进行了补强加固；在+81.00～+62.40 m高程之间，溢流堰面采用深层处理，采用台阶状，处理厚度500 mm，最小厚度300 mm；在81.00～84.80 m之间采用薄层处理，处理深度50 mm。溢流堰面有多条裂缝分布，堰顶砂浆破碎严重，总面积约为169.9 m²，单孔破损面积约为2.3~21.5 m²。挑流鼻坎及底孔出口两侧混凝土磨损范围较大，形成不连续的磨损面，达到B类磨损，局部形成连续磨损面，钢筋外露，达到C类磨损。12号坝段出口挑流鼻坎（高坎）有2处连续的磨损面，钢筋外露，达到C类磨损，破损面积分别为1.2 m×0.5 m和1.2 m×0.7 m（长×宽）。底孔出口挑流鼻坎（低坎）混凝土形成连续的磨损面，钢筋外露，达到C类磨损。8号坝段底孔出口两侧混凝土形成不连续的磨损面，达到B类磨损。左侧有1 m×0.4 m范围连续的磨损面，局部钢筋外露，达到C类磨损。堰顶高程由原+84.8 m提高至+89 m，堰面新浇混凝土厚度1~4.2 m，原堰面凿毛，松动部分予以凿除，堰面缝端粘贴橡胶胶条，对较深处的堰体裂缝进行灌浆处理，原堰体表面垂直布设Φ25锚筋，间距1 m，梅花形布筋，浇筑C30F250W8堰面钢筋混凝土。

（6）大坝施工缝、闸门井、底孔、通气孔、廊道裂缝及防渗处理设计

①对廊道重要裂缝等表面进行清理后，采用堵漏王封堵，打斜孔埋设灌浆嘴，钻孔的间距一般20~50 cm，封闭缝面后用手揿式灌浆泵灌注环氧树脂灌浆材料进行处理。

②对底孔洞壁，底孔闸门井，19、20、21号电站坝段闸门井及通气孔裂缝环氧树脂的灌浆材料处理完成后，使用高压水枪进行冲洗或钢丝刷刷洗，除去表面浮灰、水泥浮浆、油垢等至表面微毛，然后用水充分浸透基层混凝土，不得用酸洗。涂刷面应做到毛、潮、净。对表面进行打磨，裂缝两侧各0.3 m、裂缝两端各延伸0.5 m的范围放置胎基布，涂刷一层聚脲保护层，门井涂聚脲类保护涂层，防止井中水向闸墩渗透。

③对廊道一般性表面裂缝，采取侧壁顶拱表面进行打磨，涂刷渗透结晶型水泥基防渗涂料。

7.3 溢流坝加固设计

7.3.1 原溢流坝段结构布置

4～18号坝段为溢流坝段，布置在河床中间。采用实用堰型，堰顶高程84.8 m，设14孔弧形闸门，闸门尺寸12 m×12 m。为控制下泄洪水单宽泄量，在闸门上部+96.8～+102.5 m高程设置高5.7 m胸墙。堰顶设15个闸墩，其中6个宽墩，7个窄墩，2个边墩。6个底孔设在宽墩内，底高程60 m，孔口尺寸3.5 m×8 m（宽×高）。坝段伸缩缝设于闸孔中距窄墩7 m，距宽墩5 m处。

6个宽墩设在6、8、10、12、14、16号坝段，闸墩厚9 m，墩长32 m。墩头为半径4.5 m半圆形，墩尾为半径15.37 m圆弧线，圆心距墩尾10.87 m。墩内设有底孔工作门槽、底孔检修门槽，工作门槽+92.5 m高程为工作门检修室，工作门槽下游设2.5 m×1 m通气孔。

7个窄墩设在5、7、9、11、13、15、17号坝段，墩宽4 m，长度32 m。墩头为半径2 m半圆形，墩尾为半径6.83 m圆弧线，圆心距墩尾4.83 m。

2个边墩设在4、18号坝段上，闸墩厚3 m，长28 m。边墩向下延伸和挑流鼻坎上的导流边墙相接，导流墙按百年尾水位设计，墙顶高程+69 m。

坝体内部为进行基础灌浆、排水与坝体观测，设置了6条廊道，3～25号坝段+54.7～+71 m高程上，廊道中心距坝轴线5.1 m处，设置1条纵向灌浆廊道。4～25号坝段+55.5～+69 m高程上，廊道中心距坝轴线16.95～24.85 m处，设置1条纵向排水廊道。2～27号坝段+76～+86 m高程上，廊道中心距坝轴线4.6～11.1 m处，设置1条纵向观测廊道。5、17、23号坝段+54.7～+58.85 m高程上，与灌浆廊道相通，设置3条横向观测廊道。

水库消能型式采用高低坎挑流消能，堰面水流基本经高坎下泄，底孔水流基本经低坎下泄。挑坎长度16.5 m，与溢流坝间设永久伸缩缝。高坎坎顶高程66 m，宽22 m，最低点的高程61.77 m，挑射角40°，以半径为18.1 m反弧与溢流坝曲线相交。低坎坎顶高程+64.5 m，成扩散形式，即由底孔出口宽4 m开始扩散到鼻坎顶部宽15 m，挑射角38°，反弧半径为21.1 m，最低点高程+60 m，与底孔平段相接。

7.3.2 溢流坝检测

2012年葰窝水库裂缝普查，发现溢流坝段堰面裂缝数量多达370条，缝宽及长度很小，呈龟裂状，裂缝较浅，属表层裂缝。除此之外，堰面有碳化，局部堰顶聚合物水泥砂浆与堰体有脱离、剥落，总体看，堰面裂缝不会对大坝安全构成严重危害。

溢流堰面裂缝较密集，分布多条裂缝，堰顶砂浆破碎严重，挑流鼻坎及底孔出口两侧混凝土磨损范围较大，形成不连续磨损面，局部有连续磨损面，钢筋外露。闸墩主要缺陷为裂缝与渗水、蜂窝，混凝土局部脱落，墩子底部混凝土有冲蚀。闸墩水位变化区内剥蚀深度1~5 cm，个别闸墩粗骨料外露，局部钢筋外露锈蚀，胸墙表层砂浆有锈迹，局部脱落。闸墩裂缝主要集中于牛腿上游，距离牛腿较近，裂缝的位置大多数分布在牛腿和闸门之间。裂缝在闸墩立面自下而上延伸，在闸墩两侧立面上对称出现，墩子外侧裂缝渗水较严重，所有宽墩和7号坝段窄墩均有贯穿至堰面的裂缝。

7.3.3　闸墩扇形筋、牛腿复核

7.3.3.1　弧门支座附近闸墩局部受拉区的裂缝控制复核

采用《水工混凝土结构设计规范》（SL/T 191—2008）公式（7.1）和式（7.2），进行闸墩弧门支座附近闸墩局部受拉区裂缝控制计算。

闸墩受两侧弧门支座推力作用时：

$$F_s \leqslant 0.7 f_{tk} bB \tag{7.1}$$

闸墩受一侧弧门支座推力作用时：

$$F_s \leqslant \frac{0.55 f_{tk} bB}{\dfrac{e_o}{B} + 0.20} \tag{7.2}$$

式中：F_s——由荷载标准值按荷载效应短期组合计算的闸墩一侧弧门支座推力值；

　　　b——弧门支座宽度；

　　　B——闸墩厚度；

　　　e_o——弧门支座推力对闸墩厚度中心线的偏心距；

　　　f_{tk}——混凝土轴心抗拉强度标准值。

中墩：计算得

$$F_s = 1.2 \times 8500 = 10200 \text{（kN）},$$

$$0.7 f_{tk} bB = 0.7 \times 1.75 \times 2000 \times 1900 \div 1000 = 4655 \text{（kN）}$$

边墩：

$$F_s = 1.2 \times 8500 = 10200 \text{（kN）}$$

$$\frac{0.55f_{tk}bB}{\dfrac{e_o}{B}+0.20}=7493 \ (\text{kN})$$

弧门支座推力值大于闸墩局部混凝土抗拉强度计算值，不满足要求，应加大弧门支座宽度或提高混凝土强度等级。

7.3.3.2 闸墩局部受拉区的扇形局部受拉钢筋配置复核

采用《水工混凝土结构设计规范》（SL/T 191—2008）公式10.9.2-1和10.9.2.2，闸墩受两侧弧门支座推力作用时：

$$F \leqslant \frac{1}{\gamma_d}f_y\sum_{i=1}^{n}A_{si}\cos\theta_i \tag{7.3}$$

闸墩受一侧弧门支座推力作用时：

$$F \leqslant \frac{1}{\gamma_d}\left(\frac{B_o'-a_s}{e_o+0.5B-a_s}\right)f_y\sum_{i=1}^{n}A_{si}\cos\theta_i \tag{7.4}$$

式中：F——闸墩一侧弧门支座推力设计值；

γ_d——钢筋混凝土结构的结构系数；

A_{si}——闸墩一侧局部受拉有效范围内的第 i 根局部受拉钢筋的截面面积；

f_y——局部受拉钢筋的强度设计值；

B_o'——受拉边局部受拉钢筋中心至闸墩另一边的距离；

θ_i——第 i 根局部受拉钢筋与弧门推力方向的夹角。

计算得，中墩：

$$F=8500 \ (\text{kN})$$

$$\frac{1}{\gamma_d}f_y\sum_{i=1}^{n}A_{si}\cos\theta_i=4555 \ (\text{kN})$$

实际配置32根Φ32，扇形筋不满足配筋要求。

边墩：计算得

$$F_s=8500 \ (\text{kN})$$

$$\frac{1}{\gamma_d}\left(\frac{B_o'-a_s}{e_o+0.5B-a_s}\right)f_y\sum_{i=1}^{n}A_{si}\cos\theta_i=7189 \ (\text{kN})$$

弧门推力设计值大于实际配置的局部受拉钢筋抵抗值，不满足公式要求，说明扇形区域配置钢筋不满足规范要求。

7.3.3.3　闸墩弧门支座纵向受力钢筋截面面积复核

采用《水工混凝土结构设计规范》（SL/T 191—2008）公式 10.9.4，计算弧形支座纵向受力钢筋截面面积：

$$A_s = \frac{\gamma_d F a}{0.8 f_y h_o} \tag{7.5}$$

式中：A_s——纵向受力钢筋的总截面面积；

　　　　f_y——局部受拉钢筋的强度设计值；

弧门支座纵向受力钢筋计算值为 17607 mm²，大于实际配置钢筋 8846 mm²，弧门支座配筋不满足规范要求。

7.3.3.4　闸墩扇形筋、牛腿复核结论

根据上述闸墩扇形筋、牛腿等的复核计算，弧门支座附近闸墩的局部受拉区的裂缝控制计算、扇形区域配置钢筋、弧门支座配置钢筋均不满足规范要求。

7.3.4　溢流坝段加固设计

7.3.4.1　坝顶高程计算

根据《混凝土重力坝设计规范》（SL319—2005）8.1.1 条规定：坝顶应高于校核洪水位，坝顶上游防浪墙顶的高程应高于波浪顶高程，其余正常蓄水位或校核洪水位的高差，可由公式（7.6）计算，应选择两者中防浪墙顶高程的高者作为选定高程。

$$\Delta h = h_{1\%} + h_z + h_c \tag{7.6}$$

式中：Δh——防浪墙顶至正常蓄水位或校核洪水位的高差，m；

　　　　$h_{1\%}$——波高，m；

　　　　h_z——波浪中心线至正常或校核洪水位的高差，m；

　　　　h_c——安全超高，按表 7.1 采用。

表 7.1　安全超高　　　　　　　　　　　　　　　　　　　　单位：m

相应水位	坝的安全级别		
	1	2	3
正常蓄水位	0.7	0.5	0.4
校核洪水位	0.5	0.4	0.3

葭窝水库大坝为二级建筑物，正常蓄水位安全超高采用0.5 m，校核洪水位安全超高采用0.4 m。

正常蓄水位下：$\Delta h = 1.781 + 0.71 + 0.5 = 2.99$（m）

校核洪水位下：$\Delta h = 0.8848 + 0.31 + 0.4 = 1.59$（m）

洪水调节计算正常蓄水位 + 96.6 m，校核洪水位 + 102.66 m，正常蓄水位下坝顶计算高程 + 99.59 m，校核洪水位下坝顶计算高程 + 104.25 m，选择两者中坝顶高程的高者 + 104.25 m，将坝顶高程确定为 + 104.25 m，目前坝顶高程为 + 103.5 m，现有坝顶高程低于计算坝顶高程，需将坝顶高程抬高0.75 m。

根据《混凝土重力坝设计规范》（SL 319—2005）8.1.4条规定：溢流坝顶应结合闸门、启闭设备布置、操作检修、交通和观测等要求设置坝顶工作桥、交通桥。坝顶上的桥梁可采用装配式钢筋混凝土结构或预应力钢筋混凝土结构，桥下应有足够的净空。

根据《溢洪道设计规范》（SL253—2000）2.3.7条规定：控制段的闸墩、胸墙或岸墙的顶部高程，在宣泄校核洪水位时不应低于校核洪水位加安全超高值；挡水时应不低于设计洪水位或正常蓄水位加波浪的计算高度和安全超高值。波浪的计算高度取平均波高 h_m 加上波浪中心线与设计水位的高差 h_z，h_m 按公式计算，h_z 按公式计算，安全超高下限值见表7.2。

表7.2 安全超高下限值 单位：m

运用情况	控制段建筑物级别		
	1	2	3
挡水	0.7	0.5	0.4
泄洪	0.5	0.4	0.3

溢流坝闸墩墩顶高程与坝顶高程齐平为 + 104.25 m，检修交通桥梁底高程 + 103.25 m，闸墩顶高程和检修桥梁底高程均高于挡水时正常蓄水位（ + 96.6 m） + 波高（1.781 m） + 波浪中心线至正常蓄水位的高差（0.71 m） + 安全超高（0.5 m） = 99.591 m，余幅值为103.25 − 99.591 = 3.659 m。高于泄水时校核洪水过程线（101.65 m） + 掺气水深（1 m） + 安全超高（0.4 m） = 103.05 m，余幅值为103.25 − 103.05 = 0.2 m，满足《混凝土重力坝设计规范》（SL 319—2005）和《溢洪道设计规范》（SL 253—2000）要求。

7.3.4.2 溢流坝段稳定计算

地质参数经验值和采用值，分别见表7.3和表7.4。

表7.3 规范坝基岩体抗剪断（抗剪）强度参数及变形参数经验值表

| 岩体分类 | 混凝土与基岩接触面 | | | | 岩体 | | | | 岩体变形模量 |
| | 抗剪断 | | 抗剪 | | 抗剪断 | | 抗剪 | | |
	f'	c'/MPa	f		f'	c'/MPa	f		E/GPa
Ⅰ	1.50~1.30	1.50~1.30	0.85~0.75		1.60~1.40	2.50~2.00	0.90~0.80		> 20
Ⅱ	1.30~1.10	1.30~1.10	0.75~0.65		1.40~1.20	2.00~1.50	0.80~0.70		20~10
Ⅲ	1.10~0.90	1.10~0.70	0.65~0.55		1.20~0.80	1.50~0.70	0.70~0.60		10~5
Ⅳ	0.90~0.70	0.70~0.30	0.55~0.40		0.80~0.55	0.70~0.30	0.60~0.45		5~2
Ⅴ	0.70~0.40	0.30~0.05	0.40~0.30		0.55~0.40	0.30~0.050	0.45~0.35		2~0.2

表7.4 蒇窝水库坝体混凝土与坝基岩体之间抗剪强度参数地质采用值表

| 坝段编号 | 岩体类别 | 岩体风化程度 | 抗剪强度 | 抗剪断强度 | |
			f	f'	c'/MPa
7、14~16	Ⅱ	微	0.65	1.15	1.10
3~6、8~13、17~22、30、31	Ⅲ	弱~微	0.60	1.05	0.80
1、2、23~29	Ⅳ	强~弱	0.50~0.55	0.80	0.40
断层破碎带			0.40~0.45	0.70	0.25

采用《混凝土重力坝设计规范》（SL 319—2005中）式6.4.1-2，抗剪强度计算公式为：

$$K = \frac{f\sum W}{\sum P} \qquad (7.7)$$

式中：K——按抗剪强度计算的抗滑稳定安全系数；

f——坝体混凝土与坝基接触面的抗剪摩擦系数；

$\sum W$——作用于坝体上全部荷载（包括扬压力）对滑动平面的法向分值，kN；

$\sum P$——作用于坝体上全部荷载对滑动平面的切向分值，kN。

抗剪断强度计算公式：

$$K' = \frac{f'\sum W + C'A}{\sum P} \qquad (7.8)$$

式中：K'——按抗剪断强度计算的抗滑稳定安全系数；

f'——坝体混凝土与坝基接触面的抗剪断摩擦系数；

C'——坝体混凝土与坝基接触面的抗剪断凝聚力；

A——坝基接触面截面面积，m^2；

溢流坝段选择17号坝段进行稳定和应力计算，抗剪强度参数$f = 0.6$，抗剪断强度参数$f' = 1.05$、$C' = 0.8$ MPa。采用本次调洪演算成果，正常高水位 + 96.6 m，设计洪水

位 + 102.43 m，校核洪水位 + 102.66 m，对17号溢流坝段进行稳定和应力计算，见表7.5和表7.6。

表7.5　17号溢流坝段抗滑稳定安全系数计算成果

工况	计算 K/允许 K	计算 K'/允许 K'	备注
正常高水位96.6 m	1.854/1.05	7.307/3.0	抗剪摩擦系数：
设计洪水位102.43 m	1.226/1.05	5.588/3.0	$f = 0.6$
校核洪水位102.66 m	1.22/1.0	5.274/2.5	抗剪断摩擦系数：
正常高水位+7级地震	1.611/1.0	6.347/2.3	$f' = 1.05$
正常高水位+排水失效	1.291/1.0	6.182/2.3	$C' = 0.8$ MPa

表7.6　17号溢流坝段应力计算成果

工况	σ坝踵/kPa	σ坝趾/kPa	允许值 K
正常高水位96.6 m	664	553	≥0
设计洪水位102.43 m	506	444	≥0
校核洪水位102.66	471	565	≥0
正常高水位+7级地震	551	666	≥0
正常高水位+排水失效	409	469	≥0

采用抗剪和抗剪断公式计算的安全系数均满足规范允许值的要求，坝踵和坝址应力值均满足规范允许值要求。

7.3.4.3　闸墩

闸墩两侧包裹1 m厚C30F250W8钢筋混凝土，老闸墩混凝土表面凿毛刷一层界面剂，闸墩外表面垂直布设Φ25锚筋，锚筋间距1m，梅花形布筋。对闸墩贯穿性裂缝进行灌浆，并放置橡胶胶条，缓解应力集中。同时，布设3层Φ16@200限裂钢筋，防止裂缝继续向外扩展。闸墩墩头起始桩号为0-005.00，窄墩墩头是半径3 m半圆弧，宽墩墩头半径5.5 m半圆弧，窄墩墩尾桩号0 + 029.334，宽墩墩尾桩号0 + 029.374，窄墩尾墩半径7830 mm圆曲线，宽墩墩尾是半径17457 mm圆曲线。高程 + 90 m以上墩尾圆弧线变为直线段，便于牛腿和布设扇形筋。83.25 m高程以上闸墩新浇混凝土弧门前和弧门下游闸墩根部1 m高度以内的外表面涂刮一层聚脲类弹性保护涂层，提高混凝土耐久性。弧门下游闸墩表面除根部1 m外均涂清水混凝土涂层。墩头校核洪水位加0.5 m以下横缝，墩尾校核洪水过程线加0.5 m下横缝，设置50 mm深弹性环氧砂浆，缝表面采用宽20 cm、厚5 mm抗冲磨弹性涂层封闭，以防高速水流冲走缝内材料。

7.3.4.4　堰体

对堰体表面进行凿毛，对堰顶部位薄层聚合物水泥砂浆脱空、破损部位进行凿除，沿堰体表面垂直布设Φ25锚筋，间距1 m，梅花形布筋，上游坝面堰体浇筑1m厚C30F250W8混凝土，堰面浇筑1～4.2 m厚度不等C30F250W8钢筋混凝土。新浇堰体混凝土外表面上游侧＋83.25 m高程以上，下游侧老堰体＋63 m高程以上，涂刮一层聚脲类的弹性保护涂层。堰面横缝内设置50 mm深的弹性环氧砂浆，缝表面采用宽20 cm、厚5 mm抗冲磨弹性涂层封闭，以防高速水流冲走缝内材料。为减小新浇筑堰体的温度应力及老混凝土对新混凝土约束应力，在上游堰体＋81、＋72、＋63 m高程，设置三道水平施工缝，缝内放置止水铜片。每个墩头设置500 mm深、每个墩尾设置700 mm深缝，墩头缝放置止水铜片，墩尾校核洪水过程线加0.5 m以下放置止水铜片。

7.3.4.5 泄流能力计算

对选定方案堰顶高程＋89 m，单孔溢流净宽10 m，进行泄流曲线计算。

（1）闸门全开时

采用克-奥Ⅰ型曲线，其定型设计水头$H_d = 0.85H_{max} = 11.6$ m。

克-奥Ⅰ型曲线流量系数计算公式采用《水力计算手册》（水利电力出版社）139页式3-2-5。

①当$\dfrac{P}{H} \geqslant 3$时有

$$m = 0.504\sigma_\Phi\sigma_H \tag{7.9}$$

式中：σ_Φ——形状系数，σ_Φ可查表得出；

$\quad\sigma_H$——水头差度系数，反映由于实际溢流水头与设计水头H_d不同而引起的溢流量的变化，可查表。

计算堰顶高程89 m方案，$\theta_1 = 53°$，$\theta_2 = 51°$，$\sigma_\Phi = 0.983$，σ_H随水头变化内插。

侧收缩系数：

$$\sigma_c = 1 - 0.2 \times \frac{\xi_k + (n-1)\xi_o}{n}\frac{H_o}{b} \tag{7.10}$$

式中：n——孔数；

$\quad H_o$——包括行近流速水头的总水头，$H_o = H + \dfrac{V_o^2}{2g}$；

$\quad b$——每孔净宽；

$\quad \xi_k$——边墩形状系数，与边墩几何形状有关，取0.7；

$\quad \xi_o$——闸墩形状系数，与墩头形状、墩的平面位置以及淹没程度有关，其值随水头变化。

②当$P/H = 2.5 \sim 0.5$时，有

$$m = k_\alpha m_o$$

式中：m_o——克 – 奥 I 型的流量系数；

　　　k_α——考虑近水面倾角的系数。

$$m_o = 0.36 + 0.1 \times \frac{2.5 - \delta}{1 + 2H} \tag{7.11}$$

式中：δ——堰顶宽；

　　迎水面倾角α、堰顶宽δ及曲线23的形式，可根据坝体稳定、应力及水流条件等适当确定。

③当 $3.0 > \dfrac{P}{H} > 2.5$ 时，可近似地按堰 $\dfrac{P}{H} \geqslant 3.0$ 计算。

自由溢流堰流流量计算公式采用《水力计算手册》（水利电力出版社）119页式3-1-1。

$$Q = \sigma_c mnb \sqrt{2g}\, H_o^{3/2} \tag{7.12}$$

式中：b——每孔净宽；

　　　n——闸孔孔数；

　　　H_o——包括行近流速水头的堰前水头，即 $H_o = H + \dfrac{V^2}{2g}$；

　　　m——自由溢流的流量系数；

　　　σ_c——侧收缩系数。

闸门全开时，堰顶高程 + 89m方案，堰上水头与单宽泄量见表7.7。

表7.7　堰上水头、单宽泄量表

堰上水头/m	单宽泄量q/(m/s)
3.25	11.1
5.01	21.5
6.79	34.2
8.55	48.6
10.33	64.6
12.06	81.4
13.79	99.2
15.48	117.5
16.46	124.7
18.12	143.9
19.75	163.1

表7.7（续）

堰上水头/m	单宽泄量q/(m²/s)
21.33	182.4
22.88	201.3
24.35	219.8
25.81	238.5
27.25	256.6
28.62	273.9
29.95	290.6
31.25	307.5

注：堰顶高程+89 m、闸门全开。

（2）闸门局部开启时

当闸门部分开启，水流为闸孔自由出流。计算公式采用《水力计算手册》（水利电力出版社）163页式（3-3-4）。

$$Q = \sigma_s \mu_o e n b \sqrt{2gH_o}$$ （7.13）

式中：μ_o——闸孔自由出流的流量系数；

　　σ_s——淹没系数，取1；

　　e——闸门开启高度；

　　b——每孔净宽；

　　H_o——包括行近流速水头的堰前水头。

对于弧形闸门：

$$\mu_o = 0.685 - 0.19\frac{e}{H}$$ （7.14）

闸门局部开启时，不同开度堰上水头与单宽流量见表7.8。

采用《混凝土重力坝设计规范》（SL 319—2005）第5.2.3条：挑流消能设计应对应下泄流量进行计算，挑流水舌挑射距离和跌入下游河床的最大冲坑深度可按照附录A.4计算。

水舌抛距可按公式（7.15）估算：

$$L = \frac{1}{g}\left[v_1^2 \sin\theta\cos\theta + v_1\cos\theta\sqrt{v_1^2\sin^2\theta + 2g(h_1+h_2)}\right]$$ （7.15）

式中：L——水舌抛距，如有水流向心集中影响者，则抛距还应乘以0.90~0.95的折减
　　　　　系数，m；

　　v_1——坎顶水面流速，m/s，按鼻坎处平均流速v的1.1倍计，即$v_1 = 1.1v = 1.1$

$\phi\sqrt{2gH_o}$（H_o为水库水位至坎顶的落差，ϕ为堰面流速系数；g为重力加速度）；

θ——鼻坎挑角，（°）；

h_1——坎顶垂直方向水深，$h_1 = h/\cos\theta$（h为坎顶平均水深），m；

h_2——坎顶至河床面高差，如冲坑已经形成，可算至坑底，m。

计算挑距 $L = 69.08$ m。采用《混凝土重力坝设计规范》（SL 319—2005）附录 A 公式（A.4.2）估算最大冲坑水垫厚度：

$$t_k = kq^{0.5}H^{0.25} \tag{7.16}$$

式中：t_k——水垫厚度，自水面算至坑底，m；

q——单宽流量，m²/s；

H——上下游水位差，m；

k——冲刷系数。

基岩冲刷系数取1.2，计算水垫厚度21.9 m，冲刷坑深度12.1 m。

采用《水力计算手册》（水利电力出版社）231页公式4-3-8计算水面以下水舌长度的水平投影。

$$L_c = \frac{T}{\tan\beta} \tag{7.17}$$

$$\tan\beta = \sqrt{\tan^2\theta_s + \frac{2g(\Delta S + h\cos\theta_s)}{v^2\cos^2\theta_s}} \tag{7.18}$$

表7.8　闸门不同开度堰上水头、单宽泄量表（孔流）

闸门开度/m	堰上水头/m	单宽泄量 q/(m²/s)
	2	3.70
	3	4.77
	4	5.65
	5	6.41
	6	7.09
	7	7.71
1	8	8.28
	9	8.82
	10	9.33
	11	9.81
	12	10.27
	13	10.71
	14	11.13

表7.8（续）

闸门开度/m	堰上水头/m	单宽泄量 q/(m²/s)
2	3	8.57
	4	10.45
	5	12.06
	6	13.49
	7	14.78
	8	15.97
	9	17.08
	10	18.13
	11	19.11
	12	20.05
	13	20.95
	14	21.81
3	4	14.42
	5	16.97
	6	19.20
	7	21.22
	8	23.07
	9	24.78
	10	26.39
	11	27.91
	12	29.35
	13	30.72
	14	32.03
	15	33.30
4	6	24.23
	7	27.02
	8	29.57
	9	31.92
	10	34.12
	11	36.19
	12	38.16
	13	40.02
	14	41.81
	15	43.53

表7.8（续）

闸门开度/m	堰上水头/m	单宽泄量 $q/(\mathrm{m}^2/\mathrm{s})$
	7	32.19
	8	35.47
	9	38.50
	10	41.32
5	11	43.97
	12	46.48
	13	48.86
	14	51.14
	15	53.32
	8	40.78
	9	44.52
	10	47.99
	11	51.24
6	12	54.32
	13	57.24
	14	60.02
	15	62.69
	10	54.12
	11	58.01
	12	61.67
7	13	65.14
	14	68.45
	15	71.61

表7.9　山区、丘陵区水利水电工程消能防冲建筑物洪水标准

永久性泄水建筑物级别	1	2	3	4	5
洪水重现期	100	50	30	20	10

表7.10　不同频率洪水调节成果表

频率/%	最大泄量/$(\mathrm{m}^3/\mathrm{s})$	分开泄量		最高库水位/m
		底孔	堰	
20	1850	1850	0	93.16
10	2435	2435	0	96.20
5	2863	2532	330	98.51
2	3487	2640	847	101.24
0.33	10075	2685	7391	102.43
0.05	16374	2693	13681	102.66

表7.11 基岩冲刷系数k值

可冲性类别		难冲	可冲	较易冲	易冲
节理裂隙	间距/cm	<150	50~150	20~50	<20
	发育程度	不发育，节理（裂隙）1~2组，规则	较发育，节理（裂隙）2~3组，X形，较规则	发育，节理（裂隙）3组以上，不规则，X形或米字形	很发育，节理（裂隙）3组以上，杂乱，岩性被切割呈碎石状
基岩构造特征	完整程度	巨块状	大块状	块（石）碎（石）状	碎石状
	结构类型	整体结构	砌体结构	镶嵌结构	碎裂结构
	裂隙性质	多为原生型或构造型，多密闭，延展不长	以构造型为主，多密闭，部分微张，少有充填，胶结好	以构造或风化型为主，大部分微张，部分张开，部分为黏土充填，胶结较差	以风化或构造型为主，裂隙微张或张开，部分为黏土充填，胶结很差
k	范围	0.6~0.9	0.9~1.2	1.2~1.6	1.6~2.0
	平均	0.8	1.1	1.4	1.8

注：适用范围为水舌入水角30°~70°。

式中：T——从下游水位起算的冲刷坑深度；

β——水舌外缘与下游水面的夹角；

ΔS——鼻坎顶端与下游水面的高差数。

计算水舌长度的水平投影$L_c = 22.51$ m。采用《水力计算手册》（水利电力出版社）235页公式计算冲刷坑后坡，小于许可最大后坡，冲刷坑对大坝没有威胁，满足安全要求。

7.3.4.6 水面线计算

溢流堰上水面线计算采用水工设计手册第6册178页、表27-2-4、表27-2-5。校核水位 + 102.66，对应溢流坝泄量13681 m³/s，每孔净宽10 m，共14孔。采用《水力计算手册》（水利电力出版社），201页公式（4-2-1）计算收缩水深。

$$E_o = h_c + \frac{q^2}{2g\phi^2 h_c^2} \tag{7.19}$$

校核洪水位 + 102.66 m时，计算收缩水深$h_c = 4.29$ m。掺气水深采用《混凝土重力坝设计规范》（SL 319—2005）附录A.3.3公式计算。

$$h_b = \left(1 + \frac{\zeta v}{100}\right)h \tag{7.20}$$

式中：h——不计入掺气的水深，m；

h_b——计入掺气的水深，m；

ζ——修正系数，为1.0~1.4 s/m，视流速和断面收缩情况而定，当流速大于20 m/s

时，宜采用较大值；

v——不计入掺气的计算断面上的平均流速，m/s。

计算得 $h_b = 1.17$ m。

闸门全部开启，校核洪水位工况下泄流，弧门开启净高度、门机轨道桥下净空、闸门铰座、牛腿结构均高出水面线 + 掺气水深（数值见表 7.12 至表 7.14 和图 7.13 至图 7.14），并有一定富余高度。因此，泄流工况结构是安全的。库水位达到 102.5 m 前，部分闸门开启，有部分闸门仍处于挡水状态，此时梁下最小净空为 0.45 m，大于安全超高 0.4 m。

表7.12　校核洪水位工况交通桥梁、牛腿铰座和牛腿净空

工况	弧门处	1号梁	2号梁	3号梁	4号梁	5号梁	牛腿铰座	牛腿
闸门全开工况净空	1.31	2.16	2.17	2.87	3.67	4.06	7.71	7.3
闸门挡水工况净空	—	0.75	0.75	0.65	0.65	0.45	—	—

表7.13　闸孔中心线水面线计算表

X/H_d	X	Y/H_d	Y
−1	−11.60	−0.941	−10.92
−0.8	−9.28	−0.932	−10.81
−0.6	−6.96	−0.913	−10.59
−0.4	−4.64	−0.890	−10.33
−0.2	−2.32	−0.855	−9.92
0	0.00	−0.805	−9.34
0.2	2.32	−0.735	−8.53
0.4	4.64	−0.647	−7.51
0.6	6.96	−0.539	−6.25
0.8	9.28	−0.389	−4.51
1	11.60	−0.202	−2.34
1.2	13.92	0.015	0.17
1.4	16.24	0.266	3.09
1.6	18.56	0.521	6.04
1.8	20.88	0.860	9.98

表7.14　闸墩处水面线计算表

X/H_d	X	Y/H_d	Y
−1	−11.60	−0.9500	−11.02
−0.8	−9.28	−0.9400	−10.91
−0.6	−6.96	−0.9390	−10.89
−0.4	−4.64	−0.9300	−10.79
−0.2	−2.32	−0.9250	−10.73
0	0.00	−0.7790	−9.04

表7.14（续）

X/H_d	X	Y/H_d	Y
0.2	2.32	−0.6510	−7.55
0.4	4.64	−0.5450	−6.32
0.6	6.96	−0.4350	−5.05
0.8	9.28	−0.2850	−3.31
1	11.60	−0.1210	−1.40
1.2	13.92	0.0670	0.78
1.4	16.24	0.2860	3.32
1.6	18.56	0.5210	6.04
1.8	20.88	0.7790	9.04

7.3.4.7　上游坝面

上游坝面新浇筑混凝土厚度为1.0 m，混凝土要求同挡水坝段。

7.3.4.8　桥面布置

闸墩上部布设交通桥和工作桥，交通桥桩号0-003.495 ~ 0 + 006.400，工作桥桩号0 + 019.00 ~ 0 + 028.80。交通桥由5根T梁组成，工作桥由6根T梁组成。交通桥和工作桥均有门机通过，门机轨道间距16 m，门机中心桩号0 + 005.50和0 + 021.50，门机前轨和后轨间距8 m，每个轨道由4个轮压组成，每个轮压最大荷载42 t。门机下T梁高1.3 m，其余T梁高分别为1、1.1、1.2 m。启闭机室坐落在工作桥上，工作桥桩号0 + 019.00 ~ 0 + 028.80。

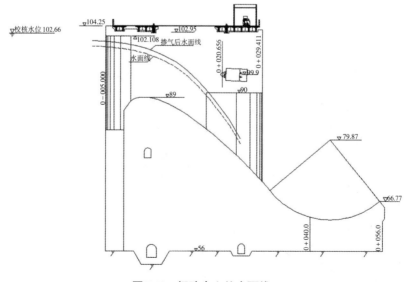

图7.13　闸孔中心处水面线

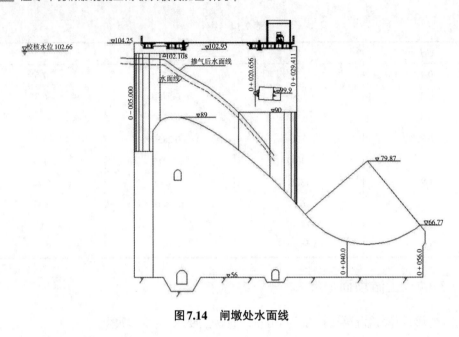

图7.14　闸墩处水面线

7.3.4.9　大坝纵缝处理

除险加固对17、18号坝段均采取预应力锚索加固，锚索纵向孔距为2 m，分布2层锚索，17号坝段锚索长度自上而下分别为9、19 m，18号坝段锚索长度自上而下分别为11、19 m。每根锚索为一根直径40 mm精轧螺纹钢筋（$f_{ptk} = 930$ N/mm^2），与专用的内锚头用螺母连接，内锚头安装时能自张开与扩孔产生机械咬合，锚索与外锚头用螺母连接。锚索安装施加预应力后，对自由张拉段全程灌浆形成黏结，最终满足50 t抗拔力要求。

7.4　大坝裂缝处理

蒐窝水库坝体裂缝严重。1971年至今共进行过多次裂缝普查，从1971年210条增加至2012年1243条（见表7.15）。

表7.15　裂缝普查统计表　　　　　　　　　　　　　单位：条

检查序号	1	2	3	4	5	6	7	8	9	10	11
时间	1971.12	1973.3	1973.9	1974.4	1975.3	1981.5	1983.8	1986.6	1997	2006.3	2012
数量	210	343	369	455	466	641	688	812	940	1005	1243

注：2012年裂缝统计包括堰面裂缝370条。

大坝裂缝主要分为四种类型：

①一类裂缝是自基础向上开裂的纵向裂缝，包括沿排水廊道顶拱开裂的纵缝。如5

号坝段桩号 0′+014.8 穿过横向廊道纵向裂缝，向上延伸已超过 66.40 m 高程，可能与闸墩裂缝贯通。通过在 7 号坝段堰面打斜孔进行检查，证明此裂缝自基础已向上延伸至坝面不足 1.7 m，形成切割坝段的纵缝。17 号坝段桩号 0′+024.0 排水廊道贯通全坝段的纵缝，桩号 0，+030 附近环缝可能与堰面连通形成贯穿全坝段纵缝。6、8、10、12、16 号坝段均有沿排水廊道顶拱轴线分布的纵缝。如桩号 0′+025.0 底孔环缝与桩号 0′+024.6 排水廊道纵缝已贯通，为切割坝段纵缝。23 号坝段横向廊道内桩号 0′+017.4~0′+018.8 处环缝，其下部已与排水廊道顶拱裂缝相贯通，向下延伸至基础，向上延伸至坝面不足 2.3 m。25 号坝段排水廊道裂缝，向上延伸距坝面不足 1.47 m 处，已成为切割半个坝段的纵缝。

②二类裂缝是闸墩和边墩上的贯穿性裂缝。闸墩裂缝多自堰面向上延伸，且主要集中于牛腿上游和弧门面板下游。在闸墩两侧立面上几乎对称出现，4、14、18 号坝段均有由堰体贯通至闸墩的裂缝。

③三类裂缝是水平施工缝。电站及左岸挡水坝段出现渗水问题，尤其在高程 +78.00~+89.00 m 部位渗水特别严重，与库水位高程同步，冬季结冰，说明水平施工缝贯穿坝体。

④四类裂缝是自上游坝面开裂，贯通到横向廊道和闸门井的横向裂缝。5、11、16 号坝段均有此类裂缝。影响大坝安全的重要裂缝统计见表 7.16。

表7.16　重要裂缝分布表

裂缝	纵缝	闸墩裂缝	水平裂缝	横向裂缝
数量	67	102	124	50

大坝产生裂缝的原因是多方面的，总结起来有如下几个因素：

①基本未进行温控，坝体温度较高，温度应力过大。设计允许的大坝基础部位混凝土最高温度不应超过 28~32℃（即稳定温度 7℃加允许温差 21~25℃），而施工中大坝温度实测资料，在基础范围内的混凝土最高温度一般为 40~45℃，最小为 35.6℃，最大为 49.4℃，远远超过设计要求。坝体的表面裂缝，主要是由于气温骤降，混凝土内外温差较大造成的。具体分析温控方面不利因素主要表现在：

混凝土水化热温升高，该坝水泥用量较大，据统计 200 号混凝土占总量的 90%，每方水泥用量平均为 220 kg。

浇筑层过厚，层厚超过 1.5 m 的浇筑块占总浇筑块的 90%，层厚超过 5m 的浇筑块占总浇筑块数的 37%。

浇筑块较长，基础部位采用通仓浇筑方法施工，仓面长 30~40 m，由于基础约束条件恶化，混凝土降温过程中产生较大的收缩应力。

部分混凝土入仓温度较高，夏季浇筑的混凝土温度高达 18~27.5℃，而夏季浇筑的基础浇筑块约占 1/3，使混凝土最高温度增加。

②1971 年浇筑部分混凝土均匀性差，$C_v>0.2$，部分混凝土未达设计标号，因而降低

了混凝土抗裂能力。

③施工期间寒潮频繁，降温幅度大，有些部位浇筑后混凝土表面长期暴露，受寒潮冲击，早期混凝土极易出现裂缝。

④坝体结构布置方面，排水廊道布置在坝体中部温度应力较大区域内，再加上局部应力集中，使顶拱形成薄弱环节。少数坝段基础开挖面起伏较大，约束混凝土收缩，造成局部应力集中。

水库大坝兴建时，对北方高寒地区混凝土大坝温度应力分布规律掌握有限，对大坝的混凝土温控与防裂认识不足，没有采取有效的温度控制措施，致使大坝在施工期的1971年8月首次发现坝体裂缝，当年即查出210条裂缝。

南京水利科学研究院大坝安全评价报告中，根据葠窝水库大坝特点建立了17号溢流坝段窄墩、非溢流坝23号坝段三个典型断面的三维有限元模型。有限元仿真计算分析表明，葠窝大坝裂缝主要是由于温度应力引起。由于大坝所处环境气温恶劣，冬季较低外界温度，导致在大坝表面产生很大的拉应力，低温季节若再遭遇寒潮，极易使大坝产生裂缝。裂缝产生后，由于没有及时修复和封堵缝口，导致雨水渗入裂缝，在低温季节水结冰后，由于冰冻作用，使裂缝进一步扩展。

1975—1978年间，葠窝水库先后多次进行堵漏止水的试验研究，都不太理想。1988年最后选用水溶性聚氨酯化灌材料，获得成功。对所有坝段横向裂缝进行水溶性聚氨酯化灌处理，基础廊道总漏水量由1149 m³/昼夜降为156 m³/昼夜，效果明显。在2000—2003年，在坝顶采用水溶性聚氨酯化学灌浆对大坝水平施工缝渗漏进行处理，当时效果明显，由于水溶性聚氨酯材料耐久性有限，在北方频繁冻融气候条件作用下，近年左岸挡水坝段水平缝渗漏又有加剧。

1983年对已查明有严重纵向裂缝的10个坝段采用60 t预应力锚索进行了加固，防止纵向裂缝继续开裂。从测试结果看，永久吨位都在50 t以上。锚索锚固段范围内的坝体出现了拉应变，相应拉应力为1.29~1.45 kg/cm²，索体段范围出现压应变，相应压应力为1.24~1.59 kg/cm²，测缝计测出的裂缝闭合量0.024 mm，说明预应力锚索起到了限制裂缝进一步扩展和部分压合缝顶的作用。

7.5 闸墩裂缝及解决方案

7.5.1 闸墩裂缝分布

葠窝水库第二类重要裂缝就是中墩和边墩上的贯穿性裂缝。除15号坝段有一条贯穿性裂缝，17号坝段闸墩无贯穿性裂缝外，其余闸墩贯穿性裂缝数量以3条和4条居多。

蓓窝水库溢流坝段共13个中墩，分别为5～17号坝段，其中宽墩6个，设在6、8、10、12、14、16号坝段，墩内设有泄流底孔，设有底孔工作门槽底孔检修门槽，底孔工作门槽上部＋92.5 m高程以上为工作门检修室。窄墩7个，设在5、7、9、11、13、17号坝段。2个边墩为4和18号坝段。现场检查闸墩裂缝有规律地出现于牛腿上游，钢闸门下游，且距离牛腿较近，裂缝自下而上延伸，有的连续，有的间断，在闸墩两侧几乎呈对称分布，所有宽墩和7、9、11、13号窄墩均有贯穿性裂缝。宽墩左右两侧在桩号0′＋007~0′＋008和0′＋012.0~0′＋013.6处均有自墩顶向下延伸到堰面裂缝，此类裂缝已贯穿闸墩至堰面。窄墩桩号0′＋007~0′＋008处有墩顶延伸到堰面的裂缝。

4～18号闸墩裂缝重要裂缝共102条，详见《蓓窝水库大坝重要裂缝及稳定安全专题分析研究报告》。

7.5.2 闸墩裂缝成因分析

南京水利科学研究院《辽宁省蓓窝水库大坝综合评价报告》（2012年3月），建立溢流坝宽墩坝段和窄墩坝段三维有限元模型。窄墩厚度仅4 m，闸墩截面上的温度基本同步变化，导致在闸墩上产生很大的拉应力，闸墩表面最大拉应力为2.56 MPa，闸墩水平截面中间产生的拉应力为1.17 MPa。截面中间节点温度比表面节点温度略小，最高温度和最低温度达到的时刻也略为滞后。瘦墩截面温度在1月份和2月份均为负温。宽墩坝段虽然闸墩厚度为9 m，由于孔口较多，闸墩混凝土受环境气温影响同样十分显著，底孔工作闸门与检修闸门之间截面温度基本同步变化，截面温度在1月份和2月份均为负温。受环境气温的影响，在闸墩上产生很大的拉应力。从月平均气温计算的温度应力来看，最大拉应力部位并不在底孔闸门槽部位，而是在底孔闸门槽部位上游和下游混凝土较厚部位，最大拉应力达到4.5 MPa。如果遭遇寒潮，该拉应力更大些，而且在遭遇寒潮时，在底孔闸门槽部位由于应力集中效应，也将产生很大的拉应力。

综上所述，蓓窝水库闸墩裂缝主要是由于温度应力引起。检修门闸墩最薄处厚度1.85 m，工作门闸墩最薄处厚度1.781 m，通气孔闸墩最薄处厚度达2.2 m。由于检修门槽、工作门槽、通气孔存在应力集中，并且应力集中部位闸墩较薄，致使宽墩裂缝较为严重，所以底孔闸门井布置引起应力集中是一个因素。裂缝产生后，由于未及时修复和封堵缝口，导致水渗入裂缝，低温季节水结冰，冻融使裂缝发展迅速，混凝土闸墩遭受严重破坏。

7.5.3 闸墩裂缝危害

闸墩贯穿性裂缝严重破坏了闸墩整体性，引起宽墩渗水。特别是带底孔宽墩裂缝分布于距坝轴线 7 m 和 13 m 的裂缝，受气温变化影响明显，该处混凝土较薄只有 1 m 多，不足 2 m，渗水严重，加速了钢筋锈蚀，尤其是工作闸门两侧裂缝切断了闸墩，其下游侧正是弧门铰座牛腿，是闸门主要支撑部分，这个危害性是不可忽视的。

除了贯穿性闸墩裂缝，还有自上游迎水面开裂，向下游发展，与检修闸门井贯通，对闸墩有上下游方向切割破坏危害。

纵横交错的裂缝导致地震时闸墩工作异常造成破坏。哈尔滨工业大学《辽宁葠窝水库大坝强震稳定性》（2012 年 03 月 26 日）针对葠窝水库大坝的实际状况，考虑闸墩已存在裂缝特征，对库水采用耦合拉格朗日-欧拉有限元技术模拟，处理流体人工边界，借助扩展有限元分析方法，建立坝体-库水-基岩动力相互作用三维有限元分析模型，进行了大坝强震安全性分析与评价。在强震作用过程中，坝体将发生贯通性裂缝，并最终发生大坝的整体破坏。分析认为，模拟出的这种大坝震害破坏，更多归因于闸墩已存在的裂缝问题。建议应关注水库长期安全运行且不出现重大险情，更应该重视大坝的抗震安全性。

7.5.4 闸墩裂缝解决方案

现有溢流设施泄洪能力具有一定的富余量，增加一定的闸墩厚度减少溢流宽度，并不影响葠窝水库的防洪能力。对闸墩贯穿性裂缝和深层裂缝采取封闭、灌浆处理。闸墩两侧各包裹 1 m 厚 C30F250W6 钢筋混凝土，老闸墩混凝土表面凿毛、刷界面剂，打Φ25 锚筋，锚筋间距 1 m。同时，对闸墩贯穿性裂缝进行灌浆处理，缝端放置橡胶胶条，布置 3 层Φ25 限裂钢筋。闸墩贯穿性裂缝汇总表见表 7.17。其余混凝土要求同挡水坝段。

表7.17　闸墩贯穿性裂缝汇总表（长度1542 m）

坝段编号	4号	5号	6号	7号	8号
	4zz-1-06	5zz-2-06	6zz-1	7zz-1	8zz-1
	4zz-2	5zy-1	6zz-2	7zz-2-06	8zz-2-06
	4zz-3-06	5zy-3-97-06	6zz-4-06	7zz-4-06	8zz-3-06
主要裂缝编号	4zz-5-06	5zy-6-06	6zz-9	7zz-6-06	8zz-4
		5zy-7-06	6zz-10-06	7zz-8-06	8zz-6
			6zy-3-06	7zy-1	8zz-9-97
			6zy-4	7zy-2-06	8zz-10-06

表 7.17（续）

坝段编号	4号	5号	6号	7号	8号
主要裂缝编号			6zy-5	7zy-7-97	8zz-11-06
			6zy-6	7zy-8-06	8zy-1-97
			6zy-8-97-06	7zy-11-06	8zy-2-06
			6zy-11		8zy-3-97-06
			6zy-13-06		8zy-9
					8zy-10
					8zy-12-97

坝段编号	9号	10号	11号	12号	13号
主要裂缝编号	9zz-1	10zz-2	11zz-1	12zz-1	13zz-1
	9zz-3-06	10zz-3	11zz-2	12zz-2	13zz-2
	9zz-6-06	10zz-4	11zz-4	12zz-3	13zz-4-06
	9zz-11-97	10zz-5-06	11zz-5	12zz-4-06	13zz-6-06
	9zz-12-06	10zz-7-06	11zz-6	12zz-5	13zz-8
	9zz-13-06	10zz-8-06	11zz-7	12zz-6-06	13zz-13-06
	9zz-14-06	10zz-9-06	11zz-8	12zz-7	13zz-15-06
	9zz-15-06	10zz-10-97	11zz-10-06	12zz-8	13zy-1-97
	9zz-17-06	10zz-13-06	11zz-11-06	12zz-10	13zy-2-06
	9zz-19-06	10zy-3	11zz-12-06	12zz-11-06	13zy-3
	9zy-1-06	10zy-4	11zy-1	12zz-12-06	13zy-4-06
	9zy-6-06	10zy-5	11zy-2	12zz-13-06	13zy-8-06
	9zy-7-06	10zy-6—06	11zy-7-06	12zy-1	13zy-9-06
	9zy-8-06	10zy-7-06	11zy-12	12zy-2	13zy-10-06
	9zy-10-16	10zy-8-06		12zy-3-06	13zy-11-06
		10zy-9		12zy-4-97	
		10zy-11-97		12zy-5-97-06	
		10zy-13-06		12zy-6	
				12zy-7	
				12zy-12	
				12zy-15-06	
				12zy-18-06	

坝段编号	14号	15号	16号	17号	18号
主要裂缝编号	14zz-1	15zz-1	16zz-1	17zz-1	18zy-1-06
	14zz-2-06	15zz-2	16zz-2-06	17zz-2	18zy-2
	14zz-3	15zz-3	16zz-4	17zz-3	18zy-03
	14zz-4	15zz-7	16zz-8-06	17zz-4	18zy-4
	14zz-5	15zz-12-06	16zz-9-06	17zz-5	
	14zz-6	15zy-1	16zy-1-06	17zz-10-06	
	14zz-7	15zy-2-06	16zy-2	17zz-11-06	
	14zz-9-06	15zy-3-06	16zy-3-06	17zy-2-06	
	14zz-10-06		16zy-4		
	14zy-1		16zy-5-06		
	14zy-2		16zy7-06		

表7.17（续）

坝段编号	14号	15号	16号	17号	18号
主要裂缝编号	14zy-3				
	14zy-4				
	14zy-5-06				
	14zy-6				
	14zy-7				
	14zy-8-06				

第8章 钢筋混凝土闸墩裂缝阻裂加固数值模拟

依据钢筋混凝土闸墩阻裂加固技术方法，针对钢筋混凝土裂缝阻裂加固处理的原则、钢筋混凝土裂缝阻裂加固方法研究，在分析钢筋混凝土裂缝阻裂加固材料的基础上，深入进行碳纤维布阻裂加固方法和钢纤维混凝土置换阻裂加固方法研究。通过CFRP碳纤维布与钢纤维混凝土阻裂与加固数值模拟分析，揭示了钢筋混凝土闸墩阻裂加固与控制机理，验证了两种阻裂与加固方法的可靠性。

8.1 钢筋混凝土裂缝阻裂加固处理原则

钢筋混凝土闸墩运行后，要承担各种荷载、环境条件作用，甚至会遇到超出设计标准的情况。钢筋混凝土闸墩长期服役或遇到超出设计标准条件，钢筋混凝土闸墩要发展损伤，如发生裂缝，甚至断裂、破碎、倾倒等。钢筋混凝土闸墩发生严重破坏，要停止使用，或重新建设。若是发生裂缝，要进行检查。必要时进行全面普查，代表性宽度、代表性深度检测，甚至代表性宽度或深度连续或定期监测，分析裂缝产生原因、裂缝类型、裂缝发展趋势及其危害性。裂缝宽度或长度基本不随时间或外界环境条件或荷载变化而变化，称为死缝或稳定裂缝；反之，称为活缝或不稳定裂缝。在不同环境条件下，裂缝宽度或深度达到一定程度，要采取适宜的阻裂与加固方法进行阻裂与加固处理。钢筋混凝土裂缝阻裂与加固方法要综合考虑裂缝形成机理、阻裂与加固材料适应性、裂缝所处环境及施工环境、质量控制标准等方面因素，要做到技术可行、质量可靠、经济合理、安全耐久。

根据《水工混凝土建筑物缺陷检测和评估技术规程》（DL/T 5251—2010），钢筋混凝土裂缝阻裂与加固处理原则为：

①处于室内或露天、迎水面、水位变动区或有侵蚀地下水环境的缝宽$\delta < 0.2$ mm，并且缝深$h \leqslant 300$ mm的细微裂缝，可不进行阻裂与加固处理。

②处于过流面、海水或盐雾作用区的缝宽$\delta < 0.2$ mm且缝深$h \leqslant 300$ mm的细微裂缝，应进行阻裂与加固处理。

③处于室内或露天、迎水面、水位变动区或有侵蚀地下水环境、过流面、海水或盐雾作用区的缝宽 0.2 mm≤δ<0.3 mm 且缝深 300 mm<h≤1000 mm，不超过结构宽度的1/4 的表面或浅层裂缝；缝宽 0.3 mm≤δ<0.4 mm 且缝深 100 cm≤h<200 cm，或大于结构厚度的 1/4 的深层裂缝；缝宽 δ≥0.4 mm 且缝深 h≥200 cm 或大于 2/3 结构厚度的贯穿性裂缝均应进行处理。

⚒ 8.2　钢筋混凝土裂缝阻裂加固方法

根据《病险水工程裂缝修补技术》，钢筋混凝土裂缝阻裂与加固方法主要有：

（1）喷涂法

适用于较窄（缝宽 δ<0.3 mm）的表层裂缝，主要用喷涂机在裂缝表面喷涂上修补涂料。涂料成膜厚度不小于 1 mm。

（2）粘贴法

包括表面粘贴法和开槽粘贴法。表面粘贴法适用于较窄（缝宽 δ<0.3 mm）的表层死缝，主要用胶粘剂直接粘贴片材。开槽粘贴法适用于较窄（缝宽 δ>0.3 mm）表层活缝，先骑缝开凿 V 形槽。然后，再在槽内回填树脂基类砂浆，最后在表面用胶黏剂粘贴弹性类片材。

（3）充填法

包括死缝充填法和活缝充填法。死缝充填法适用于较宽（缝宽 δ>0.3 mm）的表层死缝，先在裂缝表面骑缝开凿 V 形槽，然后再在槽内充填砂浆类材料。活缝充填法适用于较宽（缝宽 δ>0.3 mm）的表层活缝，先在裂缝表面骑缝开凿 U 形槽，然后再在槽内回填弹性类砂浆或弹性类嵌缝材料。

（4）灌浆法

包括死缝灌浆法和活缝灌浆法。死缝灌浆法适用于各种宽度的表层死缝和深层死缝，先在裂缝表面骑缝开凿 V 形槽，然后再在槽内充填砂浆类材料，最后在裂缝两侧交错钻斜孔灌浆。

活缝灌浆法适用于各种裂缝宽度的表层、深层和贯穿性活缝，先在裂缝表面骑缝开凿 U 形槽，然后再在槽内回填弹性类砂浆或弹性类嵌缝材料。最后，在裂缝两侧交错钻斜孔灌注弹性类浆材。若灌注浆材是化学类的材料，这种灌浆法称为化学灌浆法，简称化灌法。一般裂缝宽度 δ<0.5 mm 时，宜采用化灌法。

（5）预应力法

适用于钢筋混凝土结构的各种裂缝，采用预应力钢索或预应力拉杆，穿过结构裂缝，一端锚固，在另一端施加适当的预应力，再锚固起来的阻裂与加固方法。

（6）粘贴玻璃钢板或钢板法

适用于钢筋混凝土结构各种裂缝，在裂缝表面粘贴玻璃钢板或钢板并提高其承载力。

（7）加大截面加固法

适用于钢筋混凝土结构的各种裂缝，主要采用按照原结构选材或另选同类其他等级材料，加大原结构的截面面积或增配钢筋，以提高其承载力和刚度或改变其自振频率的阻裂与加固方法。

（8）钢纤维混凝土置换法

采用钢纤维混凝土置换原结构的阻裂与加固方法。

8.3　钢筋混凝土裂缝阻裂加固材料

根据多年在混凝土裂缝处理方面积累的经验和调查研究情况，整理了适宜于闸墩混凝土裂缝阻裂与加固的主要材料，详见表8.1。

表8.1　闸墩混凝土裂缝阻裂与加固主要材料

分类	名称	主要用途
混凝土表面防护材料	双组分涂刷聚脲	混凝土裂缝表面封闭
	单组分涂刷聚脲	
	聚氨酯涂料	混凝土裂缝表面止水
聚合物水泥砂浆	干硬性预缩水泥砂浆	混凝土裂缝嵌填
	丙乳胶乳水泥砂浆	
	氯丁胶乳水泥砂浆	
	环氧乳液水泥砂浆	
	高弹性抗冲磨砂浆	混凝土伸缩缝内部嵌填、裂缝表面开槽嵌填
	低温环氧砂浆	混凝土裂缝嵌填
	弹性环氧砂浆	
灌浆材料	水溶性聚氨酯浆材	混凝土裂缝堵漏和补强
	改性聚氨酯浆材	
	丙烯酰胺（丙凝）浆材	混凝土裂缝堵漏
	油溶性聚氨酯浆材	混凝土裂缝堵漏和补强
	水泥（超细水泥）浆材	混凝土裂缝灌浆补强加固和防渗处理
	环氧树脂浆材	
	甲凝浆材	

表 8.1（续）

分类	名称	主要用途
嵌填密封材料	沥青类塑性填料止水材料	混凝土裂缝嵌填密封止水（冷施工）
	橡胶类塑性填料止水材料	
	硅酮密封胶	
	聚氨酯嵌填材料	
	丁基密封腻子	
	遇水膨胀橡胶止水材料	
	自粘橡胶密封带	
	高弹性聚脲砂浆	
快速堵漏止水材料	水泥快速堵漏剂	快速封堵混凝土裂缝渗漏
	水玻璃或水泥水玻璃浆材	混凝土裂缝宽度大于0.5mm漏水处理和补强
防水片材	三元乙丙橡胶片材	混凝土裂缝防渗处理
	三元乙丙复合柔性板	
	氯丁橡胶片材	
	橡胶止水带	
	硫化橡胶卷材	
	非硫化橡胶卷材	
	聚氯乙烯卷材	
	橡胶布	
加固材料	玻璃钢板	混凝土结构补强加固
	钢板	
	碳纤维布	
	钢纤维混凝土	
	锚索（锚杆）	
其他材料	水溶性环氧界面处理剂	提高新老混凝土的界面黏结强度
	乳胶类界面处理剂	
	快速堵漏剂	临时快速堵漏
	药卷式锚杆锚固剂	新老混凝土间锚固
	早强锚固剂	
	环氧锚固剂	

8.4 碳纤维布阻裂加固方法

（1）主要方法

根据裂缝处理经验和调查研究，针对钢筋混凝土闸墩裂缝属深层或贯穿的活动裂缝的现状以及国内外现有修补材料情况，优选修补加固方法。优选修补加固方法为组合式碳纤维布阻裂与加固方法，即首先选取手刮聚脲进行裂缝表面封闭处理，使裂缝内外分开，具备灌浆条件。然后，采用灌注弹性聚酯树脂类材料进行裂缝内部灌浆，连接裂缝两侧混凝土，封闭裂缝通道，避免水分侵入，其结构示意图如图 8.1 所示；再在闸墩表面粘贴 CFRP 进行整体加固，使开裂的钢筋混凝土闸墩结构恢复为整体。

上述灌浆、粘贴、喷或涂或刮措施封闭了裂缝，并且使已经破坏的混凝土结构恢复为形式上的一体，但不能成为能够共同抵抗外力的一体，或能够共同抵抗外力的能力很微小的一体，并没有从根本上提高结构的受力性能，所以，需要对混凝土结构进一步采取结构补强技术，使破坏的混凝土结构恢复为真正的一体。

提高闸墩受力性能的加固方法主要有两种，一种直接加固法，一种间接加固法。

①直接加固法，就是不改变原结构的受力方式，单纯提高结构内部承载力的方法，如化学补强法、增加断面法。化学补强法就是向已有的混凝土结构中钻孔注浆，灌注高强化工材料，通过这种渠道提高混凝土结构的力学性能，这种方法大多使用在尚未破坏结构中。

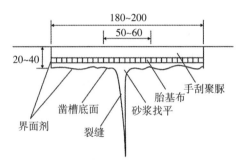

图 8.1　裂缝表面处理结构图（单位：mm）

对于水库已经存在裂缝的闸墩结构，如果再采取钻孔注浆方法，钻孔过程势必对现有的结构产生更大的威胁，因此不提倡使用化学补强法对闸墩进行加固。增加断面法就是在原结构的基础上，扩大混凝土截面，在扩大截面中配置钢筋等加固材料，通过这种方法来对混凝土结构进行加固。水库闸墩检修井井壁过薄，用这种方法似乎行得通。但是，检修井井壁内侧已有部分监测检修设备，可增加断面尺寸十分有限，井壁外侧存在钢闸门的巨大钢臂，使增加断面方法不可能，所以不能采用增加断面法。

②间接加固法，即改变原结构的受力方式，转变应力传递路径，达到提高结构承载力的方法，如外加预应力钢板法（外加预应力锚索法、外加预应力钢筋法）、外加钢支撑法、CFRP 体外加固法等。

外加预应力钢板等同类方法是目前水利工程中普遍采用的加固方法，通过在混凝土结构外侧粘贴或锚固钢板，使钢板与混凝土结构融为一体，通过共同承担结构中的应力的形式来达到加固效果。该法于 20 世纪 70 年代就在我国的水利水电工程中得到应用，其后葛洲坝水利枢纽工程、岩滩水电站、安康水电站、北京斋堂水库等均应用预应力法补强加固闸墩竖向裂缝。预应力施加范围内的所有裂缝均能一次性得到处理，并能减小裂缝开度，但存在预应力松弛、钢丝锈蚀、造孔施工复杂、外观形象改变等缺点。外加钢支撑法主要用于提高混凝土结构的抗压性能和抗震性能。研究水库闸墩加固，主要是针对检修井井壁受拉破坏这方面进行加固，因此，该法不予采纳。

CFRP体外加固法是一种新兴混凝土体外加固方法，是在混凝土结构外侧粘贴高强度或高弹性模量的连续碳纤维，与原结构形成一整体，使碳纤维布参与承担混凝土结构中的应力，由于碳纤维分担了部分荷载，降低了钢筋混凝土结构的应力，从而使结构得到补强加固，通过这种方法来提高混凝土结构的抗拉、抗弯等性能。CFRP体外加固法始于20世纪90年代的日本，很快广泛受到国内外工程界的关注和应用，我国1997年引进该技术，起步较晚但发展很快，应用于岗南水库、北京三家店拦河闸等多个闸墩竖向裂缝的补强加固，取得了较显著效果。

对比以上几种闸墩混凝土结构加固方法，选取内部灌浆表面封闭和碳纤维布结构整体补强的综合方法作为水库闸墩加固的方法。

（2）主要材料

裂缝表面封闭材料，选用环氧树脂类、聚酯树脂类、聚氨酯类、改性沥青类、手刮聚脲弹性类材料。粘贴材料选用橡胶片材、聚氯乙烯片材等弹性类防水片材。灌浆材料选用弹性聚氨酯浆材等弹性类灌浆材料。加固材料选用CFRP。

（3）主要工艺

①裂缝表面封闭处理。使用手刮聚脲材料进行裂缝表面封闭，干燥后的手刮聚脲涂膜平均厚度不小于2 mm，裂缝开口处表面涂膜厚度在3～4 mm。

主要工艺流程见图8.2。各主要工艺流程要求为：

表面清理：包括钢筋头割除，混凝土表面找平凿毛，蜂窝等缺陷处修补，表面打磨，表面清洗。

刷涂界面剂。

刮涂SK手刮聚脲一遍（部分位置需加设胎基布）。

刮涂SK手刮聚脲二遍。

养护：空气中养护。

聚脲材料特性及适用条件情况：聚脲弹性体技术是国外近十年来开发的新型无溶剂、无污染的绿色涂装技术。施工不受环境影响，在-15～60℃可正常施工；聚脲材料对各类底材均具有良好的附着力；材料防水抗渗性、耐高温性、抗拉性能、柔韧性、耐磨性优良；耐化学品性能，抗腐蚀（如酸、碱、盐和有机溶剂）性能良好；抗老化性能强，使用寿命长。聚脲方案适用于表面裂缝、浅层裂缝表面封闭处理，适用于内部封闭后的贯穿性裂缝、深层裂缝的表面密封处理，适用于伸缩缝的处理。

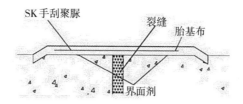

图8.2 手刮聚脲表面封闭处理工艺流程示意图

②裂缝内部化学灌浆。使用高压灌浆设备将柔性化学浆液灌注到裂缝内部，进行封堵止水，采用的化学浆液具有适应裂缝变形的能力。主要工艺流程见图8.3。各主要工艺流程包括：钻孔→埋设注浆嘴→注水→灌浆→封口。根据灌浆设备、混凝土厚度及灌浆工艺，选择单孔灌浆或不同深度双孔灌浆。化学灌浆的施工技术要点及参数见图8.4。

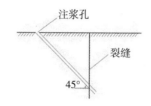

图8.3 裂缝内部化学灌浆处理工艺示意图

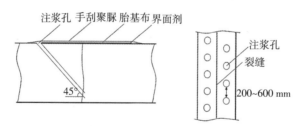

图8.4 化学灌浆施工工艺示意图

化学灌浆的技术要点主要包括：

钻孔。采用钻孔机，在裂缝两侧垂直裂缝表面走向与开裂面间夹角小于45°错位钻孔，钻孔深度为结构厚度的1/3～2/3，钻孔必须穿过裂缝，钻孔与裂缝间距小于结构厚度的1/2。钻孔间距20～60 cm。

清理。采用高压水流（0.1 MPa）清洗U形槽与注浆孔，清除表面松动颗粒、粉尘，保持表面干净、新鲜、润湿。

埋设注浆嘴。在钻好孔内安装注浆嘴（注浆嘴总长度8.5 cm，外径1.4 cm，下部膨胀螺栓部分长度3.4 cm），埋入钻孔内深度4 cm左右，并且用专用内六角扳手拧紧环压螺栓，压缩橡胶套管，使注浆嘴固定在注浆孔内，并与孔壁密贴、无空隙、不漏水。

注水。从最低处观察孔开始依次向上，用高压清洗机以2 MPa压力向注浆嘴内注入洁净水，观察其他注浆孔出水情况。若相邻上部的注浆孔有水涌出，说明该注浆孔与裂缝连通良好。移至涌水注浆孔邻近上部注浆孔注水，直至全部注浆孔均与裂缝连通良好为止。

灌浆。灌浆顺序为由下向上，单孔逐一连续进行。当相邻灌浆孔开始出浆并且压力达到25 MPa后，保持压力2~3 min，即可停止该灌浆孔灌浆，移至相邻灌浆孔灌浆，直至最上部位灌浆孔灌浆完成。

拆嘴。灌浆完毕，待浆液终凝，一般灌浆完成24 h后，确认不漏即可以去掉或敲掉外露的灌浆嘴。清理干净已固化的溢漏出的灌浆液。

封口。用速凝封堵材料进行注浆孔的修补、封口处理。

表面封堵。在修补好的裂缝表面填装柔性止水填料，涂刷界面剂，进行表面封堵。

灌浆效果检查。现场采用压气法检查钻孔是否与缝连通，使用压水法检查灌浆效果。

③裂缝外部粘贴碳纤维布加固。碳纤维布加固技术采用同一方向排列的碳纤维织物，在常温下用环氧树脂胶预浸，沿受力方向或垂直于裂缝方向紧密粘贴在需要补强的混凝土结构表面，形成复合材料体，二者作为一个新整体，使增强贴片与原有的钢筋混凝土共同受力，提高结构的受力性能，提高强度、抗裂性，控制裂缝继续发展，达到对结构构件补强加固及改善受力性能的目的。碳纤维布加固技术在土木工程领域的应用很广，主要有碳纤维布、碳纤维板、碳纤维型材、短碳纤维等，而当前用量最大和最普遍的是碳纤维布。碳纤维布的抗拉强度为建筑钢材的十倍左右，而弹性模量与钢材相当，某些种类（如高弹性）碳纤维布的弹性模量甚至在钢材的两倍以上，且施工性能和耐久性良好，是一种有效的加固修复材料；配套树脂分为底涂树脂、找平树脂、黏结树脂。配套树脂分别由主剂和固化剂配制而成；分为适合于冬天及夏天使用的冬用型和夏用型。主剂和固化剂分别包装，在现场使用时应按工艺要求、按照规定比例混合均匀，以形成所需要的底涂树脂、找平树脂、黏结树脂。采用的树脂胶可深入混凝土中，并且具有较高的黏接强度，能有效传递碳纤维与混凝土之间的应力，确保不产生界面黏接剥离现象，耐久性好，施工简便，不增大界面，不改变原建筑外形。

碳纤维布增强复合材料具有轻质高强、抗腐蚀、耐久性好、施工简便、不影响结构的外观等优异特性，该项加固技术较之传统的修复补强施工工艺具有明显的优越性。

碳纤维布施工工艺：

碳纤维粘贴加固部位进行放线定位：将碳纤维粘贴位置放量到结构物上，通过放线定位确定结构混凝土表面应处理的区域，减少不必要的清基（混凝土表层）工作。

混凝土结构的表面处理：清理混凝土构件表面的疏松、软质、脆裂、松脱等缺陷，要达到表面坚实；构件露筋需作除锈、防锈处理；对混凝土结构产生的裂缝，缝宽小于0.20 mm时用环氧树脂涂抹封闭，当缝宽大于0.20 mm时用环氧树脂灌缝。被粘贴的混凝土表面应打磨平整，除去表层浮浆、油污等杂质，直至完全露出混凝土结构新面。转角粘贴处应进行导角处理并打磨成圆弧状，圆弧半径不应小于20 mm。混凝土表面应清理干净并保持干燥。

配制并涂刷底层胶。按产品生产厂提供的工艺、A组分和B组分（即底层胶主剂和固化剂）比例配制底层胶。按规定比例称量准确后放入容器内，用搅拌器拌和均匀，一次调和量应在可使用时间内用完。用滚筒刷均匀地将底层胶涂刷于混凝土表面，指触干燥（一般养护3~24h）后才能进行下一道工序的施工。底层胶指触干燥或固化后，表面上的凸起部分（一般类似结露的露珠一样）要用砂布或角磨机磨平。

涂刷找平胶。对于小面积坑坑洼洼，当用混凝土材料不易修补时，应用找平胶抹平，不应有棱角。转角处应用找平胶修复为光滑圆弧。待找平胶表面指触干燥时即进行下一步工序施工。

涂抹浸渍胶。按产品生产厂提供的配比和工艺要求进行浸渍胶的配制，调胶使用的工具应为低速搅拌器，搅拌应均匀，无气泡产生，并应防止灰尘等杂质混入。

贴碳纤维布。按工程加固设计要求的尺寸裁剪碳纤维布。将碳纤维布用手轻压贴于需粘贴的位置，采用专用滚筒顺纤维方向多次滚压，挤除气泡，使浸渍胶充分浸透碳纤维布，滚压时不得损伤碳纤维布。碳纤维布粘贴好以后，在碳纤维布表面均匀涂抹浸渍胶。

完工后养护。碳纤维布粘贴施工完成后应进行养护，保证养护期间温度不低于环氧树脂的允许使用温度，养护期一般在3周左右。

碳纤维布的主要优势有：材料轻质高强。碳纤维布的抗拉强度比同截面钢材高7~10倍，而结构自重的增加几乎可以忽略。提高混凝土抗腐蚀性。碳纤维布与环氧树脂胶结合附于混凝土表面，能有效地防止混凝土和钢筋免受酸、碱、盐、水等介质的腐蚀。耐老化。碳纤维布与环氧树脂胶结材料本身及经其补强的混凝土构件可以长期承受紫外线、核辐射。耐热性。碳纤维布本身具有非常优异耐热性能，环氧树脂在接近80℃时才发生软化，所以碳纤维布增强复合材料的耐热温度为80℃，远高于日常温度。保持结构原状，外形美观。碳纤维布本身很薄，仅有几毫米。因此，不论任何不规则截面，加固后均可保持结构原状，不影响表面装饰。施工简便、快捷。不需要大型施工机具，施工占用场地少，大多时候可以在生产和设施正常运行的条件下施工，避免停产、停运的困难和损失，而且，一般只需手工操作，施工进度快。

碳纤维布规格选择及设置方案：针对水库实际情况，经甄选拟采用碳纤维布规格为厚度3 mm、宽度600 mm、长度7500 mm。设置方案为在闸墩检修井上部外侧，每隔2 m设置一道，共4道，在检修井变截面处增加一道，总共设置5道碳纤维布，如图8.5所示。由闸墩的对称性，另一侧碳纤维布采取相同的设置方案。

TYPE NUM

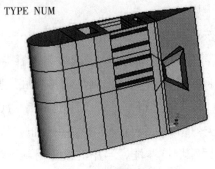

图8.5　CFRP设置

8.5　钢纤维混凝土置换阻裂加固方法

（1）主要方法

在水泥基混凝土中掺入乱向均匀分布钢制短纤维形成复合材料，称为钢纤维混凝土。钢纤维混凝土是混凝土阻裂与加固的新型材料，具有很好的抗压强度、抗拉强度（或弯拉强度、弯曲韧度比）、抗冲击、抗疲劳、抗冲磨等性能，广泛适用于对抗拉、抗剪、弯拉强度和抗裂、抗冲击、抗疲劳、抗震、抗爆等性能要求较高工程或其局部部位。

如果钢筋混凝土闸墩运行中发生的裂缝数量较多、宽度较大、深度较大或已经发展成为贯穿裂缝，造成混凝土结构断裂，混凝土内部受力钢筋局部裸露，混凝土裂缝内表面及钢筋裸露面已经发生损伤，并不断继续发生损伤，将危害工程安全。

某大型水库泄洪闸部分闸墩混凝土结构（溢流堰堰体以上的部分）损伤严重，不宜采用保留原结构的阻裂与加固方法，应采用部分结构重建阻裂与加固方法。根据调查研究与系列室内试验研究成果，采用将原泄洪闸闸墩溢流堰堰体以上的钢筋混凝土结构置换为相同高度、截面尺寸和设计指标的钢纤维混凝土的阻裂与加固方法，新老混凝土接合面处采用计算确定的锚杆规格和数量进行锚固和连接。

锚杆钢筋牌号为HRB400，锚杆直径为Φ25，锚杆间距为500 mm，锚杆长度为1000 mm（新老混凝土各500 mm），锚杆布置形式为梅花形布置，锚杆垂直于新老混凝土结合面，并在结合面辅以涂刷界面处理剂等保证措施。

钢纤维混凝土施工配合比及其性能参数按选定原材料、施工方法等，进行室内优选试验成果确定。

（2）主要材料

钢纤维混凝土置换的阻裂与加固方法主要材料有钢纤维、胶凝材料、骨料、掺合材料等及施工配合比。

①钢纤维。一般浇筑钢纤维混凝土选用由不锈钢钢丝剪切而成的平直形钢纤维，按抗拉强度分3个等级，380级（抗拉强度不小于380 MPa，小于600 MPa）、600级（抗拉强度不小于600 MPa，小于1000 MPa）和1000级（抗拉强度不小于1000 MPa）。钢纤维的长度或标称长度宜为20~60 mm，直径或等效直径宜为0.3~0.9 mm，长径比宜为30~80，长度和直径的尺寸偏差不应超过±10%。钢纤维抗拉强度要求每批产品随机抽取10根的抗拉强度平均值不得低于该强度等级纤维的规定值，且最小值不低于规定值的90%。钢纤维应能承受一次弯折90°不断裂。钢纤维表面不得粘有油污或其他妨碍钢纤维与水泥基黏结的有害物质。钢纤维内不得混有妨碍水泥硬化的化学成分。钢纤维内含有的因加工造成的黏结连片、表面严重锈蚀的纤维、铁锈粉等杂质的总量，不得超过钢纤维质量的1%。钢纤维混凝土的钢纤维体积率应根据设计要求确定，且不应小于0.35%。

②骨料。钢纤维混凝土不得采用海砂，采用的粗骨料粒径不宜大于20 mm和钢纤维长度的2/3。

③钢纤维混凝土配合比。钢纤维混凝土配合比性能要达到设计要求，且水灰比不宜大于0.5。

钢纤维混凝土主要材料及配合比还要符合现行有关行业标准规定。

某大型水库泄洪闸部分闸墩混凝土结构（溢流堰堰体以上的部分）采用钢纤维混凝土置换阻裂与加固方法，经系列室内试验研究，确定所采用钢纤维混凝土施工配合比及性能参数见表8.2和表8.3。

表8.2　泄洪闸闸墩钢纤维混凝土施工配合比

设计等级	水胶比	砂率/%	各材料用量/(kg/m³)							
			水泥	粉煤灰	水	砂	石（5~10 mm）	石	外加剂	钢纤维（10~20 mm）
C30F100W8	0.40	45	370	40	164	780	478	478	3.69	40

表8.3　泄洪闸闸墩钢纤维混凝土施工性能参数

设计等级	抗压强度/MPa	抗冻性能/次	抗渗性能	塌落度/mm	含气量/%	初裂强度/MPa	韧度指数 $\eta_{m5}/\eta_{m10}/\eta_{m30}$	抗折强度/MPa	抗拉强度/MPa
C30F100W8	40.8	F100	W8	171	3.6	3.2	6.08/12.41/31.57	3.76	3.64

（3）主要工艺

根据系列室内试验研究，钢纤维混凝土施工主要工艺要求如下：

①模板支护。钢纤维混凝土浇筑模板尖角和棱角宜修成圆角，浇筑振捣应避免钢纤维露出构件表面。

②搅拌。钢纤维混凝土施工宜采用机械搅拌，搅拌机一次搅拌量宜为其额定搅拌

量的40%～80%。钢纤维混凝土各种材料质量的称量偏差要求不要超过允许偏差：钢纤维、水泥、混合材料、外加剂±2%，粗细骨料±3%，水±1%。搅拌宜优先采用将钢纤维、水泥、粗细骨料优先干拌均匀后加水湿拌的方法，干拌时间不宜少于3 min。

③浇筑。在钢纤维混凝土连续浇筑区域内，浇筑施工过程中不得中断，严禁因拌合料的干涩而加水，拌合料从搅拌机卸出到浇筑完毕所用时间不宜多于30 min。钢纤维混凝土振捣应采用机械振捣，不得采用人工振捣。振捣除保证混凝土密实，还应保证钢纤维的分布均匀。

④质量控制。钢纤维混凝土施工质量控制包括：钢纤维质量、钢纤维质量称量偏差、钢纤维体积率、抗压强度、抗拉强度（或弯拉强度、弯曲韧度比）、抗冻性能、抗渗性能等质量与技术指标，均应达到产品标准或设计文件要求。

8.6 钢筋混凝土闸墩碳纤维布阻裂加固数值模拟分析

根据裂缝处理经验和调查研究，针对钢筋混凝土闸墩裂缝属深层或贯穿的活动裂缝的现状，以及国内外现有修补材料情况，优选其修补加固方法为组合式碳纤维布阻裂与加固方法，即先选取手刮聚脲进行裂缝表面封闭处理，使裂缝内外分开，具备灌浆条件；然后，采用灌筑弹性聚酯树脂类材料进行裂缝内部灌浆，连接裂缝两侧混凝土，封闭裂缝通道，避免水分侵入；再在闸墩表面粘贴碳纤维布进行整体加固，使开裂钢筋混凝土闸墩结构恢复为整体的处理方案。

8.6.1 基本计算参数与计算模型

闸墩模型采用组合式模型，混凝土采用SOLID65三维实体单元模拟（考虑温度荷载时使用SOLID70热单元），钢筋采用LINK8单元模拟，碳纤维布采用SHELL41薄壳单元模拟。混凝土材料的特性是抗压不抗拉，而钢筋与CFRP的特性是抗拉不抗压，计算过程中，几乎可以忽略后两者抗压强度，考虑三种材料的力学参数。在加固后的闸墩计算中，分析工况同样采用闸墩两侧闸门同时开启至最大位置时闸墩的受力状态。利用单元的生死技术，先将闸墩有限元模型中竖向裂缝单元杀死，再重新激活为灌浆材料，假设灌浆材料与原有混凝土完美黏结；在闸墩检修井外壁一侧生成CFRP的SHELL41单元，使用面耦合的方法，实现CFRP与闸墩混凝土的黏结，假设CFRP与混凝土完好性黏结，不考虑施工误差和黏结胶材的影响。对加固后的有限元模型重新设定划分网格条件，最后所得的有限元模型中，共有120462个单元，109736个节点，见图8.6。

图8.6　有限元网格

8.6.2　力学特性计算分析

采用前节的碳纤维布阻裂与加固技术方法，对阻裂与加固后闸墩的受力状态进行分析，以此来判断阻裂与加固的效果。如果阻裂与加固后的闸墩中不存在超过混凝土抗拉强度的拉应力区，即说明这种阻裂与加固技术方法可以满足要求。

经计算，阻裂与加固后的闸墩第一主应力云图如图8.7所示。由图8.7可以看出，修补加固后的闸墩大部分区域处于受压状态，最大压应力也远小于混凝土的抗压强度。拉应力主要集中在碳纤维布网格上及检修井周围，并且较大拉应力出现在碳纤维布网格处，最大拉应力数值仅为1.30 MPa，远小于碳纤维布抗拉强度3500 MPa，不会引起碳纤维布或混凝土开裂破坏。检修井井壁混凝土处在受压与受拉边界，数值上小于1.30 MPa，小于闸墩混凝土的抗拉强度2.95 MPa。从第一主应力云图上看，闸墩采取阻裂与加固措施后，闸墩不能再发生断裂问题。

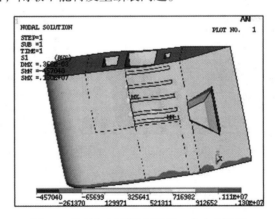

图8.7　修补加固后的闸墩第一主应力云图

查看阻裂与加固后的闸墩整体Y方向应力云图（见图8.8）。由图8.8可以看出，修补加固后的闸墩整体Y方向应力云图等值线变化趋势与闸墩整体第一主应力云图中的等值线变化趋势基本相同，拉应力出现在检修井周围，并且明显可以看出，第三道网格布所受拉应力值最大，但最大 Y 方向拉应力仅为 1.24 MPa，远小于碳纤维布抗拉强度 3500MPa 和闸墩混凝土抗拉强度 2.95 MPa，不会引起混凝土或碳纤维布网格的开裂。

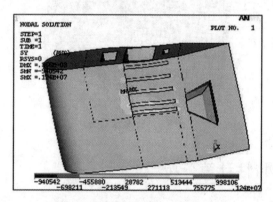

图8.8　闸墩整体 Y 方向应力云图

　　查看阻裂与加固后的检修井井壁处的第一主应力和 Y 方向应力状态，从局部应力云图8.9和图8.10可以更明显看出，修补加固后的闸墩原先拉应力集中区的应力传递产生了变化，混凝土所受拉应力明显减小，而拉应力主要是由碳纤维布网格来承担，并且是由五道碳纤维布网格布共同分担，大大减弱了闸门开启时传递至检修井井壁处混凝土所受的拉应力数值，虽然第三、第四和第五道碳纤维布网格受到相对较大的拉应力，但是最大拉应力数值还不到 1.0 MPa，远小于碳纤维布的抗拉强度 3500 MPa 和闸墩混凝土的抗拉强度 2.95 MPa，可以判定这种情况下闸墩结构不会发生开裂破坏。

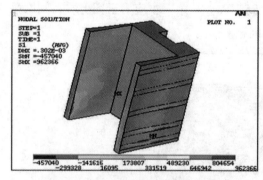
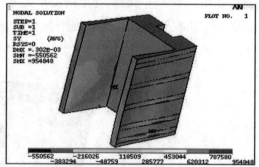

图8.9　检修井两侧第一主应力云图　　　　　图8.10　检修井两侧 Y 方向应力云图

8.6.3　阻裂与加固效果评估

　　根据前节对闸墩开裂状态下的裂缝扩展趋势计算和分析可以看出，如果不对闸墩进行修补加固，其竖向裂缝存在继续扩展的危险，并且会向下部继续延展。在采用前节的手刮聚脲表面封闭、弹性聚氨酯嵌缝灌浆及五道碳纤维布外贴加固后，通过前节的计算分析，可以看出，闸墩的整体性得到了有效的恢复，碳纤维布的存在使检修井井壁混凝土不再出现过大的拉应力，闸墩混凝土能够协同工作，消除了闸墩裂缝对结构不利影响，使闸墩整体结构达到稳定要求，原有裂缝不会再继续扩展。采用上述技术方法对闸墩混凝土修补加固后，水库溢流坝段泄洪闸闸墩可以正常运行，闸墩混凝土以及整个大坝的整体性能得到质的改善，对确保工程安全运行起到决定性作用。

8.7 钢筋混凝土闸墩钢纤维混凝土阻裂与加固数值模拟分析

8.7.1 基本计算参数与钢纤维混凝土闸墩模型

闸墩模型采用组合式模型，钢纤维混凝土采用SOLID65三维实体单元模拟（考虑温度荷载时使用SOLID70热单元），钢筋采用LINK8单元模拟。混凝土材料特性是抗压不抗拉，而钢筋特性是抗拉不抗压，计算过程中，几乎可以忽略钢筋抗压强度。根据试验研究结果及工程实际配合比应用，查阅有关书籍，确定钢纤维混凝土数值计算参数。闸墩模型同前节。采用组合模型，最终将闸墩划分成39个体，共计113617个单元，61513个节点。见图8.11。在采用钢纤维混凝土加固后闸墩计算中，分析工况同样采用闸墩两侧闸门同时开启至最大位置时闸墩的受力状态。即按照工况二及其荷载组合。

图8.11 闸墩组合模型有限元网格

8.7.2 钢纤维混凝土闸墩有限元计算分析

采用前节的钢纤维混凝土置换的阻裂与加固技术方法，对阻裂与加固后闸墩受力状态进行分析，以此来判断阻裂与加固效果。如果阻裂与加固后的闸墩中的拉应力区数值均小于钢纤维混凝土允许抗拉强度，即说明这种阻裂与加固技术方法满足要求，闸墩不再发生开裂，达到阻裂与加固效果。

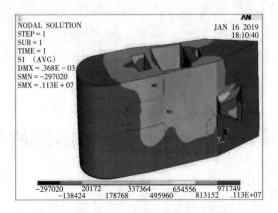

图8.12　修补加固后的闸墩第一主应力云图

经计算，阻裂与加固后的闸墩第一主应力云图如图8.12所示。由图8.12中可以看出，采用钢纤维混凝土置换后的闸墩大部分区域处于受压状态，最大压应力0.30 MPa，远小于钢纤维混凝土的抗压强度40.0 MPa。拉应力主要集中在牛腿上游侧及检修井周围，最大拉应力数值仅为1.13 MPa，小于钢纤维混凝土初裂抗拉强度2.73 MPa，不会引起混凝土开裂。检修井井壁混凝土处在受压与受拉边界，数值均小于1.13 MPa，也远小于钢纤维混凝土的抗压强度40.0 MPa和初裂抗拉强度2.73 MPa，不能引起混凝土发生开裂。综上，从闸墩第一主应力云图结果判断混凝土不能发生开裂。

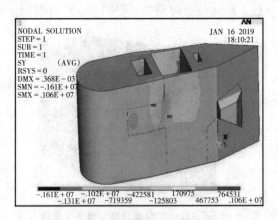

图8.13　闸墩整体 Y 方向应力云图

查看阻裂与加固后的闸墩整体 Y 方向应力云图（见图8.13）。由图8.13中可以看出，采用钢纤维混凝土置换后的闸墩整体 Y 方向应力云图等值线变化趋势与闸墩整体第一主应力云图中的等值线变化趋势基本相同，拉应力出现在检修井两侧井壁，最大 Y 方向拉应力仅为1.06 MPa，小于钢纤维混凝土初裂抗拉强度2.73 MPa，不会引起混凝土开裂。综上所述，从闸墩整体 Y 方向应力云图结果判断混凝土不能发生开裂。

查看阻裂与加固后的闸墩检修井井壁处的第一主应力、Y方向应力状态。

从局部应力云图 8.14 和图 8.15 中可以看出，采用钢纤维混凝土置换后，闸墩整体受拉区仍为检修井两侧井壁处。检修井井壁处的第一主应力图、Y方向应力图上的最大拉应力值分别仅为 0.74、0.62 MPa，远小于钢纤维混凝土初裂抗拉强度 2.73 MPa。综上所述，从闸墩检修井井壁处的第一主应力图、Y方向应力图结果判断混凝土不能发生开裂。故可以判断原钢筋混凝土闸墩采用钢纤维混凝土置换加固后不会发生开裂破坏，恢复结构安全状态。

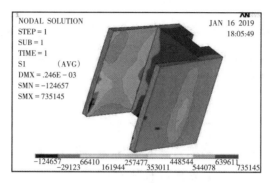

图8.14　检修井两侧第一主应力云图

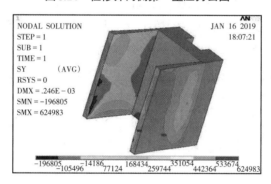

图8.15　检修井两侧 Y 方向应力云图

8.8　本章小结

钢筋混凝土闸墩裂缝阻裂与加固方法，在充分诊断分析裂缝数量、分布、产生原因、性质、结构应力状态以及阻裂与加固材料基本性能试验研究基础上提出。根据闸墩混凝土裂缝现状，研究提出两种阻裂与加固方法，即碳纤维布阻裂与加固方法和钢纤维混凝土置换式阻裂与加固方法。模拟应用于背景工程的两种不同破坏程度的闸墩工程阻裂加固，并且进行阻裂加固数值模拟计算分析与应用运行效果分析，进而验证钢筋混凝土闸墩阻裂加固实体工程应用的适宜性和合理性。主要研究结果如下：

（1）方法1

碳纤维布阻裂与加固方法，即手刮聚脲裂缝表面封闭，弹性聚酯树脂类材料缝内灌浆，表面粘贴碳纤维布整体加固。碳纤维布（C1-200）厚度3 mm、宽度600 mm、长度7500 mm。背景工程模拟阻裂加固中采用在闸墩检修井上部外侧，竖向每隔2 m设置一道，在检修井变截面处增加一道，共设置5道碳纤维布。因闸墩的对称性，闸墩另一侧采取相同的阻裂与加固方法。该方法适用于闸墩混凝土裂缝程度较轻情况，加固后可继续发挥功能作用，能够保证工程安全运行。

（2）方法2

钢纤维混凝土置换方法，即将原闸墩混凝土结构（溢流堰堰体以上部分）全部拆除，重新浇筑相同高度、截面尺寸和设计指标的钢纤维混凝土。钢纤维混凝土施工配合比及其性能参数按选定的原材料、施工方法等进行室内优选试验成果确定。背景工程模拟阻裂加固中采用C30F100W8等级钢纤维混凝土。该方法适用于混凝土裂缝比较严重，无法继续发挥作用或无法保证工程安全情况。

在对背景工程钢筋混凝土闸墩裂缝采用两种阻裂与加固方法模拟处理后，按照最不利工况，进行有限元模型计算分析。采用方法1后，混凝土闸墩应力得到重新分布，原混凝土承担的较大拉应力传递给碳纤维布承担，并且拉应力小于碳纤维布的允许拉应力；采用方法2后，原混凝土承担的较大拉应力由新浇筑钢纤维混凝土承担，并且拉应力小于钢纤维混凝土的允许拉应力。

针对依托背景工程，钢筋混凝土闸墩裂缝发展得到有效控制，恢复原功能和安全稳定状态，新结构不再发生裂缝。经过以上技术方法对闸墩修补加固之后，水库溢流坝段可以正常安全运行，继续发挥确保大坝安全泄洪的重要作用。上述阻裂与加固方法对类似工程具有借鉴和指导意义。

第9章 钢筋混凝土闸墩坝加固工程设计

1978年对水库裂缝进行普查；1981年根据水利部的意见对重点裂缝进行了详查，委托北京水科院、天津大学等单位分别做了有缝坝全息光弹试验、石膏模型破坏试验、底孔气蚀试验。国家水电部门听取了"水库现状及存在问题"汇报后，对工程提出两项措施：一是水库最高蓄水位限制在 + 95.50 m；二是对问题较严重23号坝段进行紧急加固处理。1982年水库被列为全国首批43座重点病险库之一。

水库于1985年5月开始第一次除险加固，1985—1989年投资1403万元。2000—2003年，水库进行第二次除险加固，投资4845万元。2013年1月水库《大坝安全鉴定报告书》（辽宁省水利厅）安全鉴定结论：①水库大坝防洪能力不满足规范要求；②坝体、闸墩开裂、渗水严重；③两岸坝坡坝基扬压力高于设计值，对坝体稳定不利；④岸坡坝段地质状况差；⑤溢流坝和电站进水口金属结构老化锈蚀严重，启闭设施陈旧，不能正常与安全使用；⑥安全监测设施不完善，手段落后，水库管理自动化程度低，防汛道路标准低，管理设施陈旧落后，库容库貌较差。水库大坝存在严重安全隐患，根据《水库大坝安全鉴定办法》，水库大坝应为"三类坝"，建议尽快进行除险加固。

9.1 钢筋混凝土断裂加固依据与等级标准

（1）除险加固工程依据《大坝安全鉴定书》（辽宁省水利厅，2013年1月）；水利部大坝安全管理中心坝函【2013】1577号《关于水库三类坝安全鉴定成果的核查意见》、书面现场核查意见；《辽宁省水库大坝安全综合评价报告》（南京水利科学研究院，2012年3月）；《辽宁省水库混凝土结构安全检测报告》（JG-2011-065）（辽宁省水利水电工程质量检测中心，2011年11月）；《水库安全鉴定工程地质勘察报告》（2012年4月）；《水库大坝质量检查报告》（辽宁省水利水电勘测设计研究院，1983年9月）；《辽宁水库大坝强震稳定性》（哈尔滨工业大学，2012年03月26日）；《水库初步设计》（辽宁省水利水电勘测设计研究院，1970年）；《水库大坝重要裂缝及稳定安全专题分析研究报告》（2013年）。

（2）工程等级和标准

根据《防洪标准》（GB 50201—2014）及《水利水电工程等级划分及洪水标准》（SL 252—2000），水库为大二型工程等别为Ⅱ等，水工建筑物挡水坝段、溢流坝段、电站坝段等级为2级，次要建筑物为3级。消能防冲建筑物按50年一遇洪水标准设计。水库总库容为6.51亿m³，设计洪水标准为300年一遇，相应库水位＋102.43 m，相应泄量10075 m³/s，校核洪水标准为2000年一遇，相应库水位＋102.66 m，相应泄量16374 m³/s。本次除险加固地震烈度采用Ⅶ级。本地区属于严寒地区。

9.2　钢筋混凝土闸墩坝裂缝加固方法

（1）钢筋锈蚀及混凝土剥蚀、表层混凝土脱落修补处理

选取聚合物（钢/塑料）纤维砂浆＋钢筋锚固的方案，进行钢筋锈蚀及混凝土剥蚀、表层混凝土脱落处理。

①基面处理。找出需要进行处理混凝土破损区域，使用彩色记号笔标定所有缺陷位置，在缺陷部位周边区域外延10 cm勾勒出缺陷处理范围，依据现场混凝土破损情况确定回填平面处理范围。在破损处，凿除松动混凝土层，底部混凝土露出新鲜表面，凿毛直到新露出的混凝土结实无松动。使用开槽机在混凝土处理范围边缘沿划定轮廓线开收边槽，收边槽形式为内宽外窄，开槽深度大于某处破损厚度，收边槽槽底深入凿毛后的混凝土2 cm。

②布置锚固钢筋、加固细钢筋网。对于需要进行植筋的部位，进行植筋处理同时布设加固钢筋网，根据破损情况统计分析计算拟定；对于混凝土破损较大较深（混凝土剥蚀或凹坑深度大于5 cm，且破损面积大于0.3 m²）的部位，应该布置直径大于8 mm，锚固深度大于20 cm锚固筋，锚筋间距为10 cm，锚筋上部为U形弯起，防锈钢丝网布设固定在锚筋上面，使用化学锚固剂或者无机锚固剂将锚筋固定，防锈钢丝网布设深度为填充表面以下5 cm，钢丝网外缘距离收边槽＜3 cm。

③清洗。使用高压水或高压空气将凿毛后的混凝土表面清理干净，晾干。

④防腐处理。对原有钢筋外露部位进行除锈、采用化学材料涂覆方法进行阻锈处理。

⑤涂刷界面剂。在新、老界面事先涂布界面剂，以便提高界面黏接强度。界面剂要求涂刷均匀，无漏涂、尽量薄涂、涂刷界面要保持潮湿但无明水。

⑥回填聚合物砂浆（或细石混凝土）。在涂刷界面剂30 min后，涂抹聚合物砂浆，要求回填均匀（可适量添加直径20 cm以下的细石子作为骨料），修补后砂浆表面平整，保持与原有砂浆表面齐平，潮湿养护20 d以上；对于立面的部位需要采用模板固定方式进行施工，工艺方法见图9.1至图9.3。

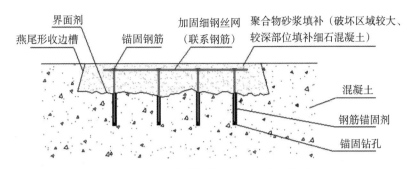

图9.1　混凝土破损修补处理工艺示意图

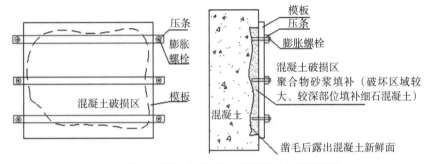

图9.2　锚固钢筋、钢筋网、细钢丝网布置示意图

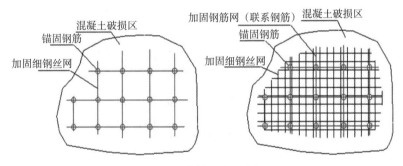

图9.3　模板固定示意图

（2）化学灌浆

①裂缝化学灌浆修补工艺要点：对于伴有渗水裂缝不论其开度如何，必须先进行灌浆封堵处理，对于不渗水的裂缝，开口最大宽度＜0.2 mm裂缝可以不进行内部灌浆直接进行表面封堵，开口最大宽度≥0.2 mm的裂缝需先进行内部灌浆，然后进行表面封堵、表面封闭。

工艺流程：使用高压灌浆设备将柔性化学浆液灌注到裂缝内部进行封堵止水，采用的化学浆液具有一定的强度，且具有适应裂缝变形的能力。化学浆液为遇水膨胀型的聚氨酯柔性材料，固结后的弹性体能够较好地填充裂缝内部空间。化学灌浆施工的工艺流程关键步骤为：施工准备→查缝定位→布孔→钻孔→钻孔清理→安装检查嘴→压水→压气检查→安装灌浆嘴→裂缝表面临时性封堵→浆液配制→灌注浆液→质量检查（压水检测、取芯检测）→去除表面临时性封堵并打磨混凝土表面和验收。

主要技术参数：孔径：14 mm；钻孔深度：30～50 cm；钻孔角度：最小30°，最大45°；钻孔间距：10～60 cm；灌浆压力：最低0.3 MPa，最高0.5 MPa（裂缝内部压力）；稳压时间：不少于10 min，个别部位需要不少于30 min。

引排、导流：对于有明显渗水和明流出口的区域，应进行适当导流，临时性导流可以采用口径为1、2、3、5 cm的软塑料管＋渗流处封堵来引排，以保持工作面干燥可进行其他作业。永久性导流也可以使用口径为1、2、3、5 cm软塑料管＋渗流处封堵＋其他材料回填＋表面封闭来进行引流，塑料管的口径和外露长度依据现场条件确定，见图9.4。

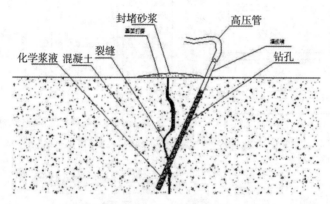

图9.4 裂缝内部化学灌浆处理工艺示意图

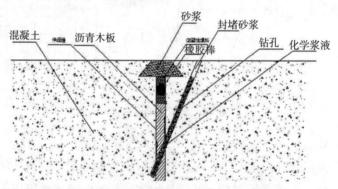

图9.5 结构缝内部化学灌浆处理工艺示意图

②结构缝化学灌浆修补工艺要点：结构缝灌浆方法与裂缝灌浆方法一致，如果嵌缝材料为钢板等材料，需要在结构缝两侧同时进行布孔，如果嵌缝材料为木板等软质材料，可以在单侧布孔，钻孔应穿透软质材料，见图9.5。

结构缝灌浆的工艺流程、主要技术参数、处理技术要点与裂缝灌浆处理技术要点基本一致，因为结构缝的防渗材料一般为止水铜片或者橡胶止水带，因此灌浆孔的布置需采用结构缝两侧均匀布置的原则，其钻孔布置见图9.6。

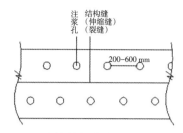

图9.6　结构缝化学灌浆布孔示意图

对于结构缝顶部存在裂缝开裂宽度大于0.5 mm以上的部位在注水检查完成后进行表面临时刚性封堵，表面粘贴处理前再清除临时刚性封堵材料。

③裂缝与结构缝交汇处止水细部处理（所有缝端部止水细部）：裂缝与结构缝有交汇，对于交汇处的裂缝端部止水边界应采用两种方法相结合进行细部处理。

对靠近结构缝的裂缝部位进行深层灌浆，处理工艺见图9.7。

对交汇部位进行钻孔闭合止水处理，钻孔以到达分缝嵌填材料为止，处理工艺见图9.8。

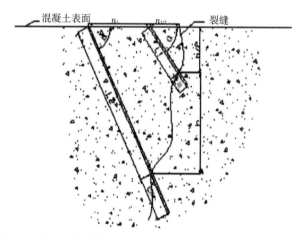

图9.7　靠近结构缝部位的裂缝进行深层灌浆处理工艺示意图

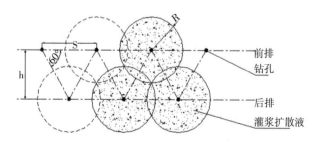

图9.8　灌浆孔的排距与孔距示意图

所有裂缝、结构缝、浇筑缝、施工缝等涉及延续工期和分阶段处理的端部必须进行端部止水细部处理。某细部处理的工艺与裂缝与结构缝交汇处止水细部处理相同。

（3）表面封闭（表面防护）

①工艺流程：裂缝表面手刮聚脲封闭处理工艺流程见图9.9。

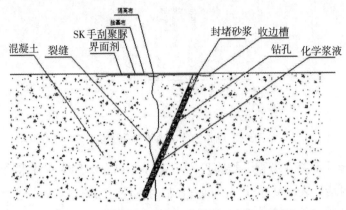

图9.9 裂缝表面手刮聚脲封闭处理工艺示意图

②主要技术参数：使用手刮聚脲材料进行裂缝表面粘贴，固化后的手刮聚脲涂膜平均厚度不小于2 mm，一般性裂缝开口部位表面涂膜厚度在3～4 mm，聚脲涂刮宽度不小于20 cm，聚脲涂层边缘与裂缝缝口距离不小于10 cm。涂刮手刮聚脲的混凝土区域，同时存在冻融、剥蚀、蜂窝、麻面、脱空、孔洞、钢筋锈蚀及鼓胀、冻胀破坏、局部缺失、局部振捣不实的，先进行这些缺陷的预处理，然后进行打磨，要求打磨平均深度为2～2.5 mm，打磨后表面保持平整。

（4）贯穿混凝土冻融剥蚀等缺陷区域的裂缝表面的细部封闭处理

①细部处理方法：对于严重剥蚀区域，先将已剥蚀混凝土凿除，使用聚合物砂浆进行填补，在裂缝上部加设分缝泡沫板。在聚合物砂浆养护完毕后按照手刮聚脲处理工艺进行刮涂处理。如果同时在冻融剥蚀区进行止缝处理，则先进行灌浆止缝处理，然后进行表面处理，见图9.10。

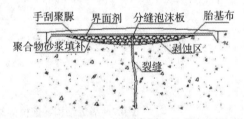

图9.10 冻融剥蚀区裂缝处理工艺示意图

②混凝土冻融剥蚀等区域的回填处理工序技术要点：对裂缝附近出现冻融剥蚀、蜂窝、麻面、脱空、孔洞、钢筋锈蚀及鼓胀、冻胀破坏、局部缺失、局部振捣不实等缺陷混凝土采用聚合物砂浆进行修补。

（5）浸渍密封处理

基面的清理、混凝土表面缺陷填补、轻度打磨、刮涂，或者喷涂有机硅类或硅烷类浸渍剂；养护：空气中养护。

上游83.25 m高程以上、堰面、闸墩弧门前、弧门下游闸墩根部1 m高度以内的外表面涂刮一层聚脲类弹性保护涂层，提高混凝土耐久性。弧门下游闸墩表面除根部1 m以外均涂清水混凝土涂层。墩头校核洪水位加0.5 m以下横缝，墩尾校核洪水过程线加0.5 m以下横缝，堰面横缝，均设置50 mm深弹性环氧砂浆，缝表面采用宽20 cm、厚

5 mm抗冲磨弹性涂层封闭，防止高速水流冲走缝内材料。为减小新浇筑堰体的温度应力及老混凝土对新混凝土的约束应力，在上游堰体81、72、63 m高程，设置三道水平施工缝，缝内放置铜止水片。每个墩头设置500 mm深、每个墩尾设置700 mm深的缝，墩头缝放置铜止水片，墩尾校核洪水过程线加0.5 m以下放置铜止水片。堰顶高程89 m，顶部堰面曲线采用克奥曲线，堰面顶部提高4.2 m，挑坎处提高1 m，取消了原胸墙。反弧底坎高程抬高1 m为62.77m。除险加固对17、18号坝段均采取预应力锚索加固，锚索纵向孔距为2 m，分布2层锚索，17号坝段锚索长度自上而下分别为9和19 m，18号坝段锚索长度自上而下分别为11和19 m。每根锚索为一根直径40 mm精轧螺纹钢筋（$f_{ptk} = 930$ N/mm²），与专用的内锚头用螺母连接，内锚头安装时能自张开与扩孔产生机械咬合，锚索与外锚头用螺母连接。锚索安装施加预应力后，对自由张拉段全程灌浆形成粘结，满足50 t抗拔力要求。

第10章　太子河水库除险加固闸墩钢纤维混凝土应用实例

主要依据钢筋混凝土闸墩阻裂加固方法，开展太子河水库闸墩工程钢纤维混凝土阻裂加固方法应用，深入地验证钢筋混凝土闸墩阻裂加固实体工程应用的适宜性和合理性。

10.1　工程背景

太子河水库位于辽宁省本溪市太子河支流小汤河中游，距本溪县政府所在地小市镇25 km，该水库是一座以工农业供水为主，兼有防洪、发电、水产养殖等综合利用的水库。小汤河流域面积478.85 km²，河长37.4 km，河道平均比降4.61‰，坝址以上河道长30.13 km，控制流域面积176.77 km²，占整个流域面积的35.29%。水库下游分布有小市镇及其辖属6个村镇，同时有溪田铁路、小草线公路沿下游通过。小市镇是本溪市卫星城镇，有人口9.6万人，耕地3.7万亩，2006年工农业总产值25.6亿元，其中工业产值15.3亿元，农业产值2.16亿元。水库位置十分重要，水库安全运行，对下游小市镇乃至本溪市的国民经济发展起着至关重要的作用（见图10.1）。

图10.1　太子河水库溢洪道

水库工程于1977年开工建设，1991年全部完工并投入运行。太子河水库是一座以工农业供水为主，兼有防洪、发电、水产养殖等的综合利用水库，现状水库总库容为7661万 m³，兴利库容为5500万 m³，调洪库容为2700万 m³，共用库容560万 m³。根据《水利水电工程等级划分及洪水标准》（SL 252—2000）规定，太子河水库属于中型水库，水库现状工程规模为：工程等别为Ⅲ等，主要建筑物级别为3级。水库的设计标准为100年一遇，校核标准为2000年一遇。水库设计正常蓄水位 + 372.1 m，相应库容5700万 m³；死水位 + 341.0 m，相应库容为200万 m³；设计洪水位 + 374.26 m，相应库容为6589万 m³；校核洪水位 + 376.77 m，相应库容为7661万 m³。太子河水库的枢纽工程主要由混凝土面板堆石坝、河岸式有闸正堰溢洪道、有压泄洪输水洞及电站组成。

（1）拦河坝

坝型为混凝土面板堆石坝，坝顶高程为 + 379.0 m，最大坝高58.5 m，最大坝底宽168.45 m。大坝迎水坡坡比为1:1.4，背水坡坡比为1:1.3，背水坡设有"之"字形上坝公路，路面宽8 m。大坝顶宽6 m，长度为218.93 m。

（2）溢洪道

溢洪道设在大坝左侧，由进口段、控制段、陡槽段、挑坎段组成。控制段长17.0 m，堰体为实用堰，堰顶高程为 + 368.0 m，闸室净宽24 m，设有弧形钢闸门8.0 m × 5.5 m三扇，2 × 16 t启闭机三台，溢洪道上设有工作桥。陡槽段长57.0 m，泄流净宽为27.0 m，坡度为0.334。挑坎段长13.65 m，采用连续式挑坎，反弧半径为15 m、挑射角25°、反弧的最低点高程 + 343.166 m、鼻坎最高点高程 + 343.566 m。

（3）泄洪输水洞

泄洪输水洞位于大坝左侧溢洪道右侧，坝与溢洪道之间，隧洞洞径3.0 m，进口的高程 + 328.0 m，进口设有启闭塔，塔前设有拦污栅、平板钢闸门等，洞长217.6 m。隧洞出口设有闸门室，内设弧形钢闸门一扇，液压启闭机启闭，出口底高程 + 327.0 m。

闸墩存在的主要问题：闸墩混凝土表面普遍发生碳化，碳化深度达到22 ~ 47 mm，水位变化区及以下普遍发生剥蚀，剥蚀面积占比达到76%，最大剥蚀深度达到38 mm，各闸墩均发生多条竖向和斜向裂缝，主要分布在牛腿至上游4.50 m范围内，裂缝数量9 ~ 16条，裂缝最大宽度为0.4 ~ 2.6 mm，共有11条裂缝从闸墩顶开裂一直延伸至闸墩与堰顶结合处，并有多处发生渗漏，裂缝表面有白色析出物，冬季部分裂缝渗水在表面结冰，严重危及工程安全。

◤◢◤ 10.2　溢洪道工程加固方案

①溢洪道的导流墙高程373.1 m以下迎水面根据保护层的厚度，凿除10 cm厚现状

混凝土，然后再用钢纤混凝土回填，抹完后的结构外轮廓尺寸不小于原设计。钢纤混凝土的结构作法为，先在凿除面层后的混凝土表面喷 4 cm 厚的 C25 素混凝土，然后再喷 4 cm 厚的钢纤混凝土，最后用 C30 的混凝土砂浆找平。堰面、泄槽底板迎水面混凝土凿除 20 cm 厚原状混凝土，清除原面层钢筋。然后，重新布设面层钢筋，并且重新浇筑混凝土，混凝土标号为 C30F100W8，要求钢筋型号和数量不低于原设计。为了加强新老混凝土的结合，在老混凝土内种植插筋，插筋为 φ16@500 梅花形布置，并且在老混凝土结合面刷一层双组分固化界面胶。在原结构表面裂缝部位，以裂缝为中心，在钢筋上沿缝走向焊接钢筋网片，网片尺寸规格为 Φ5@50。原结构伸缩缝缝内采用沥青浸渍硬木板。

②控制段的边墩和中墩凿除至与堰体衔接面处，衔接面清除干净。在衔接面植筋，φ16@500 梅花形布置，并在衔接面刷一层双组分固化界面胶。浇筑等截面的钢纤维混凝土，混凝土设计等级及配筋按原结构设计进行。

③对溢洪道控制段和左边墩与堰体接触部位进行帷幕灌浆，灌浆孔为一排，孔距取 1.5 m，孔深与原设计相同取 20 m。灌浆位置在原帷幕线上游 2.0 m 处，灌浆范围为溢洪道的控制段和左边墩外沿原帷幕灌浆走向。新灌浆帷幕与原灌浆帷幕在始末端相接。并对挑坎以下基础进行固结灌浆，并对挑坎下悬空部分采用 C25 混凝土回填。

④对溢洪道左岸山体进行削坡处理，削坡后的坡比在控制段为 1:0.5，控制段以下为 1:0.75；对无法削坡的大块危岩采用锚杆加固。削坡后对新鲜岩面进行喷锚处理，喷 C25 混凝土厚度为 10 cm，钢筋网尺寸为 Φ8@200，锚杆为 Φ20@2000，深入稳定岩石 2.0 m。最后对边坡采用三维排水柔性生态边坡护砌，并且在边坡表面种植草本和木本植物进行绿化，使得加固措施效果与周边环境协调。三维网柔性生态边坡集土木工程结构、绿化、环保、节能降耗于一体，由具备特殊功能及特定技术参数要求结构组件构成。组件主要包括：生态袋、扎口带、缝袋线及满足多向排水功能与强度要求的网肋型联结扣等。生态袋是以聚丙烯为主要原料，具有抗紫外线辐射、抗酸碱盐、抗微生物侵蚀等的功能。采用无纺针刺工艺经单面烧结制成。对植物非常友善，透水不透土。其力学参数相当于纵向 5.81 kN/m，横向 7.24 kN/m，CBR 顶破强力 1458 N，等效孔径为 0.20 mm，垂直渗透系数为 1.72×10^{-1}。将生态袋单体砌合联结成一体成为一个结构稳定整体护坡结构，再在上面种绿色草本和木本植物就成为了一个环保绿色边坡。

⑤清除挑坎下破碎风化岩体至新鲜岩面，在挑坎下浇筑钢筋混凝土护坦，护坦厚度水平段为 0.5 m，斜坡段为 0.5 m，混凝土护坦与基础岩体通过锚筋连接在一起。混凝土标号为 C30F100W8，锚筋为 Φ25@1500（梅花形布置），伸入稳定基岩 3.0 m。为确保挑坎段下游底板混凝土与岩体基础接触密实，该段进行固结灌浆，固结灌浆孔距和排距为 3.0 m、孔深 5.0 m，梅花形布置。为了防止护坦后水压过大，影响护坦稳定，在护坦上设排水孔采用 Φ100PVC，并设土工布反滤，排水孔间距为 2.0 m，梅花形布置。

⑥左岸进口导流墙圆弧半径为25.0 m，圆心角为41°，导流墙与372.0 m高程以下部分采用钢筋混凝土衬砌，以上则接以锚杆式挡土墙，墙顶高程378.4 m，从6.11 m至尾端的11.78 m墙段，墙顶高程随地形的抬升，末端墙顶高程为+364.0 m。左岸进口导流墙为锚杆挡土墙，由钢筋混凝土壁板及锚杆组成，面板顶宽为0.5 m，最大高度为16.4 m。锚杆为Φ25（A₃）钢筋，纵横向间距均为2.0 m。建基面高程为+362.0 m。

10.3　闸墩钢纤维混凝土工程应用

（1）主要材料

①工程所用的钢纤维是由鞍山市昌宏钢纤维有限公司生产的超细型钢纤维。等效直径0.4 mm，长度26 mm，长径比60，抗拉强度≥600MPa，材质72A。②水泥为浑河牌P.O42.5。③粉煤灰为抚顺荣信粉煤灰厂的Ⅰ级粉煤灰。④细骨料为抚顺章京12号料场的天然河砂。粗骨料为抚顺章京12号料场卵石，二级配（5~10，10~20 mm）。⑤外加剂为上海麦斯特高效减水剂（聚羧酸盐类）。

（2）闸墩混凝土结构设计图

闸墩混凝土立面及剖面结构设计见图10.2。钢纤维混凝土浇筑工程量累计952m³，主要材料包括P.O42.5级水泥352t，Ⅰ级粉煤灰38t，河砂300m³，5~10mm石290m³，10~20mm石290m³，外加剂3t，钢纤维38t。施工方法采用泵送混凝土施工。

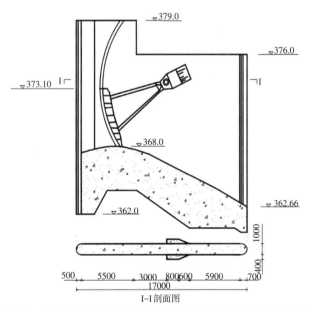

图10.2　太子河水库除险加固工程闸墩设计立面图及剖面结构图

（3）闸墩混凝土配合比设计参数

闸墩钢纤维混凝土施工配合比及性能参数见表10.1和表10.2。

表10.1　闸墩钢纤维混凝土施工配合比

设计等级	水胶比	砂率/%	各材料用量/(kg/m³)							
			水泥	粉煤灰	水	砂	石（5～10 mm）	石（10～20 mm）	外加剂	钢纤维
C30F100W8	0.40	45	370	40	164	780	478	478	3.28	40

表10.2　闸墩钢纤维混凝土施工配合比性能参数

设计等级	抗压强度/MPa	抗冻性能/次	抗渗性能	塌落度/mm	含气量/%	初裂强度/MPa	韧度指数 $\eta_m/\eta_{m10}/\eta_{m30}$	抗折强度/MPa	抗拉强度/MPa
C30F100W8	38.7	F100	W8	203	5.5	2.8	6.38/13.28/32.57	3.41	3.45

10.4　运行效果分析

闸墩采用钢纤维混凝土进行加固处理后，一直进行跟踪检查和定期检测，闸门启闭运行良好，未见卡阻现象，各闸墩钢纤维混凝土表面均未发现裂缝，采用探地雷达法对闸墩钢纤维混凝土内部进行定期探测，也未发现裂缝。

第11章 浑河拦河闸枢纽闸墩钢纤维混凝土应用实例

浑河是辽河大支流，发源于长白山余脉滚马岭，由东北向西南流经抚顺、沈阳等地，在三岔河与太子河汇合注入大辽河，在营口入渤海。浑河全长 364 km，流域面积 11805 km²，大伙房以上河长 169 km，控制流域面积 5437 km²，占全流域面积 47.4%。浑河拦河闸枢纽区流域面积为 2482 km²，是由山区至平原的渐变段（见图 11.1 和图 11.2）。

图 11.1 溢洪道闸墩全貌

图 11.2 溢洪道闸墩侧面

◤◤ 11.1　工程背景

浑河拦河闸位于浑河中下游，距大伙房水库75 km，坐落于沈阳市铁西区后谟家堡村。拦河闸是沈阳城市防洪的出口控制断面，担负着沈阳城市防洪任务，是浑河沈阳城市防洪体系的一个重要组成部分。同时，拦河闸也是大伙房水库下游灌溉用水控制工程，担负着沈阳于洪区、苏家屯区、辽中县、新民市和辽阳灯塔等地区农田灌溉任务，设计灌溉面积88.2万亩，现有灌溉面积已达到81.07万亩。拦河闸多年平均供水量为12.14亿 m³。其中拦河闸下泄7.98亿 m³，浑沙灌区2.18亿 m³，浑蒲灌区1.98亿 m³。拦河闸主体由拦河闸、浑沙、浑蒲进水闸三大部分组成，其中拦河闸和浑蒲进水闸于1958年9月至1959年9月建设完成。浑沙进水闸于1963年9月至1964年10月完成。1998年9月，对拦河闸消能进行改建，闸基进行灌浆处理，改建工程于1999年12月完成。近年来由于河道下切及2005年大洪水，造成消力池破坏严重，2005年开始新建了两级跌水消力池及防淘齿墙。2006年汛前完成。拦河闸为宽顶堰，孔高8.2 m、宽10 m，共22孔拦河闸。闸底板高程31.5 m，闸总宽257.4 m。闸门型式为弧形钢闸门，闸门高4 m，宽10.0 m，单扇闸门重量7.7 t。其中，拦河闸一门一机固定卷扬式启闭机，启闭力为2×50 kN。拦河闸设计洪水标准为50年一遇，设计流量为4174 m³/s，校核洪水标准为200年一遇，校核过闸流量5176 m³/s。

闸墩存在的主要问题：①拦河闸病险严重，闸门封水压板锈蚀镂空、部分螺栓锈断；②启闭机开关柜老化陈旧，闸门开关损坏，配电柜锈蚀，所有手动启闭机装置均失灵；③闸墩等混凝土冻融老化，平均碳化深度达到27～55 mm；④剥蚀露筋严重，水位变化区及以下区普遍发生剥蚀，剥蚀面积占比达到64%，最大剥蚀深度达到42 mm；⑤裂缝破损严重，闸墩均发生多条竖向和斜向裂缝，主要分布在牛腿至上游3.10 m范围内，每个闸墩裂缝数量7～11条，裂缝最大宽度为0.3～1.4 mm。上述问题不能满足工程安全运行要求。

◤◤ 11.2　闸墩工程加固方案

浑河闸工程由22孔拦河闸及左右两岸各5孔浑沙、浑蒲灌区农业灌溉进水闸等组成，工程始建于1958年。通过从地形、工程布置、工程量、施工、投资等方面比较分析，经过多次论证，推荐方案为工程前移25.0 m，22孔拦河闸，底板顶高程30.5 m。

（1）主要建筑物布置

拦河闸闸室段向上游平行移动25 m，分别布置有水平铺盖、闸室段、一级水消力池护坦、陡槽段、二级消力池、二级消力池护坦、三级消力池、四级消力池及抛石防冲槽等，全长共计212.6 m、整个闸室宽258.10 m。在闸室段上设检修桥、工作桥、排架、启闭机房和交通桥。水平铺盖分为混凝土长30.0 m，铺盖厚0.70 m，宽258.10 m，顶高程30.5 m。22孔拦河闸为无底坎式平底宽顶堰，堰顶高程为 +30.5 m，每孔宽9.6 m，二孔一联（宽23.43 m）共计11联，设有中墩（厚1.8 m）和缝墩（2.4 m），缝墩缝宽30 mm。底板顺水流向长20.0 m，厚1.50 m，上、下游设有抗滑齿。闸墩长19.7 m，闸墩上游侧顶高程 +39.14 m，下游墩顶高程 +38.78 m。墩顶设检修桥、工作桥、排架、启闭机房和交通桥，检修桥为四根预制空心板，一根1.14 m宽、二根为1.0 m宽、一根为1.48 m宽，检修桥顶面高程 +39.14 m、梁高0.68 m；工作桥顶面高程 +47.84 m；交通桥为六根预制空心板，桥面净宽6.0 m，总宽7.54 m，设桥面铺装层，桥顶面高程 +39.78 m、梁高0.68 m。交通桥面左右两侧采用长各90 m，宽9.0 m的混凝土路面与沈大高速公路复线相接。启闭机排架顶高程为48.0 m，中间设有圈梁。每孔上设有四根柱、二根主梁、四根次梁和圈梁。柱子断面尺寸为Φ1.0 m、高为7.8 m；主梁断面尺寸为0.4 m×1.0 m；次梁断面尺寸为0.4 m×0.8 m；圈梁断面尺寸为0.4 m×0.8 m；闸室下游修建25 m长水平护坦与一级消力池连接，厚1.0 m，宽257.87 m，顶高程30.5 m。对拦河闸上、下游左右岸衔接段各700 m长进行防护。下一个阶段在改造闸下沈大复线桥梁时，要求在拆除闸墩和闸底板时，改造一级消力池，使之与上游闸底板平顺连接，下游与原有二级的消力池斜坡段连接，原三级消力池、四级消力池不变。浑沙、浑蒲进水闸原位不动，拆除进水闸上游导墙和启闭机房，更换启闭机。在上游重新修建导墙（与拦河闸边墩平行）和25 m长引渠，引渠宽23 m，底高程33 m。

（2）闸室段设计方案

拦河闸维持现22孔布置，底板顶高程为30.5 m。修建新的上游铺盖、闸底板、闸墩、闸室上部结构。上游混凝土铺盖长为30.0 m。闸室底板水平，长20.0 m，厚1.5 m，顶高程 +30.5 m。中墩厚1.8 m，缝墩厚2.43 m，其中缝宽30mm，闸墩长19.7 m，上游墩顶高程 +39.14 m，下游墩顶高程 +38.78m，闸墩两端用圆弧连接。闸墩采用钢纤维混凝土浇筑。浑河闸启闭机室下排架底高程39.14 m，顶高程47.84 m，排架总高度8.7 m。排架柱断面Φ1000 mm，排架横梁断面400 mm×800 mm，排架纵梁断面400 mm×1000 mm。在43.49 m高程设一道联系梁，联系梁断面400 mm×800 mm。楼板厚200 mm。

11.3　闸墩钢纤维混凝土工程应用

（1）主要材料

①工程用钢纤维是由鞍山市昌宏钢纤维有限公司生产的超细型钢纤维。等效直径 0.4 mm，长度 26 mm，长径比 60，抗拉强度≥600 MPa，材质 72A。②工程用水泥为长白山牌 P.O42.5。③粉煤灰为沈海热电厂Ⅰ级粉煤灰。④细骨料为抚顺章京 12 号料场天然河砂。粗骨料为抚顺章京 12 号料场的卵石，二级配（5～10，10～20 mm）。⑤外加剂为河南巩义跨越 2000 型高效减水剂（聚羧酸盐类）。施工采用泵送混凝土施工方法。

（2）闸墩混凝土结构设计图

闸墩混凝土立面及剖面结构设计见图 11.3。

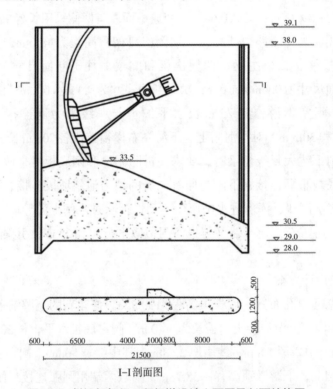

I—I剖面图

图 11.3　拦河闸枢纽工程闸墩设计立面图及剖面结构图

钢纤维混凝土浇筑工程量累计 3916 m³，材料包括 P.O42.5 级水泥 1449 t，Ⅰ级粉煤灰 157 t，河砂 1222 m³，5～10 mm 石 720 m³，10～20 mm 石 720 m³，外加剂 15 t，钢纤维 157 t。施工方法采用泵送混凝土施工。

（3）闸墩混凝土配合比设计参数

闸墩钢纤维混凝土施工配合比及性能参数见表 11.1 和表 11.2。

表11.1 闸墩钢纤维混凝土施工配合比

设计等级	水胶比	砂率/%	各材料用量/(kg/m³)							
			水泥	粉煤灰	水	砂	石（5～10 mm）	石（10～20 mm）	外加剂	钢纤维
C30F100W8	0.40	45	370	40	164	780	478	478	3.69	40

表11.2 闸墩钢纤维混凝土施工配合比性能参数

设计等级	抗压强度/MPa	抗冻性能/次	抗渗性能	塌落度/mm	含气量/%	初裂强度/MPa	韧度指数 $\eta_{m5}/\eta_{m10}/\eta_{m30}$	抗折强度/MPa	抗拉强度/MPa
C30F100W8	40.8	F100	W8	171	3.6	3.2	6.08/12.41/31.57	3.76	3.64

11.4 运行效果分析

闸墩采用钢纤维混凝土进行加固处理后，一直进行跟踪检查和定期检测，闸门启闭运行良好，未见卡阻现象，各闸墩钢纤维混凝土表面均未发现裂缝，采用探地雷达法对闸墩钢纤维混凝土内部进行定期探测，也未发现裂缝。现状见图11.4和图11.5。

图11.4 拦河闸闸墩侧面

图11.5 拦河闸闸墩全貌

第12章 辽绕闸站闸墩碳纤维布加固应用实例

辽绕闸站工程位于辽宁省中部鞍山市台安县境内，地处下辽河平原腹地，属辽河冲积平原，地势平坦，多水无山，低洼易涝。属暖温带大陆性季风气候，多年平均降水量644.5 mm，全年降水量多分布在7、8、9三个月，而且暴雨也多发生在这个时期。每到汛期，地下水位接近地表，加之上游的客水大量下泄，县内积水因外水顶托不能畅排。1949年至排水站修建前，仅有1951、1958年没有发生涝灾，且有8年内涝成灾面积达到总耕地面积的20%以上，大雨大灾，小雨小灾，有雨就有灾，"九河下梢，十年九涝"因此而得名。

12.1 工程背景

鞍山市辽绕闸站工程位于辽绕运河右岸、旧绕阳河右岸、丁家排干右岸、小柳河左右岸，由31座闸站组成，共装机171台，总装机功率19205 kW，设计流量258.3 m³/s，控制流域面积939.79 km²，设计灌溉面积4.48万亩，有效灌溉面积2.3万亩，排涝受益耕地面积70.47万亩。每座闸站工程设钢筋混凝土闸墩12~28个，闸墩间距为4~6 m，闸墩为圆柱或正方形棱柱体，直径或边长为0.8~1.4 m，闸墩高度为4.5~6.5 m。闸墩下部坐落在闸站底板上，上部支撑着闸站工程闸室及其内部设施。闸墩是闸站工程的主要组成部分，直接关系到工程整体安全与稳定性。

闸墩存在主要问题：①闸墩混凝土冻融老化，平均碳化深度达到31~45 mm；②剥蚀露筋严重，水位变化区及以下普遍发生剥蚀，剥蚀面积占比达到71%，最大剥蚀深度达到46 mm；③裂缝破损严重，各闸墩均发生2~3条竖向和斜向裂缝，裂缝的最大宽度为0.3~1.5 mm。

上述问题不能满足工程的安全运行要求，泵站引渠现状为土质渠道，两侧杂草丛生，渠坡坍塌严重；进口处的检修桥破损严重，混凝土老化、露筋，排架钢筋网大面积外露，混凝土脱落，混凝土顺筋裂缝遍布；出水池海漫段水位变化区破坏较严重，末端有冲坑；进水池两侧缺少防护，存在安全隐患；泵房和管理房内外墙面老化，均有不同程度的损坏；管理房屋顶漏水，管理房门窗损坏（见图12.1）。

图12.1 泵站结构破坏情况

12.2 闸墩加固方案

（1）钢筋锈蚀及混凝土剥蚀脱落修补处理

①在缺陷部位周边区域外延10 cm作为处理范围，在破损处，凿除松动混凝土层，露出新鲜结实的混凝土层。使用开槽机在混凝土处理范围边缘开收边槽，收边槽形式为内宽外窄，开槽深度大于该处破损厚度，收边槽槽底深入凿毛后的混凝土2 cm。

②对于混凝土剥蚀或凹坑深度大于5 cm，且破损面积大于0.3 m²较重部位，应布置直径大于8 mm，锚固深度大于20 cm锚固筋，锚筋间距10 cm，锚筋上部为U形弯起。同时，在锚筋上面绑扎固定防锈钢丝网。使用化学锚固剂或者无机锚固剂将锚筋固定，防锈钢丝网的布设深度为填充层表面以下5 cm，钢丝网外缘距离收边槽距离小于3 cm。

③使用高压水或高压空气将凿毛后的混凝土表面清理干净，再晾干。

④对原有钢筋外露部位进行除锈，再采用化学材料涂覆方法进行阻锈处理。

⑤在混凝土表面涂界面剂，提高混凝土与加固材料间的黏接强度。界面剂要涂刷均匀，无漏涂、尽量薄涂，涂刷时界面要保持潮湿但无明水。

⑥在涂刷界面剂30 min后，均匀涂抹聚合物砂浆（聚合物砂浆里可以适量添加直

径20 cm以下的细石子作为骨料），表面平整，保持与原表面齐平，潮湿养护20 d以上。

（2）化学灌浆

①使用高压灌浆设备将柔性化学浆液灌注到裂缝内部进行封堵止水。化学浆液为遇水膨胀型的聚氨酯柔性材料，固结后的弹性体能够较好地填充裂缝内部空间。

化学灌浆施工工艺流程：施工准备→查缝定位→布孔→钻孔→钻孔清理→安装检查嘴→压水→压气检查→安装灌浆嘴→裂缝表面临时性封堵→浆液配制→灌注浆液→质量检查（压水检测、取芯检测）→去除表面临时性封堵并打磨混凝土表面至平整。

②主要技术参数：孔径：14 mm；钻孔深度：30～50 cm；钻孔角度：最小30°，最大45°；钻孔间距：10～60 cm；灌浆压力：最低0.3 MPa，最高0.5 MPa（裂缝内部压力）；稳压时间：不少于10 min，个别部位需要不少于30 min。

③引排、导流：对于有明显渗水和明流出口的区域，应进行适当导流。临时性导流可以采用适当直径的软塑料管 + 渗流处封堵来引排，以保持工作面干燥，可进行其他作业。永久性导流也可以采用适当直径的软塑料管 + 渗流处封堵 + 其他材料回填 + 表面封闭来进行引流。塑料管的直径和外露长度依据现场条件确定。

（3）浸渍密封处理

基面清理、混凝土表面缺陷填补、轻度打磨、刮涂或者喷涂有机硅类或硅烷类浸渍剂，然后自然空气中养护24 h以上。

（4）表面封闭（表面防护）

①裂缝表面采用手刮聚脲粘贴处。

②主要技术参数：表面打磨平均深度为2～2.5 mm，打磨后表面保持平整、洁净；处理表面均匀涂刷界面剂；界面剂晾干至粘手，涂刷手刮聚脲；固化后的手刮聚脲涂膜平均厚度不小于2 mm，一般性裂缝开口部位表面涂膜厚度在3～4 mm，聚脲涂刮宽度不小于20 cm，聚脲涂层边缘与裂缝缝口距离不小于10 cm。

最后，在闸墩表面粘贴碳纤维布。

12.3 闸墩碳纤维布加固工程应用

（1）主要材料

选用上海妙翰建筑科技有限公司生产的MH-碳纤维布及MH-碳纤维浸渍胶产品。MH-碳纤维布的规格选用CFF-Ⅰ-200-600-GB/T21490-2008，即单位面积质量为200 g/m²，宽度为600 mm，按照GB/T 21490—2008《结构加固修复用碳纤维片材》标准生产的Ⅰ级碳纤维布。产品货号为MH-碳纤维布200-Ⅰ，幅宽600 mm。MH-碳纤维浸渍胶系A、B双组分改性环氧类胶黏剂，由MH-底胶、MH-修补胶、MH-浸渍胶组成，是MH-碳纤维布加固的配套专用胶，三种胶分别用于加固施工的底层涂刷、找平涂刷和浸渍涂刷工序中。

（2）闸墩混凝土结构设计图

闸墩混凝土加固面积累计1100 m²，主要材料包括碳纤维布22卷，底胶50桶，修补胶30桶，浸渍胶50桶。

12.4　运行效果分析

闸墩采用碳纤维布进行加固处理，一直进行跟踪检查和定期检测，各闸墩混凝土表面均未发现裂缝，采用探地雷达法对闸墩混凝土内部进行定期探测，未发现裂缝。加固施工过程见图12.2至图12.4，加固后运行情况见图12.5和图12.6。

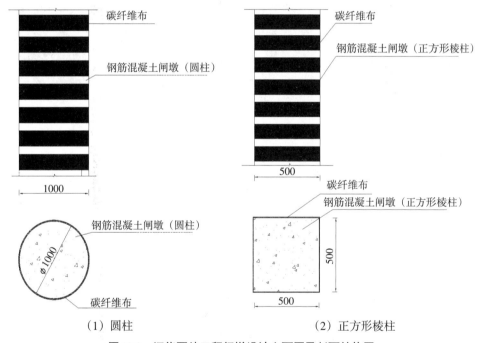

（1）圆柱　　　　　　　　　　　　　　　　（2）正方形棱柱

图12.2　辽绕泵站工程闸墩设计立面图及剖面结构图

图12.3　圆柱体闸墩加固过程

图12.4　棱柱体闸墩加固过程

（一）

（二）

图12.5　圆柱体闸墩加固后运行情况

图12.6　棱柱体和圆柱体闸墩加固后运行情况

第13章 钢筋混凝土重力坝稳定性分析

基于钢筋混凝土重力坝坝体结构设计对重力坝进行二维与三维有限元建模，确定钢筋混凝土重力坝段不同水位的运行工况与实际环境温度升降对其稳定性的影响，并进行力学特性分析，确定重力坝体是否安全。

13.1 钢筋混凝土重力坝坝体结构设计

重力坝段顶部高程103.5 m，长40.5 m，宽17 m，下游面19~20号两坝段坡度为1：0.8；21号坝段坡度为1：0.7。电站厂房设在电站坝段下游，坝后式电站。

主厂房由以下四部分组成：发电机层、水轮机层、蜗壳层和水泵室。进水口中心高程分别为70.685 m、74.415 m（前者为1、2号机组的，后者为3号机组的，以下同理）。出口中心高程为58.26、58.85 m，直径为4.6、2 m，重力坝段剖面图与三维建模见图13.1。

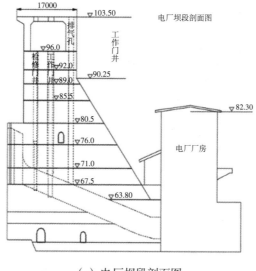

（a）电厂坝段剖面图

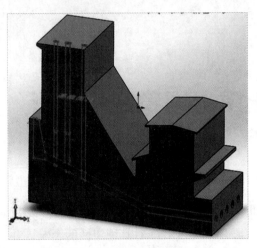 

(b) 电厂坝段三维建模　　　　　　　　(c) 重力坝段三维建模

图13.1　混凝土重力坝段剖面图与三维模型图

模拟中假设主要岩土层均为均质、各向同性的材料,考虑重力坝四周包括迎水面及背水面都受静水压力引起的渗流影响,考虑地基基础、主体结构及顶部车辆荷载影响,结合相关参考文献和蓓窝水库地质条件资料,确定物理力学参数,土体物理力学参数见表13.1、混凝土及钢筋物理力学参数见表3.2、钢混重力坝段结构与地层剖面见图13.2。

表13.1　土体物理力学参数

土层	重度/(kN·m⁻³)	黏聚力/(kPa)	内摩擦角/(°)	弹性模量/MPa	泊松比	渗透系数/(m/d)
杂填土	19.7	8	15.0	4.9	0.36	3.4
强风化石灰岩	24.6	30	39.5	17.0	0.26	3.1
中风化石灰岩	27.4	35	39.3	28.5	0.29	2.7

表13.2　混凝土及钢筋物理力学参数

材料	计算容重/(kN/m³)	抗压强度/MPa	抗拉强度/MPa	弹性模量/MPa	泊松比μ	导热系数/(W/m·°C)
闸墩混凝土	24.0	31.6	2.95	2.6×10^4	0.22	5.0
钢筋	78.5	—	423	2.1×10^5	0.26	34.0
CFRP	78.0	—	340	2.3×10^5	0.35	1.7

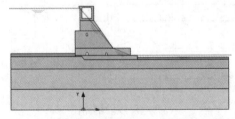

图13.2　钢混重力坝段结构与地层剖面图

13.2　钢筋混凝土重力坝有限元模型建立

通过二维有限元软件建立模型，对钢筋混凝土重力坝稳定性进行数值模拟分析。模拟界面长225 m，深61 m，上部坐落于长53 m，高50 m的重力坝段。基于摩尔–库仑、霍克–布朗、土体硬化本构模型，采用岩土材料＋热流边界＋地下水渗流边界＋界面单元组成数值模拟有限元模型，网格划分如图13.3所示。

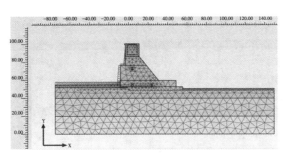

图13.3　有限元模型网格剖分图

模型四周施加沿法线方向约束，其中模型的土体层四周施加地下水渗流边界条件，土体层及重力坝四周边界设定热流边界条件，模型底部刚性固定，分为1025个有限元，进行地下水渗流与力学耦合分析。钢筋混凝土重力坝迎水面荷载考虑静水荷载压力，静水压力水位选取校核水位标高102 m，路面为混凝土路面。重力坝考虑坝体中三个贯穿隧道，位置分别坐落于：距离坝体底部23 m（标高76 m）处及坝体底部1 m处左右两侧位置。

根据钢筋混凝土重力坝受力的主要情况，对钢筋混凝土重力坝受力过程进行模拟，共六种工况，见图13.4。

工况一：钢筋混凝土重力坝受长期高水位静态荷载，水位线选取校核水位，标高为102 m处，模型见图13.4（a）。

工况二：钢筋混凝土重力坝受高水位骤降低水位动态荷载，水位线由标高102 m处骤降为标高61 m处，骤降时间1 d，模型见图13.4（b）。

工况三：钢筋混凝土重力坝受高水位缓降低水位动态荷载，水位线由标高102 m处缓降为标高61 m处，缓降时间10 d，模型见图13.4（c）。

工况四：钢筋混凝土重力坝受长期低水位静态荷载，水位线选取标高为61 m处，模型见图13.4（d）。

工况五：钢筋混凝土重力坝受低水位骤升高水位动态荷载，水位线由标高61 m处骤升标高102 m处，骤升时间1 d，模型见图13.4（e）。

工况六：钢筋混凝土重力坝受低水位缓升高水位动态荷载，水位线由标高61m处缓升标高102m处，缓升时间10d，模型见图13.4（f）。

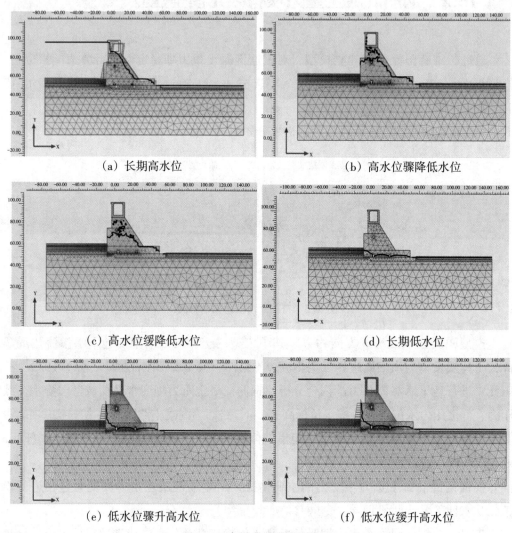

（a）长期高水位　　　　　　　　　　　（b）高水位骤降低水位

（c）高水位缓降低水位　　　　　　　　　（d）长期低水位

（e）低水位骤升高水位　　　　　　　　　（f）低水位缓升高水位

图13.4　高低水位升降模型图

◿◿◿ 13.3　水位升降对钢筋混凝土重力坝稳定性影响

13.3.1　工况一：长期高水位重力坝力学特性分析

由图13.5可知，钢筋混凝土重力坝在长期高水位（水位：102 m）时的有效主应力最大值为：896.7 kN/m²，有效主应力最小值为：-2440 kN/m²，有效主应力主要分布在钢筋混凝土重力坝段的三道横向廊道周边及重力坝迎水面与地基交界处，此处最易产生裂缝乃至破坏，需要增加监测控制点。相对剪切应力 T_{rel} 主要集中于重力坝迎水面与地基交界处，最大值为1.0，相对剪应力的最小值为 0.048×10^{-3}，除重力坝迎水面与地基交界处相对剪应力最大为1.0外，重力坝背水面与地基交界处及重力坝正下方与地基交界处相对剪应力较大，需增加监控布置点。

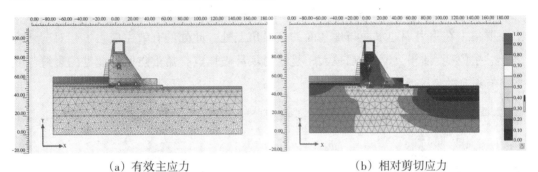

（a）有效主应力　　　　　　（b）相对剪切应力

图13.5　工况一有效主应力云图与相对剪切应力云图

由图13.6可知，钢筋混凝土重力坝在长期高水位（水位：102 m）时的最大总位移为 10.98×10^{-3} m，从总位移云图中可看出重力坝从上至下位移逐渐减小，最顶部位移最大。在 X 方向水平位移云图中可见位移从上至下逐渐减小，最顶部位移最大值为 9.202×10^{-3} m，位移方向沿着 X 轴偏右倾斜，这是由重力坝受重力及静水压力双重荷载作用下产生的位移矢量方向。

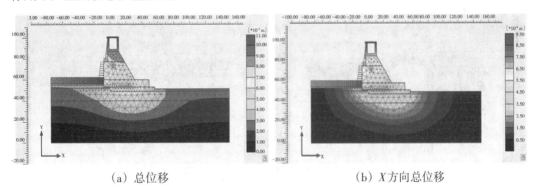

（a）总位移　　　　　　（b）X 方向总位移

图13.6　工况一总位移云图与 X 方向总位移云图

由图13.7可知，钢筋混凝土重力坝在长期高水位（水位：102 m）时的总主应变方向最大值为 0.675×10^{-3}，总主应变方向最小值为 0.663×10^{-3}，从矢量图分析可知总主应变最大处为重力坝迎水面、背水面与地基交界处，其次部位为重力坝段的三道横向廊道周边。重力坝总主应变角度位移最大值为90°，最小值为-90°，从主应变角度位移云图可知角度位移于重力坝顶部四个角点最大，其余钢筋混凝土重力坝外形角点较大，在角度总主应变方面应着重关注角点角度位移。

由图13.8可知，钢筋混凝土重力坝在长期高水位（水位：102 m）时的地下水水头最大值为101 m，最小值为52.99 m，由地下水水头云图可见重力坝从左到右地下水水头值逐渐减小，是由于重力坝承受迎水面的静向水压力所造成。重力坝在长期高水位的工况下地下水渗流最大值为0.235 m/d，最小值为2.597×10^{-9} m/d，从地下水渗流矢量图中可见，在重力坝迎水面一侧受静水压力最大，迎水面与背水面有明显水位高差，在靠近地基处地下水渗流量最大，需重点检测。

由图13.9可知，钢筋混凝土重力坝在长期高水位（水位：102 m）时弹性点的破坏点主要集中在重力坝迎水面与地基面的交界角点处，此处的有效主应力、相对剪切应力、总主应变、地下水水头都较大，是重力坝易破坏点，需重点监控此处的裂缝与变形，有不良的情况及时反馈。

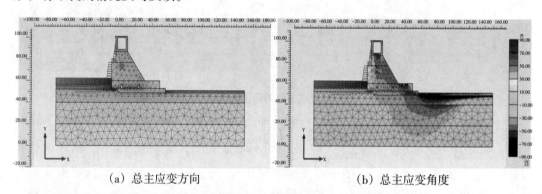

（a）总主应变方向　　　　　　　　（b）总主应变角度

图13.7　工况一总主应变方向云图与总主应变角度云图

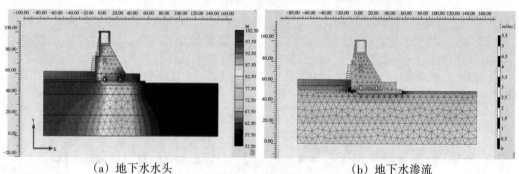

（a）地下水水头　　　　　　　　　（b）地下水渗流

图13.8　工况一地下水水头云图与弹性破坏点云图

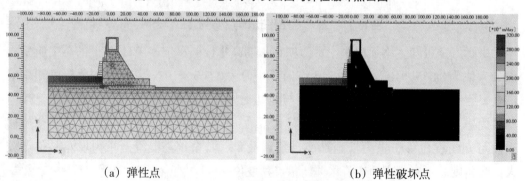

（a）弹性点　　　　　　　　　　　（b）弹性破坏点

图13.9　工况一弹性点与弹性破坏点云图

13.3.2　工况二：高水位骤降低水位重力坝力学特性分析

由图13.10可知，钢筋混凝土重力坝在高水位骤降低水位（水位102 m降至61 m，时间1 d）时有效主应力最大值为1095.6 kN/m²，最小值−5636 kN/m²，由矢量图分析可知水位骤降时有效主应力主要集中于重力坝的三个横向廊道处及重力坝迎水面与地基交界处，导致隧道应力集中。总偏应变最大值为0.593 × 10⁻³，最小值为0.260 × 10⁻⁶，由位移云图可知水位骤降时位移主要分布于重力坝底部与地基交界处，四周位移大于底部中心位置。因此，在闸坝泄洪放水时应主要关注三条横向廊道的受力情况及地基基础与坝体交界部位的位移量变化，尤其坝体四边角处位移量变化，多设置智能位移监控点。

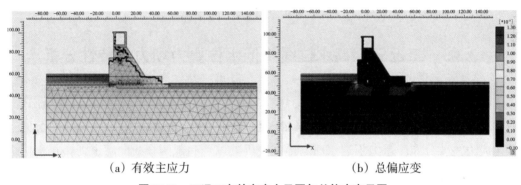

(a) 有效主应力　　　　　　　　(b) 总偏应变

图13.10　工况二有效主应力云图与总偏应变云图

由图13.11可知，钢筋混凝土重力坝在高水位骤降低水位（水位102 m降至61 m，时间1 d）时地下水水头最大值99.24 m，最小值7.017 m，由重力坝地下水水头云图可见重力坝从左到右地下水水头值逐渐减小，是由于重力坝承受迎水面的静向水压力及泄洪动水压力所造成。地下水渗流最大值为0.051 m/d，最小值为7.706 × 10⁻⁹ m/d，可知重力坝在高水位骤降低水位状态下整体的渗流状态是较好。

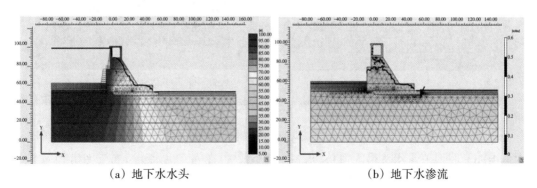

(a) 地下水水头　　　　　　　　(b) 地下水渗流

图13.11　工况二地下水水头云图与地下水渗流云图

由图13.12可知，钢筋混凝土重力坝在高水位骤降低水位（水位102 m降至61 m，时间1d）时总位移最大值14.29×10⁻³ m，重力坝总位移从上到下依次减小，最顶部受自重、静水压力、动水压力及公路车辆荷载的多重作用力位移量最大，泄洪时应在顶部设置位移观测点。

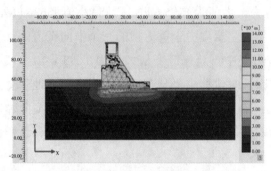

图13.12 工况二总位移云图

13.3.3 工况三：高水位缓降低水位重力坝力学特性分析

由图13.13可知，钢筋混凝土重力坝在高水位缓降低水位（水位102 m降至61 m，时间10 d）时有效主应力最大值534.4 kN/m²，最小值为-2430 kN/m²，由矢量图可见有效主应力主要分布于重力坝迎水面与地基交界处以及底部两个横向廊道处，在水位缓降过程中，还是应主要观察重力坝底部受力状态，对已开裂部位实施重点检测及修补工序。总偏应变最大值为1.332×10⁻³，最小值0.041×10⁻⁶，偏应变主要集中于重力坝迎水面与背水面的底角处，此处为已开裂部位，应重点关注。

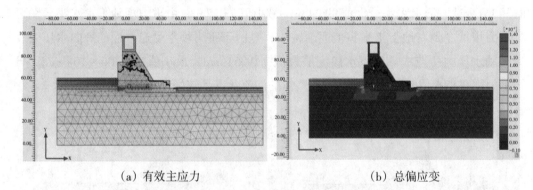

（a）有效主应力　　　　　　　　　　　（b）总偏应变

图13.13 工况三有效主应力云图与总偏应变云图

由图13.14可知，钢筋混凝土重力坝在高水位缓降低水位（水位102 m降至61 m，时间10 d）时地下水水头最大值98.98 m，最小值7.118 m，由水头分布云图可知地下水水头由上至下依次减少，与重力坝在高水位骤降低水位云图相比，地下水水头降低方向有所变化，不再是水平向降低，而是从上至下由左及右同步进行，地下水水头降低势头有所减缓。地下水渗流最大值0.032 m/d，最小值0.017×10^{-9} m/d，由矢量分布图可见重力坝地下水主要渗流路径是从迎水面一侧向背水面一侧，这是由重力引起的，与工况二钢筋混凝土重力坝水位骤降方向一致，但相比较之下，水位缓降工况下的渗流值比水位骤降工况下的渗流值小。

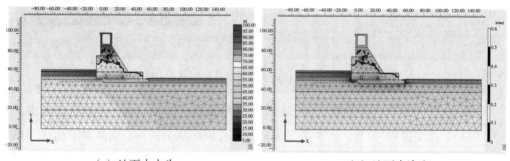

（a）地下水水头   （b）地下水渗流

图13.14 工况三地下水水头云图与地下水渗流云图

由图13.15可知，钢筋混凝土重力坝在高水位缓降低水位（水位102 m降至61 m，时间10 d）时总位移最大值为13.42×10^{-3} m，重力坝总位移从上到下依次减小，最大位移值与工况二钢筋混凝土重力坝骤降相比相差不大，水位升降变化对重力坝总位移影响较小，最顶部受自重、静水压力、动水压力及公路车辆荷载等多重作用力位移量最大，泄洪时应在顶部设置位移观测点。

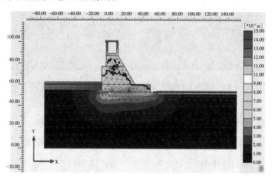

图13.15 工况三总位移云图

13.3.4 工况四：长期低水位重力坝力学特性分析

由图13.16可知，钢筋混凝土重力坝在长期低水位（水位61 m）处有效主应力最大值508.2 kN/m²，最小值−1858 kN/m²，由矢量图可见有效主应力主要分布于重力坝迎水面与地基交界处至重力坝下方第二个横向廊道处，与重力坝长期高水位相比，有效主应力较小。总偏应变最大值1.331×10^{-3}，最小值0.509×10^{-6}，由云图可见总偏应变主要集中于重力坝迎水面与背水面与地基交界处，角点处为重点检测对象。

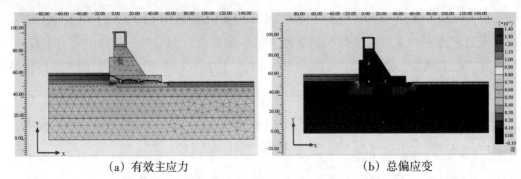

（a）有效主应力　　　　　　　　　　　（b）总偏应变

图13.16　工况四有效主应力云图与总偏应变云图

由图13.17可知，钢筋混凝土重力坝在长期低水位（水位61 m）处地下水水头最大值60.01 m，最小值46.84 m，地下水水头从左向右依次减小，与长期高水位相比，地下水水头降低，主要是由于水位降低导致的重力坝迎水面与背水面水压减小，造成地下水水头数值减小。地下水渗流最大值0.035 m/d，最小值1.379×10^{-12} m/d，与长期高水位相比数值降低，也是由于迎水面水位降低导致水压差减小，造成地下水渗流减小。

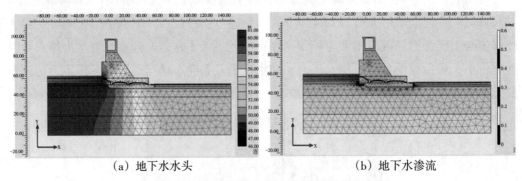

（a）地下水水头　　　　　　　　　　　（b）地下水渗流

图13.17　工况四地下水水头云图与地下水渗流云图

由图13.18可知，钢筋混凝土重力坝在长期低水位（水位61 m）处总位移最大值7.212×10^{-3} m，重力坝总位移从上到下依次减小，最顶部受自重、静水压力、动水压力及公路车辆荷载等多重作用力位移量最大，在长期高水位、低水位及泄洪时，均应在顶部设置位移观测点。

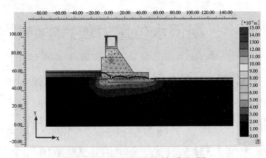

图13.18　工况四总位移云图

13.3.5　工况五：低水位骤升高水位重力坝力学特性分析

由图 13.19 可知，钢筋混凝土重力坝在低水位骤升高水位（水位 61 m 升至 102 m，时间 1 d）时有效主应力最大值 657.9 kN/m²，最小值 −5628 kN/m²，由矢量图可见，主应力较长期低水位工况相比有明显的增大趋势，可见动水压力对重力坝的作用力较大，着重关注重力坝在泄洪及蓄水时的三条横向廊道受力状态及裂缝发展趋势。总偏应变最大值 1.059×10^{-3}，最小值 0.438×10^{-9}，由云图可见，总偏应变最大处为重力坝迎水面与地基交界处，主要是迎水面的水位骤然上升，迎水面与背水面动水压力急速增加所致。

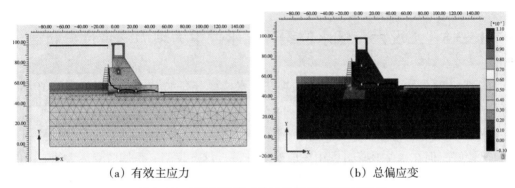

（a）有效主应力　　　　　　　　　　（b）总偏应变

图 13.19　工况五有效主应力云图与总偏应变云图

由图 13.20 可知，钢筋混凝土重力坝在低水位骤升高水位（水位 61 m 升至 102 m，时间 1 d）时地下水水头最大值 107.5 m，最小值 46.84 m，地下水水头在重力坝迎水面一侧有急剧升高的趋势，背水面一侧变化不明显，这与水位骤升有着密不可分的联系。地下水渗流最大值 0.317 m/d，最小值 0.011×10^{-6} m/d，地下水的渗流情况与长期低水位相比有近 10 倍的增长，主要监测点为迎水面与地基交界处的角点处，此处地下水渗流最为严重。

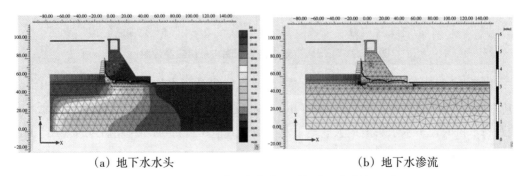

（a）地下水水头　　　　　　　　　　（b）地下水渗流

图 13.20　工况五地下水水头云图与地下水渗流云图

由图 13.21 可知，钢筋混凝土重力坝在低水位骤升高水位（水位 61 m 升至 102 m，时间 1 d）时总位移最大值 14.34×10^{-3} m，由位移云图可见，总位移最大点位于重力坝的顶部，总位移较长期低水位相比较大。

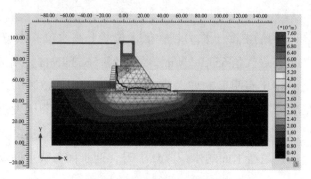

图3.21　工况五总位移云图

13.3.6　工况六：低水位缓升高水位重力坝力学特性分析

由图 13.22 可知，钢筋混凝土重力坝在低水位缓升高水位（水位 61 m 升至 102 m，时间 10 d）时有效主应力最大值 571.6 kN/m，最小值 −1910 kN/m²，由矢量图可见，有效主应力主要分布于重力坝三条横向廊道附近，但与水位骤降相比，三条横向廊道受力情况较好，但在水位升降过程中还应对此处进行重点观测。总偏应变最大值 1.101×10^{-3}，最小值 0.632×10^{-9}，由云图可见，总偏应变最大部位为重力坝迎水面与地基交界处，但相较于低水位骤升高水位工况，总偏应变数值较小。

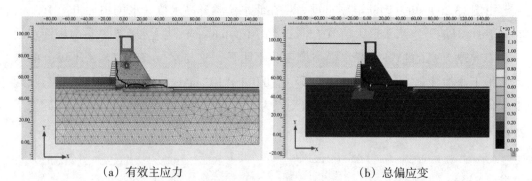

（a）有效主应力　　　　　　　　　　（b）总偏应变

图13.22　工况六有效主应力云图与总偏应变云图

由图 13.23 可知，钢筋混凝土重力坝在低水位缓升高水位（水位 61 m 升至 102 m，时间 10 d）时地下水水头最大值 118.1 m，最小值 43.06 m，由云图可见，重力坝低水位缓升高水位时地下水水头值最大。地下水渗流最大值 0.25 m/d，最小值 1.929×10^{-9} m/d，与低水位骤升高水位工况相比地下水渗流值小。

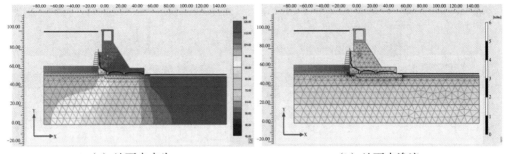

（a）地下水水头　　　　　　　　　　（b）地下水渗流

图13.23　工况六地下水水头云图与地下水渗流云图

由图13.24可知，钢筋混凝土重力坝在低水位缓升高水位（水位61 m升至102 m，时间10 d）时总位移最大值8.071×10⁻³ m，由位移云图可见，钢筋混凝土重力坝在长期高水位、长期低水位、高水位与低水位升降的过程中，最大总位移点为同一点，只需在此周围布控位移检测点即可。

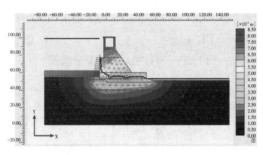

图13.24　工况六总位移云图

13.3.7　水位升降条件下重力坝稳定性分析

通过对钢筋混凝土重力坝六种工况进行对比分析，从有效主应力矢量分布图图13.25可见重力坝段的最大受拉应力与最大受压应力。从总位移等值线分布云图图13.26可见重力坝在不同工况下的位移变形程度，进而确定大坝易裂点。

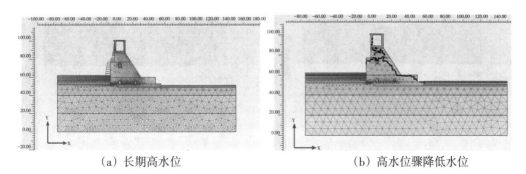

（a）长期高水位　　　　　　　　　　（b）高水位骤降低水位

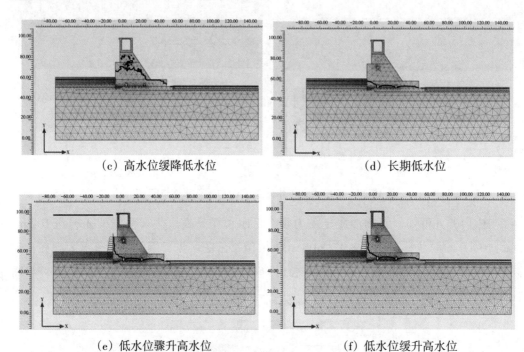

（c）高水位缓降低水位　　　　　　　　（d）长期低水位

（e）低水位骤升高水位　　　　　　　　（f）低水位缓升高水位

图13.25　有效主应力矢量分布图

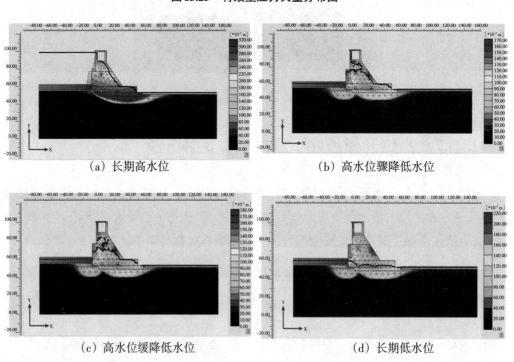

（a）长期高水位　　　　　　　　　　（b）高水位骤降低水位

（c）高水位缓降低水位　　　　　　　　（d）长期低水位

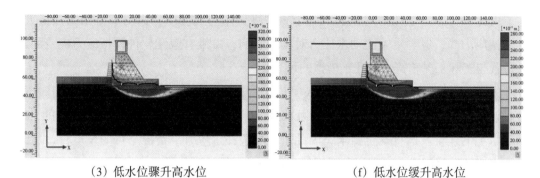

（3）低水位骤升高水位　　　　　　　　　（f）低水位缓升高水位

图13.26　总位移等值线分布云图

不同工况下最大拉应力与总位移工况变化如图13.27所示。

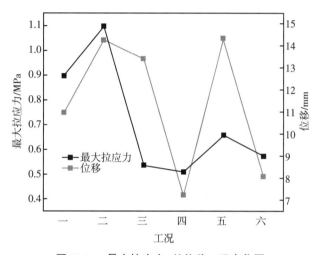

图13.27　最大拉应力–总位移工况变化图

由图13.27可知，最大拉应力与总位移的变化曲线大致相同，两者之间关系紧密，在工况一与工况二两种工况下，钢筋混凝土重力坝的受力状态最不利，易产生拉裂缝。

在工况二高水位骤降低水位工况下，钢筋混凝土重力坝受最大拉应力1.096 MPa，其位移位置主要集中于重力坝的三个横向廊道处及重力坝迎水面与地基交界处，由于隧道顶部是弧度，易产生应力集中现象进而顶部开裂，而坝踵处受到最大静水压力的作用，易产生贯穿裂缝，两处易开裂部位与现场实际情况相吻合，位移最大值14.29 × 10^{-3} m，位于钢筋混凝土重力坝背水面坝尖处，由于顶部受自重、公路车辆荷载及静水压力对闸坝推力位移传递等多重作用力位移量累积最大，泄洪时应在顶部设置位移观测点。

在工况一长期高水位工况下，钢筋混凝土重力坝受最大拉应力0.896 MPa，其主要位置与工况二相近，应着重关注重力坝三条横向廊道的受力状态及裂缝发展趋势，位移最大值10.98 × 10^{-3} m，总位移最大点位置于重力坝背水面坝尖处，位置与工况二的最大位移相同，位移与工况二高水位骤降低水位相比减小。

由此可见，动水压力对钢筋混凝土重力坝作用力比静水压力对其作用力效果大，其受拉应力高，应着重关注动水压力对其的影响，二维有限元软件模拟应力应变的最大位置与实际工况相符，验证了模拟的可靠性。

由图13.28可知，在六种工况下水坝安全系数都趋于稳定，在工况一长期校核水位时，计算得出闸坝基面抗滑稳定安全系数最低，稳定值趋于4.3，大于规范要求的3.0，满足水坝的建设及运行安全要求，因此重力坝段在水位升降情况下可安全运行，后续对重力坝及溢流坝段的有限元分析围绕工况一长期校核水位进行。

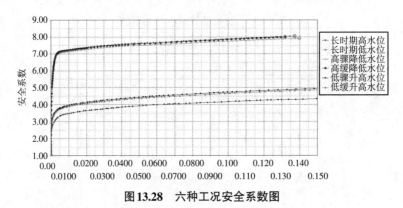

图13.28　六种工况安全系数图

⚒ 13.4　温寒环境对钢筋混凝土重力坝稳定性影响

基于典型钢筋混凝土重力坝，以15℃为温度基数，选上下浮动25℃为温度差，即15℃↗40℃↘15℃↘−10℃↗15℃为一个冻融循环过程，以40 d为一周期，研究环境温度升降对钢筋混凝土重力坝影响，静水压力选取校核水位102 m，其中时间-温度曲线见图3.29。将此温度循环过程分为四种工况，分析其受力分布情况。工况一：由15℃升温至40℃，升温时间10 d；工况二：由40℃降温至15℃，降温时间10 d；工况三：由15℃降温至−10℃，降温时间10 d；工况四：由−10℃升温至15℃，升温时间10 d。

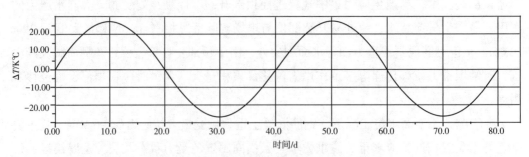

图13.29　时间-温度曲线

13.4.1　工况一：15℃↗40℃升温重力坝力学特性分析

由图13.30可知，钢筋混凝土重力坝在15℃↗40℃升温过程中的增量位移为：4.5×10^{-3} m，总主偏应变方向最大值为：0.017，有效主应力最大值为1562 kN/m²，总主应力最大值为：1527 kN/m²，地下水渗流最大值为：0.312 m/d，温度最大值为312.6 K，最小值为283.1 K，其热通量最大值为0.0581 kW/m²，方向从重力坝外侧四周向内部传递，其升温过程中破坏点围绕重力坝四周，拉伸断裂点分别位于重力坝的坝趾、坝踵、背水面中心及中部横向廊道附近，应设置观测点重点检测。

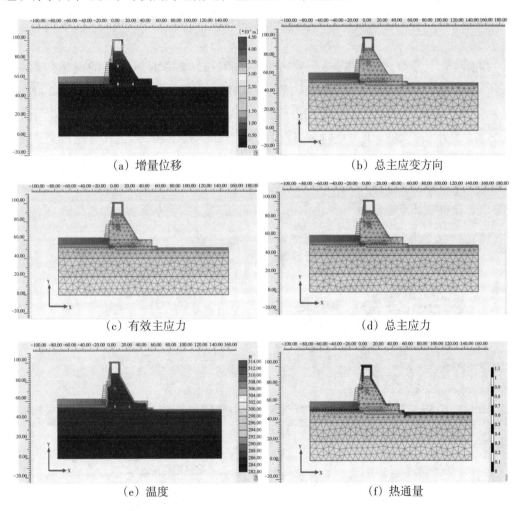

(a) 增量位移　　　　　　　　　　　　(b) 总主应变方向

(c) 有效主应力　　　　　　　　　　　(d) 总主应力

(e) 温度　　　　　　　　　　　　　　(f) 热通量

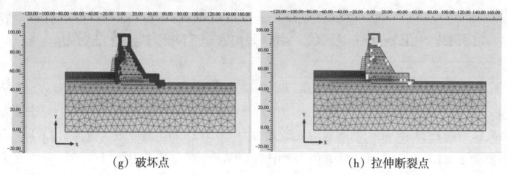

（g）破坏点　　　　　　　　　　　（h）拉伸断裂点

图13.30　15℃↗40℃升温过程受力云图

13.4.2　工况二：40℃↘15℃降温重力坝力学特性分析

由图13.31可知，钢筋混凝土重力坝在40℃↘15℃降温过程中的增量位移为：4.478×10^{-3} m，总主偏应变方向最大值为：0.015，有效主应力最大值为1652 kN/m²，总主应力最大值为：1562 kN/m²，地下水渗流最大值为：0.311 m/d，温度最大值为298.5 K，最小值为283.4 K，在迎水面重力坝与地基交界处温度最高，其热通量最大值为0.031 kW/m²，方向由重力坝四周向外界空气与水中扩散，散热量最大的部位为重力坝顶部，40℃降温至15℃时与15℃升温至40℃时相比较，降温过程中重力坝四周破坏较严重，拉伸破坏点也明显增多。

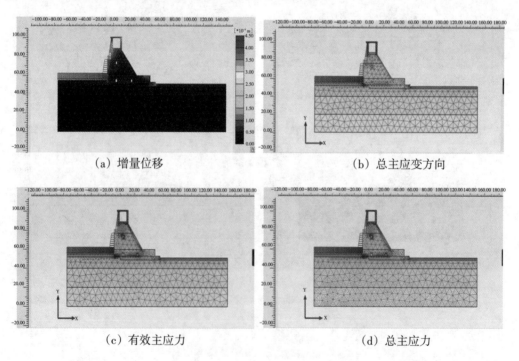

（a）增量位移　　　　　　　　　　　（b）总主应变方向

（c）有效主应力　　　　　　　　　　　（d）总主应力

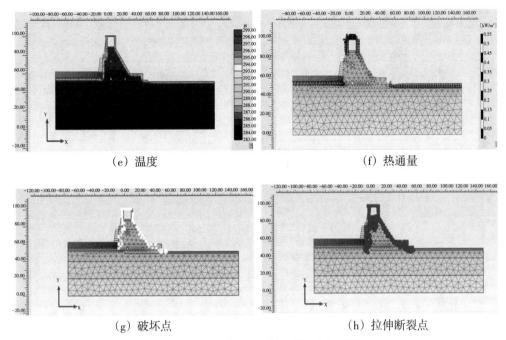

(e) 温度　　　　　　　　　　　　　　(f) 热通量

(g) 破坏点　　　　　　　　　　　　　(h) 拉伸断裂点

图13.31　40℃↘15℃降温过程受力云图

13.4.3　工况三：15℃↘−10℃降温重力坝力学特性分析

由图13.32可知，钢筋混凝土重力坝在15℃↘−10℃降温过程中的增量位移为：8.132×10^{-3} m，总主偏应变方向最大值为：0.015，有效主应力最大值为2437 kN/m²，

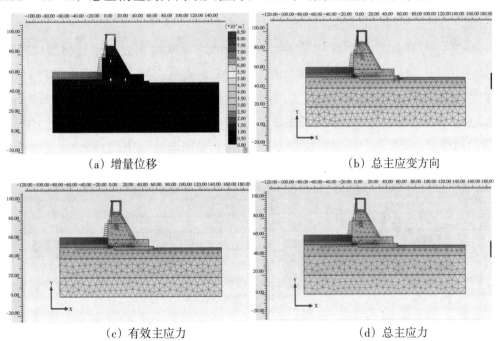

(a) 增量位移　　　　　　　　　　　　(b) 总主应变方向

(c) 有效主应力　　　　　　　　　　　(d) 总主应力

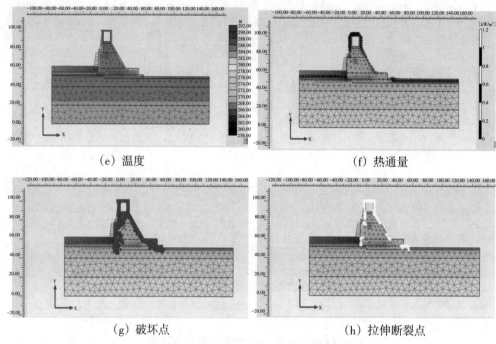

（e）温度　　　　　　　　　　　（f）热通量

（g）破坏点　　　　　　　　　　（h）拉伸断裂点

图13.32　15℃↘−10℃降温过程受力云图

总主应力最大值为：2432 kN/m²，地下水渗流最大值为：0.311 m/d，温度最大值为291.5 K，最小值为258.9 K，其热通量最大值为0.054 kW/m²，温度传递方向由外侧向重力坝内侧传递，破坏点与拉伸断裂点均位于重力坝外侧四周。

13.4.4　工况四：−10℃↗15℃升温重力坝力学特性分析

由图13.33可知，钢筋混凝土重力坝在−10℃↗15℃降温过程中的增量位移为：20.29 × 10⁻³ m，总主偏应变方向最大值为：0.022，有效主应力最大值为2843 kN/m²，总主应力最大值为：2782 kN/m²，地下水渗流最大值为：0.312 m/d，温度最大值为288.3 K，最小值为276.5 K，其热通量最大值为0.026 kW/m²，温度传递方向由外侧向重力坝内侧传递，破坏点与拉伸断裂点均位于重力坝外围四周，情况严重。

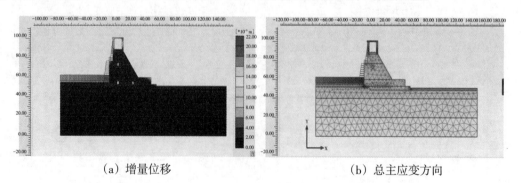

（a）增量位移　　　　　　　　　　（b）总主应变方向

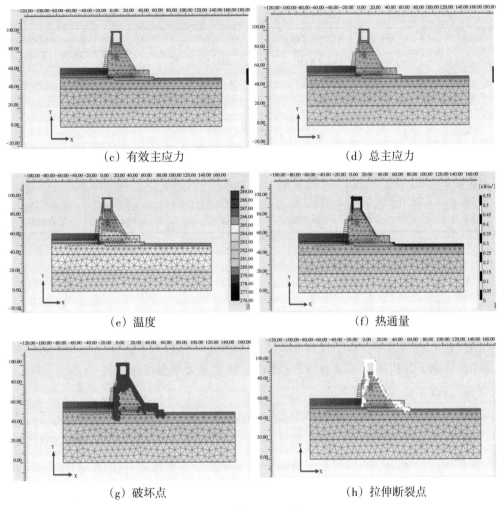

（c）有效主应力　　　　　　　　　　（d）总主应力

（e）温度　　　　　　　　　　（f）热通量

（g）破坏点　　　　　　　　　　（h）拉伸断裂点

图13.33　−10℃↗15℃升温过程受力云图

13.4.5　温寒条件下重力坝稳定性分析

地下水渗流在第四种工况，即−10℃↗15℃降温过程中最为严重，为0.312 m/d，从温差及热通量观测，在第一种工况和第三种工况下，温差最大，热通量最高；从破坏点观测，第四种工况的破坏点最为严重，所以应加强对重力坝在低温季节的冻融破坏监测。

将以上四种工况的受力情况进行汇总，得到表13.3。由表13.3可知，钢筋混凝土重力坝在第四种工况，即−10℃↗15℃升温过程中位移增量、有效主应力和总主应力最大，其中，位移增量数值为：20.29×10^{-3} m，最大位移在重力坝的顶部及底部与地基接触作用面处，需增加监控布置点；有效主应力与总主应力的数值分别为：2.843、2.782 MPa。通过分析得知，在校核水位下低温荷载对闸坝开裂产生不利影响。

表13.3　四种工况受力情况表

	单位	15℃↗40℃	40℃↘15℃	15℃↘-10℃	-10℃↗15℃
位移增量	m	4.5×10⁻³	4.478×10⁻³	8.132×10⁻³	20.29×10⁻³
总主应变方向		0.01656	0.01516	0.01497	0.02229
有效主应力	kN/m²	1562	1652	2437	2843
总主应力	kN/m²	1527	1562	2432	2782
地下水渗流	m/d	0.3107	0.3112	0.3105	0.3119
温度	K（最大）	312.6	298.5	291.5	288.3
	K（最小）	283.1	283.4	258.9	276.5
热通量	kW/m²	0.0579	0.0311	0.0540	0.0257

13.5　本章小结

结合相关参考文献和葭窝水库地质条件资料，确定重力坝土体、混凝土及钢筋的物理力学参数，分析不同工况下的受力情况，确定重力坝稳定性。

（1）假设主要岩土层为均质

各向同性的材料，基于摩尔-库仑、霍克-布朗、土体硬化本构模型，采用岩土材料＋热流边界＋地下水渗流边界＋界面单元组成数值模拟有限元模型，模型四周施加沿法线方向的约束，其中模型的土体层四周施加地下水渗流边界条件，土体层及重力坝四周边界设定热流边界条件，模型底部刚性固定，考虑坝体中三个贯穿隧道、考虑地基基础、主体结构及顶部车辆荷载影响，车辆荷载考虑为10 kN/m²，分为1025个有限元，静水压力水位选取校核水位102 m。

（2）流固耦合分析

根据钢筋混凝土重力坝受力的主要情况，将钢筋混凝土重力坝分为以下六种工况：长期高水位、高水位骤降低水位、高水位缓降低水位、长期低水位、低水位骤升高水位、低水位缓升高水位。在这六种工况下对重力坝段的有效主应力、总偏应变、地下水水头、地下水渗流、总位移受力过程等进行模拟，得到重力坝段受力情况。

六种不同工况下的有效主应力与总位移的变化曲线大致相同，两者之间关系紧密，在工况一与工况四两种静水压力工况下，钢筋混凝土重力坝受拉应力0.896、0.508 MPa，拉应力较小，非产生裂缝的主要因素；在工况二与工况五两种动水压力工况下，钢筋混凝土重力坝受拉应力：1.096、0.658 MPa，受力状态不利，易产生拉裂缝。

（3）温度场分析

根据钢筋混凝土重力坝冻融循环的主要情况，将钢筋混凝土重力坝设为长期校核高水位情况下，分为以下四种工况：15℃升温至40℃，升温时间10 d；40℃降温至15℃，降温时间10 d；15℃降温至-10℃，降温时间10 d；-10℃升温至15℃，升温时间10 d。

四种不同温度工况中最不利工况为工况三与工况四，其有效主应力与位移增量分别为：2.437 MPa与8.132×10^{-3} m、2.843 MPa与20.29×10^{-3} m，可见低温温度荷载与动水荷载对闸坝开裂不利。主要确定了在不利工况下钢筋混凝土重力坝的安全系数稳定值，稳定值趋于4.3，大于规范要求的3.0，满足水坝的建设及运行安全要求，因此重力坝段在水位升降及冻融循环情况下可安全运行。

第14章　结论与展望

钢筋混凝土重力坝作为大型水库的重要坝型之一，是我国水利工程的重要枢纽，目前我国在役混凝土重力坝多建造于20世纪60—70年代，经多年运行，重力坝已出现裂缝、碳化、钢筋锈蚀、渗漏等诸多病害，其中最严重最普遍的危害是裂缝问题。基于此以辽宁省葠窝水库为依托背景工程，对现场裂缝进行检测，对钢筋混凝土重力坝进行力学特性分析，运用工程实际与有限元结合的方法进行对比分析。水库钢筋混凝土泄洪闸墩承担着钢闸门支臂推力和水体压力以及自重、温度场等荷载作用，是保证水库工程泄洪安全性的重要结构。

14.1　主要研究结论

①根据混凝土断裂力学理论及纤维阻裂理论分析，结合闸墩混凝土工程断裂实际问题，提出改进混凝土断裂特性的措施，即材料措施和加固措施，指导工程实践应用。钢筋混凝土闸墩裂缝的发生、发展，将不断削弱闸墩的承载能力，危及工程安全运行。混凝土裂缝属性主要有裂缝的长度、宽度和深度及走向。结合工程实际问题研究制定了诊断及检测方案，经实践检验并完善，验证技术可行，设备选型科学合理，可供类似工程借鉴，具有实际指导作用。诊断及检测取得的数据为工程安全性评价计算分析、数值计算分析和加固处理提供基础依据，为钢筋混凝土闸墩结构有限元计算成果验证提供基础数据。

②在分析基础上，采用组合式有限元计算模型，分别考虑4种工况荷载组合对工程实例的钢筋混凝土闸墩裂缝问题进行数值计算分析。模型计算的结构拉应力分布区域的结果，与工程实际发生开裂位置基本吻合，为判断裂缝主要成因、裂缝位置、开裂趋势提供理论计算依据。闸墩裂缝的主要成因是闸门开启至最大位置时，检修井井壁所受拉应力超过混凝土的允许抗拉强度；静水荷载、温度荷载对闸墩开裂构成一定威胁，但不是主要因素。闸墩模型数值计算结果，为混凝土结构工程安全分析、判断应力危险区域及制定混凝土结构修补加固方法和技术方案提供理论依据。

③在充分诊断分析裂缝数量、分布、产生原因、性质、结构应力状态以及阻裂与加固材料基本性能试验研究基础上，研究提出两种阻裂与加固方法。针对混凝土开裂程度较轻且混凝土有利用价值的方法1：碳纤维布阻裂与加固方法，即手刮聚脲裂缝表面封闭，弹性聚酯树脂类材料缝内灌浆，表面粘贴碳纤维布（其具体技术指标可结合工程实际及加固设计确定）整体加固。针对混凝土开裂程度较重且混凝土无利用价值的方法2：钢纤维混凝土置换方法，即将原闸墩混凝土结构（溢流堰堰体以上的部分）全部拆除，重新浇筑相同高度、截面尺寸和设计指标的钢纤维混凝土。钢纤维混凝土施工配合比参数需结合实际施工材料、施工工艺等通过试验研究确定。

④结合工程背景开展了钢纤维混凝土和碳纤维布抗裂性能的基本试验及分析。钢纤维混凝土以某工程配合比及其各项原材料为基础，引进两种钢纤维（螺纹型和超细型），配制新型钢纤维混凝土。试验研究优选出具有适宜的抗压性能、抗拉性能、抗冻性能和抗渗性能，经济合理的钢纤维混凝土系列配合比及其设计参数，为工程修补加固材料选取提供试验依据，同时为混凝土加固材料抗裂性计算分析提供基础参数。掺超细型钢纤维的混凝土力学性能优于掺螺纹型钢纤维的混凝土力学性能。两种钢纤维的最优体积率均为0.50%。以某工程加固建设为基础，调查研究碳纤维布系列产品性能及市场信誉，选取2家公司的碳纤维布（单位面积质量为200 g/m^2，宽度为600 mm，Ⅰ级）及其配套用胶产品，进行钢筋混凝土闸墩产品性能试验及示范应用试验，示范试验良好，质量工程满足要求。

⑤针对实例工程的钢筋混凝土闸墩开裂破坏程度，研究确定阻裂与加固方法。按照最不利工况，对阻裂与加固方法实施后得到的两种新结构进行了闸墩有限元数值计算分析。结果表明，采用方法1后，混凝土闸墩应力得到重新分布，原混凝土承担的较大拉应力传递给碳纤维布承担，并且拉应力小于碳纤维布的允许拉应力；采用方法2后，原混凝土承担的较大拉应力由新浇筑的钢纤维混凝土承担，并且拉应力小于钢纤维混凝土的允许拉应力。钢纤维混凝土和碳纤维布阻裂与加固方法均在工程建设中得到应用——2项钢纤维混凝土置换方法应用工程和1项碳纤维布阻裂与加固方法应用工程（包括2个结构部位，分别是圆柱形闸墩和棱柱形闸墩），跟踪分析表明了上述2种阻裂与加固方法效果良好，可供类似工程推广应用。

⑥通过三维有限元分析软件对补强包壳后的葰窝水库溢流坝段的静水、动水及温度进行受力分析，得出在长期高水位静水压力工况下所受的最大拉应力为0.842～0.996 MPa，位移最大为7.353～7.622 mm；泄洪动水工况一：自重＋校核水位荷载＋溢流坝段闸门开启时所受的最大拉应力为1.922 MPa，位移最大20.64 mm；泄洪动水工况二：自重＋校核水位荷载＋溢流坝段闸门开启＋泄洪排沙底孔闸门开启时所受的最大拉应力为1.508 MPa，位移最大17.14 mm；在长期高水位荷载作用下的闸墩同时受12个月不同温度荷载的影响为：在12至次年3月低温季节，闸墩所受拉应力最大，最大值

为 1.745 ~ 1.990 MPa。

⑦通过有限元模拟确定应力集中部位：溢流坝段中部闸墩宽墩与窄墩连接坝踵处；溢流坝段中部宽墩竖向检修井门槽中；宽墩牛腿与闸门中间靠近牛腿侧；闸墩与溢流堰面交界处；溢流坝段中部宽墩泄洪排沙孔底角处；溢流坝段闸墩三条横向廊道圆弧顶部与廊道底角处。二维模拟与三维模拟结果相近，模拟结果与实际工况的裂缝分布位置相吻合，验证模拟的可靠性。确定诱导闸坝开裂的主要因素：动水压力≈低温荷载>静水压力，裂缝产生的主要原因为：闸门开启至最大位置时，混凝土重力坝竖向廊道内侧所受拉应力超过混凝土容许的抗拉强度。冻融循环致使混凝土热胀冷缩。对应力较大且易开裂部位提出裂缝处理措施，对闸坝上下游裸露面提出保温方案，为日后类似工程提供理论基础。

14.2 研究展望

研究将钢筋混凝土泄洪闸墩的工作条件和环境简化为裸露干燥空气中。而其实际工作条件和环境，存在雨水或水库水浸润甚至含有某些化学成分，到冬季还存在冻融和冻胀作用等。因此在后续研究中还需继续深入开展以下工作：

①考虑水、化学成分等对钢筋混凝土闸墩裂缝问题的影响的分析研究。

②考虑冻融、冻胀作用对钢筋混凝土闸墩裂缝问题的影响的效应分析研究。

参考文献

[1] 黄灵芝,李守义,司政.大坝安全风险模型及防洪标准研究[M].北京:中国水利水电出版社,2015.

[2] 吴旭.石漫滩水库的"75·8"事件[J].中国防汛抗旱,2005(3):27-37.

[3] 黄胜方.土石坝老化病害防治与溃坝分析研究[D].合肥:合肥工业大学,2007.

[4] 岳峰.水库闸墩裂缝普查及补强加固方法探讨[J].甘肃水利水电技术,2010(5):42-43.

[5] 王义勇,周文祥.某大坝闸墩裂缝检查与成因分析[J].农业与技术,2009(4):100-103.

[6] 邓进标,邹志晖,韩伯鲤.水工混凝土建筑物裂缝分析及其处理[M].武汉:武汉水利电力大学出版社,1998.

[7] 王铁梦.建筑物的裂缝控制[M].上海:上海科学技术出版社,1987.

[8] 梁国晃.建筑部件的变形与裂缝[M].广州:广州高等教育出版社,1988.

[9] 水工混凝土建筑物缺陷检测和评估技术规程 DL/T 5251—2010[S].北京:中国电力出版社,2010.

[10] F.莱昂哈特.钢筋混凝土结构裂缝与变形的验算[M].胡贤章,程积高,译.北京:中国水利水电出版社,1983.

[11] 王立久,姚少臣.建筑病理学:建筑物常见病害诊断与对策[M].北京:中国电力出版社,2002.

[12] 蒋元桐,韩素芳.混凝土工程病害与修补加固[M].北京:海洋出版社,1996.

[13] 乔生祥.水工混凝土缺陷检测和处理[M].北京:中国水利水电出版社,1997.

[14] 朱伯芳.重力坝的劈头裂缝[J].水力发电学报,1997(4):85-91.

[15] 吴中如.典型拱坝的严重事故及解析[J].工程力学,2001(增刊):55-57.

[16] 邢林生.我国水电站大坝事故分析与安全对策[J].水力水电科技进展,2001,21(2):26-32.

[17] 邢林生,聂广明.我国水电站混凝土建筑物耐久性分析[J].水力发电,2003,29(2):27-32.

[18] 孙国光.水闸闸墩裂缝形成原因及预防措施[J].甘肃水利水电技术,2009:33-34,36.

[19] 王林京.水工混凝土裂缝的成因及防治措施[J].工程建设与设计,2017(22):116-117.

[20] 吴小静.水工隧洞混凝土裂缝分析及加固研究[J].黑龙江水利科技,2017,45(9):

109-110,131.

[21] 史明政,李亚鹏,徐雪飞,等.水闸闸墩裂缝形成因素及其控制对策研究[J].水利规划与设计,2016(8):71-73.

[22] 陈佳栋,郭俊波.浅谈水工混凝土缺陷成因、预防措施及处理方法[J].四川水力发电,2016,35(8):38-40.

[23] 周月霞.水工隧洞混凝土裂缝分析及加固研究[D].北京:中国水利水电科学研究院,2016.

[24] 赵海波,王安琪.水工隧洞衬砌混凝土裂缝产生原因及预防措施[J].水利规划与设计,2016(4):111-113.

[25] 巴桑旺堆.水工混凝土结构裂缝成因及处理浅析[J].中国新技术新产品,2016(6):114-115.

[26] 孙东迁.隧洞衬砌裂缝成因分析及处理措施研究[J].陕西水利,2016(2):88-90.

[27] 朱伯芳.重力坝横缝止水至坝面距离对防止坝面劈头裂缝的影响[J].水力发电,1998(12):18-19.

[28] 邢林生.运行工况对拱坝上游面竖向裂缝的影响[J].水力发电学报,1999(2):21-29.

[29] 邢林生,方榴声.运行条件对拱坝下游面水平裂缝的影响[J].四川水力发电,1993(2):51-56.

[30] 黄国兴,惠荣炎.混凝土的收缩[M].北京:中国铁道出版社,1990.

[31] 梁力,李明.土木工程数值计算方法与仿真技术[M].沈阳:东北大学出版社,2008.

[32] 伍义生,吴永礼.有限元方法基础教程[M].3版.北京:电子工业出版社,2003.

[33] ARGYRIS J H.Die Matrizentheorie der statik[J].Archive of Applied Mechanics,1957,25(3):174-192.

[34] 王勖成,邵敏.有限单元法的基本原理与数值方法[M].北京:清华大学出版社,1988.

[35] KAPLAN M F.Crack propagation and the fracture of a crack travering a plate[J].Journal of the American Concrete Institute,1961,58(5):591-610.

[36] BAZANT Z P.Is no-tension design of concrete or rock structures always safe-fracture analysis[J].Journal of Structural Engineering,1996,122(1):2-10.

[37] KALKANI E C.Stress evaluation along the sidewalls of a box-shaped spillway structure[J].Computers & Structures,1993,47(1):163-167.

[38] MIRZA J,DURAND B.Evaluation selection and installation of surface repair mortars at a dam site[J].Construction and Building Materials,1994,8(1):17-25.

[39] LÉGER P,CÔTÉ P,TINAWI R.Finite element analysis of concrete swelling due to alkali-aggregate reactions in dams[J].Computers & Structures,1996,60(4):601-611.

［40］ MIRZA J,MIRZA M S,LAPOINTE R.Laboratory and field performance of poly-
mer modified cement-based repair mortars in cold climates［J］.Construction and
Building Materials,2002,16（6）:365-374.

［41］ ABDALLAH I,MALKAWI H,MUTASHER S A,et al.Thermal-structural modeling
and temperature control of roller compacted conerete gravity dam［J］.Journal of
Performance of Constructured Facilities,2003,11:177-187.

［42］ ANDREW S G,HANCOCK J M,KENNEDY W J,et al.An integrated study（geo-
chemistry,stable oxygen and carbon isotopes,nannofossils,planktonic foraminifera,
inoceramid bivalves,ammonites and crinoids）of the Waxahachie Dam Spillway
section north Texas:a possible boundary stratotype for the base of the Campan-
ian Stage［J］.Cretaceous Research,2008,29（1）:131-167.

［43］ KUPRIYANOV V P.Winter operation of spillway structures at hydroelectric pow-
er plants［J］.Power Technology and Engineering（formerly Hydrotechnical Con-
struction）,2010,44（4）:255-262.

［44］ 朱岳明,黎军,刘勇军.石梁河新建泄洪水闸闸墩裂缝成因分析［J］.红水河,2002,21
（2）:44-61.

［45］ 李九红,何劲,简政.水电站表孔闸墩施工期温度应力仿真分析［J］.水利学报,2002
（2）:117-122.

［46］ 张志福.丰满水电站溢流坝闸墩裂缝成因分析及其加固技术研究［D］.南京:河海大
学,2004.

［47］ 江怀雁.溢流坝闸墩裂缝分析及加固措施［D］.南宁:广西大学,2005.

［48］ 邢林生,聂广明.闸墩大型裂缝成因分析及其治理［J］.水力发电学报,2005（2）:81-85.

［49］ 苏远波.混凝土溢流坝闸墩裂缝成因分析及加固后安全评价［D］.大连:大连理工大
学,2009.

［50］ 李振龙.预应力闸墩颈缩体形研究［D］.西安:西安理工大学,2010.

［51］ 祁庆和.水工建筑物［M］.3版北京:中国水利水电出版社,2002.

［52］ 潘家铮.重力坝［M］.北京:水利电力出版社,1983.

［53］ 潘家铮.重力坝设计［M］.北京:中国水利电力出版社,1987.

［54］ 中华人民共和国国家经济贸易委员会.混凝土重力坝设计规范:DL 5108—1999
［S］.北京:中国电力出版社,2000.

［55］ 路维.水工混凝土结构修复材料评述［J］.四川建筑科学研究,2014,40（2）:229-231.

［56］ 石中涛,张振雷.寒区水工混凝土修补新型材料［J］.辽宁建材,2011（3）:36-38.

［57］ 邓德华.丙乳砂浆在水工混凝土加固工程中应用［J］.江西化工,2010（1）,147-149.

［58］ 孔祥春,高岩,姜伟民.丙乳砂浆在压力隧洞混凝土表面缺陷处理中的应用［J］.东北

水利水电,2010(11):16-18.

[59] 刘凌志,韩彦美.NE-II环氧砂浆在岳城水库溢洪道裂缝处理中的应用[J].海河水利 2011(10):32-33.

[60] 孙宇飞,张勇,韩练练.环氧砂浆在低温条件下修补水工建筑物的试验研究[J].水利 水电技术,2013,44(9):73-75.

[61] 孙宇飞,胡炜,张勇.环氧砂浆热膨胀性能试验研究[J].西北水电,2013,(3):88-90.

[62] 马宇,孙志恒,张昕.高弹性修补砂浆的试验研究[J].大坝安全,2013(2):44-47.

[63] 孙红尧.聚合物树脂水泥砂浆修补和防腐蚀技术[J].材料保护,2011,44(4):150-156.

[64] 潘微旺.水下快速修补砂浆的性能研究[J].新型建筑材料,2013(2):80-83.

[65] 张焕,张祥敏.纤维修补砂浆在泥河水库修补中的应用[J].黑龙江水利科技,2013,41 (11):160-161.

[66] 王冬,祝烨然,黄国泓,等.HLC-GMS特种抗冲耐磨聚合物钢纤维砂浆的性能研究 [J].混凝土,2012(5):111-113.

[67] 李志坚,邵亮.环氧胶泥在三峡二期工程导流底孔缺陷修补中的应用[J].水利水电 快报,2011,32(12):35-38.

[68] 彭渊,傅永平.聚合物材料在闸门门槽修补中的应用[J].浙江水利科技,2012,182 (4):58-60.

[69] 邓红艳,王荣华.三峡大坝三期混凝土表面缺陷修补材料选择及工艺优化研究[J]. 地下水,2011,33(4):143-144.

[70] 王磊,刘方,徐玲玲.矿粉对环氧树脂基混凝土修补材料性能的影响[J].南京工业大 学学报(自然科学版),2010,32(2):72-76.

[71] 刘纪伟,周明凯,陈潇,等.丁苯乳液改性硫铝酸盐水泥修补砂浆性能研究[J].人民长 江,2013,44(13):51-54.

[72] 朱敏,李振华.NKY改性树脂乳液在水工建筑物混凝土缺陷修补中的应用[J].江苏 水利,2013(5):37,40.

[73] 耿飞,高培伟,徐少云.高性能丙烯酸类混凝土裂缝修补材料的制备[J].南京航空航 天大学学报,2013,45(2):255-259.

[74] GRIFFTH A.The phenomena of rupture and flow in solids[J].Phil.Trans.Roy.Soc. Series,1921,A221:163-168.

[75] MURRAY W M.Book reviews:fatigue and fracture of metals[J].Science,1953,7, 118.

[76] IRWIN G R.Analysis of stresses and strains near the end of a crack traversing a plate[J].Journal of Applied Mechanics,1957,24:361-364.

[77] RICE J R.A path independent integral and the approximate analysis of strain

concentration by notches and cracks[J].Journal of Applied Mechanics,1968,35: 379-386.

[78] HUTCHINSON J W.Singular behavior at the end of a tensile crack in a hardening material[J].Journal of Mechanics and Physics of solids,1968,1:13-31.

[79] RICE J R,ROSENGREN G R.Plane strain deformation near a crack tip in a power-hardening material[J].Journal of Mechanics and Physics of Solids,1968,1:1-12.

[80] DUGDULE D S.Yielding of steel sheets containing slits[J].Journal of Mechanics and Physics of solids,1960,8(2):100-104.

[81] HILLERBORG A.Analysis of crack formation and crack growth in concrete by means of fracture mechanics and finite elements[J].Cement and Concrete Research,1976,6:773-782.

[82] BAZANT Z P.Crack band theory for fracture of concrete[J].RILEM Materials andStructures,1983,16(93):155-177.

[83] JENQ Y S,SHAH S P.Two parameter fracture model for concrete[J].Journal of Engineering Mechanics,ASCE,1985,111(10):1227-1241.

[84] BAZANT Z P,KAZEMI M T.Size dependence of concrete fracture energy determined by Rilem work-of-fracture method[J].International Journal of Fracture,1991, 51:121-138.

[85] SWARTZ S E,GO C G.Validity of compliance calibration to cracked concrete beams in bending[J].Experimental Mechanics,1984,24(2):129-134.

[86] KARIHALOO B L,NALLATHAMBI P.An improved effective crack model for the determination of fracture toughness of concrete[J].Cement and Conarete Research, 1989,19:603-610.

[87] 徐世烺,赵国藩.混凝土结构裂缝扩展的双K断裂准则[J].土木工程学报,1992,25 (2):32-38.

[88] XU S,R H W.Determination of double-K criterion for crack propagation in quasi-brittle fracture.Part I:experimental investigation of crack propagation[J].International Journal of Fracture,1999,98:111-149.

[89] XU S,REINHARDT H W.Determination of double-K criterion for crack propagation in quasi-brittle fracture.Part II:analytical evaluating and practical measuring methods for three-point bending notched beams[J].International Journal of Fracture,1999,98:151-177.

[90] XU Shilang,REINHARDT H W.Determination of double-K criterion for crack

propagation in quasi- brittle fracture Part III:compact tension specimens and wedge splitting specimens[J].International Journal of Fracture,1999,98:179-193.

[91] 吴智敏,杨树桐,郑建军.混凝土等效断裂韧度的解析方法及其尺寸效应[J].水利学报,2006,37(7):795-800.

[92] OUCHTERLONY F.Suggested methods for determining the fracture toughness of rock[J].International Journal of Rock Mechanics and Mining Sciences and Geomechanics Abstracts,1988,25(2):71-96.

[93] ACI Committee.State-of-art report[R].American Concrete Institute Detroit,ACI Special Publication,1989.

[94] 潘家铮.断裂力学在水工结构设计中的应用[J].水利学报,1980(1):45-59.

[95] 于中,居襄.混凝土断裂韧度的研究[J].力学与实践,1980(4):69-71.

[96] 高洪波.混凝土Ⅰ型、Ⅱ型断裂参数确定的研究[D].大连:大连理工大学,2008.

[97] 水工混凝土断裂试验规程:DL/T 5332—2005.[S].北京:中国电力出版社,2005.

[98] 沈新普,黄志强,鲍文博,等.混凝土断裂的理论与试验研究[M].北京:中国水利水电出版社,知识产权出版社,2008.

[99] 唐春安,朱万成.混凝土损伤与断裂:数值试验[M].北京:科学出版社,2003.

[100] 程靳,赵树山.断裂力学[M].北京:科学出版社,2006.

[101] 张行,崔德渝,孟庆春,等.断裂与损伤力学[M].北京:北京航空航天大学出版社,2006.

[102] 方坤河,曾力.碾压混凝土抗裂性能的研究[J].水力发电,2004(4):49-51.

[103] 杨华全,李文伟.水工混凝土研究与应用[M].北京:中国水利水电出版社,2005.

[104] 中国水利水电科学研究院结构材料研究所.大体积混凝土[M].北京:中国水利水电出版社,1990.

[105] 邓东升.合成纤维对水工混凝土抗裂性能和抗碳化性能的影响[J].混凝土,2005(10):44-47.

[106] 高小建,赵福军,巴恒静.减缩剂与聚丙烯纤维对混凝土早期收缩开裂的影响[J].沈阳建筑大学学报,2006,5(22):768-772.

[107] DAVE N J,ELLIS D G.Polypropylene fiber reinforced cement[J].Intenrational-Journalof Cement Composites,1979(1):19-28.

[108] 郭海洋,刘建树,赵明,等.改性异形聚丙烯(PP)增强水泥混凝土抗裂性研究[J].山东纺织科技,2001(5):11-13.

[109] KRENCHEL H.Fibre reinforcement[M].Copenhagen:Akademisk Forlay,1964.

[110] 龚洛书.混凝土实用手册:纤维混凝土[M].2版.北京:中国建筑工业出版社,1995:881-927.

[111] 冯乃谦.实用混凝土大全[M].北京:科学技术出版社,2001:937-946.

[112] ROMUALDI J P,MANDEL J A.Tensile strength of concrete affected by uniformly distributed and closely spread short lengths of reinforcement[J].Reinforcement.ACI Journal,Proceedings,1964,61(6):657-670.

[113] 水工混凝土试验规程:SL 352—2006[S].北京:中国水利水电出版社,2006.

[114] 金属材料拉伸试验第1部分:室温试验方法:GB/T 228—2010[S].北京:中国标准出版社,2010.

[115] 混凝土结构工程施工质量验收规范:GB 50204—2015[S].北京:中国建筑工业出版社,2015.

[116] 建筑结构检测技术标准:GB/T 50344—2004[S].北京:中国建筑工业出版社,2004.

[117] 混凝土结构试验方法标准:GB/T 50152—2012[S].北京:中国建筑工业出版社,2012.

[118] 水利水电工程测量规范:SL 197—2013[S].北京:中国水利水电出版社,2013.

[119] 水工混凝土结构缺陷检测技术规程:SL 713—2015[S].北京:中国水利水电出版社,2015.

[120] 水利工程质量检测技术规程:SL 734—2016[S].北京:中国水利水电出版社,2016.

[121] 水工混凝土建筑物缺陷检测和评估技术规程:DL/T 5251—2010[S].北京:中国电力出版社,2010.

[122] 混凝土中钢筋检测技术规程:JGJ/T 152—2008[S].北京:中国建筑工业出版社,2008.

[123] 谭礼陵.钢筋混凝土非线性有限元分析概述[J].市政技术,2008(4):344-347.

[124] 张洪信,赵清海.ANSYS有限元分析完全自学手册[M].北京:机械工业出版社,2008.

[125] 谢慧才,刘金伟,熊光晶.钢筋混凝土修补梁实验研究和有限元分析[C].第五届建筑物鉴定与加固改造学术论文集.北京:中国建材工业出版社,2000:240-245.

[126] 混凝土结构设计规范:GB 50010—2010.[S].北京:中国建筑工业出版社,2002.

[127] 孙训芳,方孝淑,关来泰.材料力学[M].4版.北京:高等教育出版社,2002.

[128] 李国,叶裕明,刘春山,等.ANSYS土木工程应用实例[M].2版.北京:中国水利水电出版社,2007.

[129] 尚小江,邱峰,赵海峰,等.ANSYS结构有限元高级分析方法与范例应用[M].北京:中国水利水电出版社,2005.

[130] 马军.丰满水电站溢流坝闸墩裂缝分析及加固措施[D].大连:大连理工大学,2001.

[131] 水工混凝土建筑物修补加固技术规程:DL/T 5315—2014[S].北京:中国电力出版社,2014.

[132] 康军红,刘晓峰.碳纤维复合材料在闸墩混凝土裂缝处理中的应用[J].科学与工程技术,2006(2):28-30.

[133] 赵彤,谢剑.碳纤维布补强加固混凝土结构新技术[M].天津:天津大学出版社,2000.

[134] 李明,张永兵,周诚.混凝土裂缝处理技术[J].内蒙古水利,2010(1):104-105.

[135] 黄晓明,潘钢华,赵永利.土木工程材料[M].南京:东南大学出版社,2001.

[136] 肖翔,李振青,周晓雁,等.病险水工程裂缝修补技术[M].北京:中国水利水电出版社,2009.

[137] 朱敏荣.浅议水工混凝土裂缝处理[J].电力学报,2006(4):494-496.

[138] 郑谨.水工混凝土结构裂缝问题及对策[J].建材与装饰,2016(46):275-276.

[139] 陈雅福.土木工程材料[M].广州:华南理工出版社,2001.

[140] ROBERT M J.Mechanics of composite materials[M].Washingtoo,D.C.:Scripta Book Company,1976.

[141] KAYALI O,HAQUE M N,ZHU B.Some characteristics of high strength fiberreinforced lightweight aggregate concrete[J].Cement&Concrete Composites,2003,25:207-213.

[142] CHI J M,HUANG R,YANG C C,et al.Effect of aggregate properties on the strength and stiffness of lightweight concrete[J].Cement&Concrete Composites,2003,25:197-205.

[143] RAMI H.HADDAD,MOHAMMED M S.Role of fibers in controlling unstrained expansion and arresting cracking in Portland cement concrete undergoing alkali-silica reaction[J].Cement and Concrete Research,2004,40:103-108.

[144] LIM D H,OH B H.Experimental and theoretical investigation on the shear of steel fiber reinforced concrete beams[J].Engineering Structures,1999,21:937-944.

[145] PAULO B C,JOAQUIM A F,PAULO A,et al.Fatigue behavior of fiber-reinforced concrete in compression[J].Cement&Concrete Composites,2002,24:211-217.

[146] 吴成三.钢纤维混凝土技术的研究[J].铁道工程学报,1994,9(3):106-111.

[147] 程庆国,徐蕴贤,陆祖文.钢纤维混凝土的应用及前景[J].中国铁路,1998(6):1-5.

[148] 蔡四维.短纤维复合材料理论与应用[M].北京:人民交通出版社,1994.

[149] 赵国藩,彭少民,黄承逵等.钢纤维混凝土结构[M].北京:中国建筑工业出版社,1999.

[150] 章文纲,程铁生.钢纤维混凝土的试验研究[M].北京:空军工程学院出版社,1986.

[151] 冯平喜.钢纤维增强路面混凝土的应用与发展[J].山西建筑,2003,29(4):104-105.

[152] 曾滨,金芷生.钢纤维混凝土纤维增强作用[J].北京科技大学学报,1995,17(5):45-48.

[153] 姚树江,孟凡海,张福.钢纤维混凝土在矿山井巷支护中应用[J].有色金属,2000(1):24-28.

[154] 王敏,马海洪.黑河塘水电站工程混凝土裂缝处理施工工艺[J].四川水利发电,2007(2):70-74.

[155] 陈金涛.水工混凝土的裂缝处理工艺[J].水利电力机械,2007(5):22-23,36.

[156] 高立军,张静岩,于佳国.水溶性聚氨酯灌浆技术在船闸混凝土裂缝处理中的应用[J].黑龙江水利科技,2006(3):220-221.

[157] 张秀梅,孙志恒,夏世法,等.无损检测及混凝土裂缝处理[J].中国水利水电科学研究院学报,2007(2):158-161.

[158] 江涛.水工混凝土施工质量缺陷的防治和处理技术[J].四川水力发电,2017,36(4):22-24,32.

[159] 尚荣朝.轻烧MgO膨胀剂对寒冻地区水工混凝土耐久性影响的试验[J].混凝土,2017(4):91-94,98.

[160] 刘冬华.水利施工工程中混凝土裂缝的防治技术[J].黑龙江水利科技,2016,44(12):77-79.

[161] 陈姣姣,蔡新.水工混凝土损伤研究综述[J].混凝土,2016(10):139-142.

[162] 贾宇,梁永梅,汤雷.水工混凝土构件裂缝检测方法及发展趋势[J].无损检测,2016,38(7):75-81.

[163] 焦凯.水工混凝土开裂试验系统、动强度率效应及三轴剪切特性研究[D].西安:西安理工大学,2016.

[164] 陈恩剑.石家河电站大坝冲沙闸裂缝处理技术浅析[J].湖南水利水电,2016(3):35-36,42.

[165] 于腾.环氧树脂灌浆修补混凝土裂缝试验研究[D].北京:北京工业大学,2016.

[166] 王媛怡,陈亮,汪在芹.水工混凝土大坝表面防护涂层材料研究进展[J].材料导报,2016,30(9):81-86.

[167] 郭继东.水利工程中混凝土裂缝控制[J].黑龙江水利科技,2016,2(5):66-68.

[168] 张雅倩.改性聚丙烯酰胺吸水性树脂的合成及处理混凝土裂缝渗漏研究[D].西安:西安建筑科技大学,2016.

[169] 纤维混凝土结构技术规程:CECS 38—2004[S].北京:中国计划出版社,2004.

[170] 通用硅酸盐水泥:GB 175—2007[S].北京:中国标准出版社,2008.

[171] 用于水泥和混凝土中的粉煤灰:GB 1596—2017[S].北京:中国标准出版社,2018.

[172] 水工混凝土施工规范:DL/T 5144—2001[S].北京:中国电力出版社,2001.

[173] 混凝土泵送剂:JC473—2001[S].北京:国家建筑材料工业局,2001.

[174] 粉煤灰混凝土应用技术规范:GB/T 50146—2014[S].北京:中国计划出版社,2014.

［175］ 混凝土泵送施工技术规程:JGJ/T 10—2011[S].北京:中国建筑工业出版社,2011.

［176］ 水工混凝土试验规程:DL/T 5150—2001[S].北京:中国电力出版社,2001.

［177］ 水运工程混凝土试验规程:JTJ 270—98[S].北京:人民交通出版社,1998.

［178］ 普通混凝土力学性能试验方法标准:GB/T 50081—2002.[S].北京:中国建筑工业出版社,2002.

［179］ 混凝土结构工程施工及验收规范:GB 50204—2015.[S].北京:中国建筑工业出版社,2015.

［180］ 钢纤维混凝土试验方法:CECS 13—2009[S].北京:中国计划出版社,1991.

［181］ 普通混凝土配合比设计规程:JGJ 55—2011[S].北京:中国建筑工业出版社,2011.

［182］ 水工混凝土配合比设计规程:DL/T 5330—2015[S].北京:中国电力出版社,2015.

［183］ 王成仲,安宏钧,杨松泉.钢纤维混凝土的配合比设计及应用[J].河北建筑工程学院学报,2006(2):47-49.

［184］ 张洪亮.钢纤维混凝土配比设计与应用[J].辽宁省交通高等专科学校学报,2006(增刊):53-55.

［185］ 俞家欢,张峰,贾连光,等.钢纤维混凝土的配合比优化设计[J].沈阳工业大学学报,2006(2):34-36.

［186］ ALHOZAIMY A M,SOROUSHIAN P,MIRZA F.Mechanical properties of polypropylene fiber reinforced concrete and the effects of pozzolanic materials[J].Cement Concrete Compos,1996,18(2):85-92.

［187］ 姚武,蔡江宁,吴科如,等.钢纤维混凝土的抗弯韧性研究[J].混凝土,2002,152(6):30-33.

［188］ 李志业,王志杰,关宝树.钢纤维混凝土强度、变形和韧性的试验研究[J].混凝土,1998,20(2):99-105.

［189］ 孙伟.钢纤维高强混凝土力学性质与强化机理研究[C].纤维混凝土的研究与应用论文集,大连:大连理工出版社,1992.

［190］ MANDEL J A.Micromechanical modeling of steel fiber reinforced cementitious materials[J].Steel Fiber Concrete,US-Sweden Joint Seminar (NSF-STU) Stockholm,1985,6:3-5.

［191］ NATARAJA M C,DHANG A P,GUPTA A P.Stress-strain curves for steel-fiber reinforced concrete under compression[J].Cement Concrete Compos,1999,21(5/6):383-390.

［192］ 许志勇,王玉清.高强钢纤维混凝土的试验[J].安徽建筑,2003(6):92-93.

［193］ 周永泉.CFRP(碳纤维)在桥梁加固中的应用[J].广西城镇建设,2006(9):59-60.

［194］ 王奇.CFRP材料在土木工程中的应用现状与前景[J].工程建设,2010(1):63-66.

［195］ AMIR M.Behavior of concrete columns confined by fiber composites［J］.Journal of Structure Engineering,1997(5):583-590.

［196］ MICHEL S.Model of concrete confined by fiber composites［J］.Journal of Structure Engineering,1998(9):1025-1031.

［197］ JING L.Finite-element model for confined concrete columns［J］.Journal of Structure Engineering,1998(9):1011-1017.

［198］ FANNING P.Nonlinear models of reinforced and post-tensioned concrete bearns［J］.Journal of Structure Engineering,2001(2):111-119.

［199］ MOHSEN S,THOMAS E B,AMIR M.Analysis and modeling of fiber-wrapped columns and concrete-filled tubes［M］.Florida:Florida Department of Transportation Structural Research Center,1998.

［200］ SWAMY R N,MUKHOPADBYAYA .Debonding of carbon-fiber-reinforced polymer plate from concrete beams［J］.Proceedings of the Institution of Civil Engineers,Structure and Building,1999(12):301-317.

［201］ SHARIF A,ALSULAIMANI QJ,BALUCH IA,et al.Strengthening of initially loaded Reinforced Concrete Beams Using FRP Plates［J］.AQ Structural Journal,1991,91(12):1123-1130.

［202］ TRIANTAFILLOU T C,DESKOVIAC N,DEURING M,et al. Strengthening of concrete structure with prestressed fiber reinforced plastic sheets［J］.ACT Structural Journal,1992,89(3):151-159.

［203］ 熊光晶,姜浩,黄冀卓.碳纤维布加固混凝土梁的试验研究［J］.土木工程学报,2001(4),62-66.

［204］ 张明武,余建星,王有志,等.FRP补强加固RC梁粘结破坏机理研究［J］.建筑结构学报,2003(6):92-96.

［205］ 赵彤,谢剑,戴自强.碳纤维布约束混凝土应力-应变全曲线的试验研究［J］.建筑结构,2000(7):40-44.

［206］ 赵彤,谢剑,戴自强.碳纤维布加固钢筋混凝土梁的受弯承载力试验研究［J］.建筑结构,2000(7),11-15.

［207］ 赵海东,赵鸣,张誉.碳纤维布加固钢筋混凝土圆柱的轴心受压试验研究［J］.建筑结构,2000(7),26-30.

［208］ 李忠献,许成祥,景萌,等.碳纤维布加固钢筋混凝土短柱的抗震性能试验研究［J］.建筑结构学报,2002(6),41-48.

［209］ 赵彤.碳纤维布补强加固混凝土结构新技术［M］.天津:天津大学出版社,2001.

［210］ 杨勇新.碳纤维布与混凝土的粘结性能及其加固混凝土受弯构件的破坏机理研究

[D].天津:天津大学,2001.

[211] 碳纤维片材加固混凝土结构技术规程:CECS 146—2003[S].北京:中国计划出版社,2003.

[212] 结构加固修复用碳纤维片材:GB/T 21490—2008.[S].北京:中国标准出版社,2008.

[213] 工程结构加固材料安全鉴定技术规范:GB 50728—2011.[S].北京:中国建筑工业出版社,2011.

[214] 纤维增强复合材料建设工程应用技术规范:GB 50608—2010[S].北京:中国计划出版社,2010.

[215] 结构加固修复用碳纤维片材:JG/T 167—2004[S].北京:中国建筑工业出版社,2004.

[216] 纤维增强复合材料加固混凝土结构技术规程:DG/TJ 08-012—2017[S].上海:同济大学出版社,2002.

[217] 龚召熊.水工混凝土的温控与防裂[M].北京:中国水利水电出版社,1999.

[218] 曾力,方坤河.碾压混凝土抗裂指标的研究[J].水利水电技术,2000(11):3-5.

[219] 李金玉,曹建国.水工混凝土耐久性的研究和应用[M].北京:中国电力出版社,2016.

[220] 唐春安,傅宇方.短纤维增强复合材料破坏过程的数值模拟[J].力学学报,2000(32):373-377.

[221] 王海菊,刘迎曦,王玉枝.利用有限元方法研究溢流坝闸墩裂缝加固方案[J].2007(2):19-21.

[222] 林学军,陈安,霍中艳,等.水工混凝土带缝结构温度场问题的扩展有限元法[J].水道港工,2017,38(3):274-280.

[223] 宫宇生.泄洪闸闸墩结构有限元分析及其加固措施研究[D].重庆:重庆交通大学,2016.

[224] 王立健,吕鸿翔,刘猛.RMO柔性修补剂在混凝土防碳化中的应用[J].山东水利,2019(8):40-42.

[225] 扶庭阳,郭保林,罗玉萍,等.超早强硫铝酸盐水泥混凝土修补材料的应用研究[J].混凝土,2018(2):140-144.

[226] 宋秀瑜,张景.潮湿环境混凝土修补技术在密云水库闸墩裂缝修补中的应用[J].水利建设与管理,2018(5):5-9.

[227] 陈湘华,杨立权.高强快硬镁堖材料在桥梁混凝土缺陷修补中的应用[J].中外公路,2018(2):231-233.

[228] 郭秋生.混凝土病害分析及修复方案研究[J].商品混凝土,2018(1):71-74.

[229] 韦旭朋,张圆圆,徐以希,等.混凝土裂缝修补材料改性研究[J].混凝土,2019(2):128-129,132.

［230］ 陈杨杰,张雄飞,卢小莲,等.混凝土裂缝修补材料环氧树脂的聚氨酯增韧改性研究[J].公路交通科技,2019(9):24-30.

［231］ 池漪,尹健.混凝土裂缝修补结构力学相容性研究[J].铁道科学与工程学报,2018(9):127-134.

［232］ 夏宏伟,魏宇宸.聚脲在水工混凝土表面修补施工中的应用[J].黑龙江水利科技,2018(4):198-200.

［233］ 俞家欢,闫林伟.磷酸镁混凝土路面快速修补材料的耐水性试验[J].沈阳建筑大学学报(自然科学版),2018(9):855-863.